RISC-V芯片系列

U0217675

RISC-V处理器与片上系统设计

——基于FPGA与云平台的实验教程

陈宏铭　程玉华◎编著

电子工业出版社

Publishing House of Electronics Industry

北京·BEIJING

内 容 简 介

本书将线下的 FPGA 开发板与线上的云平台结合，可以作为基于开源 RISC-V 处理器的 SiFive Freedom E300 片上系统，以及 E21 处理器配合云平台设计方法的实验教程，并用 Chisel 编程的方式与 FPGA 硬件一起完成国产 RT-Thread 操作系统验证的移植。全书包含三大部分内容：首先讲述了基于实验所用 Digilent Nexys 板级硬件设计平台和 Vivado 开发工具。其次介绍 Verilog HDL、Chisel HCL 和一种由国内自主开发的 Coffee-HDL 这三种硬件描述语言。最后是三种实验教程的设计与实现方法，包含开源的 SiFive Freedom E300 片上系统的实验；以英伟达开源的深度学习硬件架构 NVDLA 为例，介绍如何在 Freedom E300 平台上集成 Verilog IP 的方法及介绍 SiFive E21 处理器 IP 的使用方式与国内自主开发云端 SoC 开发平台的实验；移植国内自主开发 RT-Thread 实时多任务操作系统的原理与应用到 SiFive Freedom E300 片上系统的实验。

本书知识点覆盖数字逻辑设计，可用作高等院校计算机与电子信息类专业的数字电路、基于 RISC-V 处理器的计算机组成原理相关课程的辅助实验教材，也可作为芯片设计人员针对 FPGA 及嵌入式系统软硬件学习的参考用书。

图书在版编目（CIP）数据

RISC-V 处理器与片上系统设计：基于 FPGA 与云平台的实验教程 / 陈宏铭，程玉华编著. —北京：电子工业出版社，2020.12
（RISC-V 芯片系列）

ISBN 978-7-121-40141-1

Ⅰ. ①R… Ⅱ. ①陈… ②程… Ⅲ. ①微处理器—系统设计 Ⅳ. ①TP332

中国版本图书馆 CIP 数据核字（2020）第 245269 号

责任编辑：刘志红（lzhmails@phei.com.cn）　　　　特约编辑：李　姣
印　　刷：北京虎彩文化传播有限公司
装　　订：北京虎彩文化传播有限公司
出版发行：电子工业出版社
　　　　　北京市海淀区万寿路 173 信箱　邮编　100036
开　　本：787×980　1/16　印张：24.25　字数：620.8 千字
版　　次：2020 年 12 月第 1 版
印　　次：2023 年 12 月第 4 次印刷
定　　价：98.00 元

凡所购买电子工业出版社图书有缺损问题，请向购买书店调换。若书店售缺，请与本社发行部联系，联系及邮购电话：（010）88254888，88258888。

质量投诉请发邮件至 zlts@phei.com.cn，盗版侵权举报请发邮件至 dbqq@phei.com.cn。

本书咨询联系方式：（010）88254479，lzhmails@phei.com.cn。

推　荐　语 （按反馈时间排序）

来自业界与学界的推荐

RISC–V 是一种开源的处理器指令集架构，具有开放性、模块化、可扩展的特点，同时具有进入门槛较低的优势，在近期掀起一股热潮。在全球看到很多有潜力的芯片设计公司也已采用 RISC–V 指令集来开发下一代的芯片，甚至是高性能的处理器。我曾经跟作者陈宏铭博士共事，陈博士近期提供了免费的网络课程来普及 RISC–V 指令集的相关技术，很高兴看到他撰写这本跟 RISC–V 相关的书籍来推广 RISC–V 技术，这也是他对中国集成电路行业尽一份心力。

——创意电子　严亦宽博士

因为开放的架构和生态，RISC–V 被比作"半导体行业的 Linux"，获得了广泛的支持，RISC–V 生态体系正在全球范围内快速崛起。本书作者是从事 RISC–V 推广和设计支持的一线专业人士，是 RISC–V 生态体系的积极倡导者和构建者。作者的精彩描述为读者提供了一本能快速入门、学习 FPGA 的基础知识、掌握相关流程细节并轻松实践的专业书籍。

——华中科技大学　屈代明教授

RISC–V 是近几年热起来的开源指令集架构。具有设计小型、快速、低功耗的特点，非常适合于嵌入式系统应用。而其开源的特性，使基于 RISC–V 的 SoC 芯片拥有广阔市场前景。宏铭师弟的书，从架构到芯片，从设计到验证，从硬件到软件，从技术到应用，都有详细说明，是了解和推广 RISC–V 的好教材。

——上海燧原科技有限公司董事长　赵立东

科技竞争日益激烈，中国和美国这两个战略竞争对手同时选择投资 RISC-V，这也充分说明 RISC-V 是个战略机遇。但开源芯片的性质与开源软件有很大不同，需要先行者不断地探索。2019 年，我担任了在北京举办的 Bench Council "国际芯片大会" 程序委员会主席，邀请陈宏铭博士在 "芯片教育与人才培养论坛" 分享 RISC-V 开源芯片教学。很高兴见到陈博士在这个领域做了很多有益的探索，希望这本书的出版会吸引更多的年轻人一起推动该领域的发展。

——中科院计算所研究员，国科大岗位教授，Bench Council 委员会主席　詹剑锋博士

伴随着 2020 年 5G 规模化商用的进程，AIoT 及云端的应用场景将迎来前所未有的繁荣与机遇，更多智能化的边缘设备需要具有深度定制且 "自主可控" 的处理器芯片，如此才能助力我们屹立在第四次工业革命的潮头且不在最上游遭人处处掣肘。在工业界互联网巨头的造芯运动背后，矗立着一个无比闪耀的名字——RISC-V。在学术界，图灵奖得主 David Patterson 与 John Hennessy 教授口中的 "未来计算机体系结构黄金十年" 与 RISC-V 也有着千丝万缕的联系。然而，目前市面上能够将业界经验与学术界教研充分融合的 RISC-V 相关著作十分稀缺，在听闻作者陈宏铭博士有意撰写此书之初，就让我十分期待。

陈博士在半导体业界有超过 20 年的资深经历，辅以作为武汉大学客座教授的育人经验，在本书中将 RISC-V 处理器介绍及 SoC 设计的 FPGA 实现等内容写得淋漓尽致。从 RISC-V 的前世今生到 FPGA 设计流程，从领域专用语言（DSL）Chisel 到云端 SoC 开发平台，从 SystemVerilog 到移植多任务实时操作系统，作者将自己多年的工程实践经验与 RISC-V 领军企业 SiFive 的技术及工具无缝整合，以 Digilent FPGA 平台为载体，将 RISC-V 指令架构、处理器核心设计、SoC 系统搭建、FPGA 硬件部署、嵌入式 OS 适配等一系列内容在读者面前缓缓展开，循序渐进，环环相扣。

本书中作者所选用的 Nexys A7 FPGA 硬件开发平台被全球上万名工程师及 2 000 多所高校应用于科研与教学工作中，便于读者在动手实践中借鉴业界经验，并与全球同行、同学无缝交流。期待你能和我一样在成为本书读者的同时，能跟随作者在动手实践中体会处理器及 SoC 设计的快乐。

——美国 Digilent（迪芝伦）科技有限公司大中华区总经理　李甫成

处理器指令集是软件和硬件的接口，也是制约我国处理器产业发展的核心顽疾之一。RISC-V 指令集架构，以其精简的技术风格及完全开放的模式特性，将开源的理念真正地落实到了硬件层面。发展 RISC-Ⅴ 及其相关的产业对实现我国自主可控的生态链至关重要。

我国的 RISC-Ⅴ 产业还处于起步阶段，其未来成功与否最终取决于对相关人才的培养。陈宏铭师兄是工业界中少数有无限激情，且愿意把时间花在教育的第一线，为学生手把手答疑解惑的人。陈师兄将其宝贵的经验进行系统的梳理进而形成了这本书，用真实示例引导读者由浅入深掌握全流程。这在市面上已有书籍中是很少见的，也因此弥足珍贵。相信各位读者无论是初学的爱好者，或是有基础的开发人员，一定都会从中获得你们需要的知识，帮助你们少走一些弯路。和各位读者一样，我也很期待这本新书的面世。

——上海交通大学微纳电子学系教授、系主任助理　纪志罡

AIoT 时代，越来越多的 RISC-Ⅴ 芯片，如 MCU、AI 芯片涌现，让我们看到 RISC-Ⅴ 生态欣欣向荣的发展趋势。操作系统是 RISC-Ⅴ 落地重要的一环，RT-Thread 是一款由中国开源社区主导开发的 IoT 操作系统，全面兼容 RISC-Ⅴ，当前已在市场大批量出货的 RISC-Ⅴ 芯片厂商，如中科蓝讯、芯智等，均选择 RT-Thread 作为其芯片原生系统。

很高兴看到陈宏铭博士撰写 RISC-Ⅴ 处理器应用书籍，讲解 RT-Thread 在 RISC-Ⅴ 上的移植和使用，可以给众多正在或有意设计 RISC-Ⅴ 芯片及使用 RISC-Ⅴ 芯片的开发者借鉴参考，意义重大，让 RISC-Ⅴ 技术链接更多开发者！

——RT-Thread 创始人　熊谱翔

RISC-Ⅴ 的重要性毋庸置疑，它起源于加州大学伯克利分校的处理器项目，经过多次迭代，其指令集和参考处理器设计全部开源，是新兴的处理器 IP 生态，特别适合电子信息类及计算机类大学生学习和实践。陈宏铭博士作为我校客座教授，也是我院电子信息工程专业"卓越工程师计划"企业导师，一直为卓工班的同学讲授 RISC-Ⅴ 系列课程，课程深入浅出，实战性强，学生上手快，深受学生好评！我相信本书的出版，对于普及 RISC-Ⅴ 具有极高的推动作用，能够帮助大学生快速掌握 RISC-Ⅴ 基本知识及相关应用。本书既是一本关于 RISC-Ⅴ 课程极好的实践类教程，也是一本极好的关于 RISC-Ⅴ 及嵌入式系统软硬件设计参考书，值得大力推荐！

——武汉大学电子信息学院电子科学与技术系　邹炼教授

AI、5G 和 IoT 时代的来临，加上政府推动集成电路自主可控的方向及相关政策，让开源 RISC-V 架构在国内深受关注。陈宏铭博士有深厚的半导体产业实战经历，在国际知名的集成电路设计及 EDA/IP 公司都曾任要职，目前还担任武汉大学客座教授。及时出版的这本图书，由浅入深介绍了 RISC-V 架构，加上三种主流硬件设计语言，最后引领读者实际应用在 FPGA 上实现案例。相信对 RISC-V 有学习兴趣的同业人员来说是非常好的实用参考书籍。我有幸成为陈博士在台湾清华的学长，并曾经在 Mentor 共事，在此祝贺陈博士新书发表顺利成功！

——Mentor, a Siemens Business 全球资深副总裁兼亚太区总裁　彭启煌

随着人工智能算法及计算系统的发展，模型可以做到更小、更实时，硬件可以做到更高效、更可靠，越来越多的智能系统开始向端上迁移。正逢 5G 时代大踏步将至，"新基建"的热潮也已掀起，AIoT 应用系统将拥有广阔的市场发展前景。RISC-V 是应用系统的灵魂，依靠其开放、可定制、可扩展的特点，受到了业内的广泛关注，成了"自主可控"芯片方案操作系统的优秀选项。陈博士在人工智能与物联网行业内深耕多年，基于丰富的经验积累，将架构、芯片、软件、应用等各方面的内容为读者做了详细而清晰的解读，有助于读者快速而系统地学习 RISC-V 的相关知识。期待能有更多的有志之士接触此书，将 RISC-V 运用于自己的领域应用中，创造价值，造福民众，共同推动领域技术的进步。

——清华大学电子工程系主任、信息科学技术学院副院长　汪玉教授

近来，迅速发展的 RISC-V 处理器技术已经成为信息技术领域极为耀眼的角色，其先进的技术架构和开源的授权模式，正在激发全新的商业模式和全球的应用热潮。毫无疑问，RISC-V 将成为开源硬件界的 Linux，推动信息技术产业的硬件基础发展产生重大的变革。

当前，RISC-V 处理器技术在 AI、云计算和物联网等方面的应用方兴未艾。陈宏铭博士在 SoC 设计领域具多年丰富的经验，近年来尤其在 RISC-V 应用推广方面颇有建树，他编写的这本书结合了赛昉科技业内领先的 RISC-V 实现和一套系统完整的嵌入式处理器 IP 应用教程，具有相当高的学术水平。我相信本书的出版，对于从事芯片设计和电子系统开发的工程师、初学者和大学生具有极高的参考价值，能帮助他们快速地掌握 RISC-V 处理器技术的应用，并为推动我国集成电路行业的创新水平提升做出一定的贡献。

——上海道生物联技术有限公司总经理　何辉

作为新一代 RISC 架构处理器的代表，RISC–V 在未来智能硬件领域具有广泛的应用前景。陈博士在集成电路与系统设计领域浸润多年，对集成电路前后端设计有深入的理解，积累了深厚的设计和项目管理经验。陈博士的专著聚焦基于开源 RISC–V 处理器的 FPGA 系统设计，令我非常期待。特别是陈博士于 2020 年暑期在北京大学开设暑期学校课程——基于 RISC–V 处理器的系统级芯片设计流程，与北大学子及来自全世界的 IC 才俊分享基于 RISC–V 架构的 SoC 设计理念。借开源之春风，籍 RISC–V 之翼，共圆强芯之梦！

——北京大学　贾嵩副教授

数年来，RISC–V 改变的已经不仅仅是微处理器设计这个细分领域，而是已经不断地向整个数字设计和敏捷开发方法等领域渗透。陈博士的这本书及时抓住了这个时机，脚踏实地地向读者展示了如何用这些新技术构建一个完整的系统，值得一读。为陈博士的热情和奉献精神点赞！

——RISC-V 推广者、爱好者　郭雄飞

为应对新一轮科技革命和产业变革的挑战，服务国家战略和区域发展需求，教育部提出不断推动新工科建设再深化、再拓展、再突破、再出发的要求。当前国内各高校都积极主动地把新工科建设作为专业建设和人才培养改革的主战场，重点方向包括加强学科交叉、推动校企合作、加快知识更新等。

在众多新工科领域中，信息技术最为活跃，涉及高校、专业、学生人数均遥遥领先。随着当今信息技术朝着数字化、集成化、智能化方向快速发展，移动互联网、云计算、物联网、大数据、人工智能等新兴产业呈现了爆发式增长的局面，产业也对掌握最新信息开发技术的数字逻辑工程师提出了海量的需求。

以陈宏铭博士为首的作者团队撰写的这本新教材，跨接了电子信息和计算机两大学科领域，深度贴合新工科发展理念。具体内容涵盖新一代 FPGA 硬件编程开发技术、开源 RISC–V 处理器构架技术、RT–Thread 实时多任务操作系统技术等，抓住行业急需和关键热点，具有突出的时代性和先进性。

同时，该教材的编排很有特色，所有知识点均以系列实验为支撑，既是工程师培养最快速有效的方式，也便于高校的课程教学应用。特此向电子信息类的各个专业和计算机相

关专业师生推荐此教材。

——东南大学教师教学发展中心主任（原电子科学与工程学院书记）　汤勇明

由于 RISC-V 的诸多优秀特性，如简单、高效、精巧、可扩展性、免费与开放带来的低成本及创新，越来越多的大公司及优秀的工程师把目光投向了这一领域，国家与地方政府也越来越重视，这一转变越发明显。陈宏铭博士的书籍从理论、代码到实践，从芯片工程师最常用的 Verilog 语言到最新的 Chisel 语言，深入浅出地为广大初学者学习或芯片从业人员转型，切入 RISC-V 内核的开发提供了很好的教材及参考读物。

——菁音科技创始人、CEO　何小学

RISC-V 凭借其开放性和先进性，短时间内在处理器设计领域掀起了一阵革命之风。随着 AIoT 时代的到来，RISC-V 架构精简高效的优势更能发挥得淋漓尽致，有望成为 x86、ARM 两种主流架构之外的强劲势力。RISC-V 在技术界的风靡也吸引了大批工程从业者、学生及业余爱好者的广泛关注。然而，目前在国内系统性的教材资料还较为缺乏。本书围绕 RISC-V 的架构、SoC 设计、嵌入式开发等方面展开，循序渐进，环环相扣，不失为一本全面且高质量的 RISC-V 入门书籍。

——南京大学电子科学与工程学院特聘教授、IEEE Fellow　王中风

陈博士是易百德微电子的合作伙伴和朋友，他知识渊博、乐观和蔼，在半导体行业深耕 20 余年。在 RISC-V 的萌芽阶段，陈博士就毫不犹豫地进入这个开拓性领域，并常年不辞辛劳地在企业和学校进行 RISC-V 的推广和技术指导，其心可敬。本书的推出，是他为 RISC-V 处理器的发展做出的实实在在的贡献，其内容适合有志于开发 RISC-V 片上系统的学生参考，可以在软硬件的开发上获得启发。

——航油易百德微电子有限公司 CTO　何舒风

二十世纪八九十年代是处理器架构百花齐放的黄金时代，第一代 RISC 处理器诞生于 1981 年，经过了与 CISC 处理器长时间的 PK 和互相借鉴，在二十一世纪初的时候，世界上基本只剩下了 x86、ARM 这两大架构和 Power、MIPS 这两个相对影响力较小的架构。2010 年在加州大学伯克利分校又诞生了第五代 RISC 处理器 RISC-V（V 这里是罗马数字

五），至今也已经十年了。期间 RISC－V 也经历了从被怀疑到逐渐被认可的过程。这得益于 RISC－V 的开源、灵活与进入门槛较低的特点。然而进入门槛较低并不意味着做好 RISC－V 就容易。与之相反，想要开发一款成功的 RISC－V 处理器需要具备从处理器微架构设计到操作系统软件等各方面的知识及深厚的实践经验。我有幸在多年前与陈宏铭博士相识，对他在技术方面的专注与积累十分佩服。很高兴得知陈博士撰写这本 RISC－V 的书籍，并且从 FPGA 设计开始，带领读者们实现一个 RISC－V 的处理器设计及操作系统的移植。相信本书会有助于众多希望入门 RISC－V 的朋友们快速熟悉相关技术。

——Imagination Technologies 中国区战略市场与生态高级总监　时昕博士

This book allows the reader to delve in the wonderful land of RISC－V. It pedagogically introduces the topic, from the basics to the technical notions related to the instruction set. Implementation aspects are also covered, which provides to the user with a 360° view on RISC－V architecture and performance. Eventually, my friend Hongming shares his experience of successful integrations, at several levels: system-on-chip, application, and in specialized domains. Legacy CPUs have revealed as extremely vulnerable to real-world attacks. RISC－V is renowned for reversing the CPUs architecture in its correct order. In addition, RISC－V is the announcement of a new paradigm for trustworthy computing. Users value the openness/transparency of the design which limits the risks of stealthy side-channels leaks or misconfigurations leading to aforementioned DVFS-attacks. A new area is opened for solid foundation of trusted computing, fueled by secure-by-design root-of-trusts from device to cloud. Throughout this book, enjoy learning about RISC－V and become an expert in modern CPU-centric device design! Have a rich read!

——CTO of Secure-IC (France), Professor at Telecom Paris, associate researcher at Ecole Normale Superieure (ENS), and Adjunct Professor at Chinese Academy of Sciences, Sylvain Guilley.

晶体管和集成电路是人类科技史上最伟大的发明，集成电路及嵌入集成电路的软件，支撑着全球每年数以万亿计电子信息产品，支撑着数以十万亿计的电信运营服务，支撑着数以百万亿计的电子信息服务，更支撑着当今的信息社会。以处于电子信息产业链最上游集成电路为例，全球每年约有 4 500 亿美元的产值。集成电路已经成为产业的基础，国家安全的核心，知识产权的有效载体。

中国是世界电子产品生产大国，在生产了全球 90％的电脑和移动电话、80％的冰箱和彩电等家用电器的同时，中国也消耗了全球大约 60％的集成电路产品。在新的国际环境下，中国对集成电路产业的需求面临着前所未有的压力。众所周知，人才的规模和质量决定了集成电路产业的规模和质量。在发展集成电路领域，我国在追赶国际先进的过程中面临各种挑战，有过辉煌，也有过挫折，但仍坚定不移地走到了今天。人才短缺问题始终是其中一个突出问题，这体现在集成电路行业的各个领域，包括最近由风靡一时的 RISC–V 所引发的嵌入式 CPU 设计领域。

诞生于加州大学伯克利分校的 RISC–V，是一种基于精简指令集（RISC）原则的开源指令集架构（ISA），其开源的风格让工业界低成本使用该指令集架构成为可能。RISC–V 正在掀起一场嵌入式芯片系统设计革命，与其他处理器架构相比，RISC–V 最大的不同在于它在短小精悍的同时还是一个模块化的架构。模块化的 RISC–V 架构使得用户能够自主选择和设计不同组合，以满足各种各样的应用场景。这种指令集兼具精简和灵活两大特点，其丰富的拓展性和可定制性得到了业界广泛的认可。同时由于 RISC–V 开源的特点，还使其更能抵御国际政治的冲击，为当今世界错综复杂的特殊时期的指令集架构的发展开辟了一条备选之路。

国内 RISC–V 发展同样面临着人才短缺问题。人才的培养需要大家一起努力。赛昉科技公司的陈宏铭博士和北京大学程玉华教授编著了《RISC-Ⅴ处理器与片上系统设计——基于 FPGA 与云平台的实验教程》，它不但凝聚了作者在集成电路领域多年的工作和教育经验，更是为行业和技术发展做出贡献，也是对集成电路人才培养的贡献。基于此书开展 RISC-Ⅴ 相关教学，可以帮助更多年轻人迅速走上处理器设计之路，助力建成健康的 RISC-Ⅴ 行业生态。

书籍是知识的载体，是人类最好的朋友与前进的阶梯，黑白相衬的笔墨间，凝聚着历史长河中一个个精彩瞬间，蕴含着前人呕心沥血的技术哲理与思想。一本优秀的书籍，仿若沙漠中的一眼清泉，直探思绪深处，滋润干涸的求知之心，《RISC-Ⅴ处理器与片上系统设计——基于 FPGA 与云平台的实验教程》正是这样一本承载着专业知识的好书。作者利用深入浅出的方式对 RISC-Ⅴ 的前世今生和基于内核的软硬件开发进行了系统且全面的讲解，体现了作者的专业技能和将专业知识进行通俗化表述的能力，非常适合在校师生和年轻工程师进行系统级设计的学习。与此同时，作者还将自身的经验体会和设计思想融入其中，这对有志于走上集成电路行业的年轻人将起到很好的启蒙和引领作用。此外，书中还包含了作者所在单位的原创性案例，让读者有机会"触摸"前沿技术。目前在国内用中文写作的专门介绍 RISC-Ⅴ 技术的书籍较少，我相信这本书的出版一定会受到广大学生、科研工作者与 MCU 创客爱好者等的热情欢迎。同时我也希望本书能够进一步推动中国包括 RISC-Ⅴ 在内的 CPU 指令集体系结构的加速发展，为中国集成电路产业培育更多有志于造"芯"的青年才俊，促进我国集成电路产业和科学技术的发展。

王志华 2020 年夏于北京清华园

在成为家喻户晓的热点话题之前，芯片早已遍布我们的生活中。小到电子标签、手机、电脑、电视，大到汽车、高铁、飞机、航天器等，芯片的应用无处不在，可以说芯片是整个电子信息产业的基石。而随着中芯制裁，华为"备胎"等一系列事件的发生，让我们感到一颗小小芯片背后的力量还有受制于人的凛冽寒意。

不像其他芯片细分领域的国产化进程正在稳步攀升，被誉为半导体行业掌上明珠的通用 CPU 领域依然是一片不毛之地。究其原因，不是因为国内设计人员的水平不够，却是源于 CPU 的灵魂——指令集架构。一种指令集架构可以演化出数种以其为基础的 CPU，伴以无数的软件硬件构造了一个生态世界，良好的生态不间断地巩固这种指令集架构。如此往复，在时间的洗礼下成为如今 PC 领域的 x86 和移动领域的 ARM。然而 x86 架构不对外授权，ARM 架构高昂的授权价格阻止了众多国内企业想要进入 CPU 领域的步伐，最根本的原因是指令集架构的使用受制于人。但令人高兴的是，一种完全开源、简洁可靠的构架逐渐发展起来，并得到越来越多政府机构和企业的关注，它就是 RISC-V。

RISC-V 与其他主流指令集架构的最大不同在于其开源的特性，这在沉寂已久的 CPU 指令集架构领域激起了革命性的改变。开源使得 RISC-V 正逐步在 x86 和 ARM 之外创立一个新世界，而这不是由某几家公司或者某个政府主导的，它更像是一场"人民战争"，是一场由星星之火引起燎原之势的壮举。就在不久之前，这个刚满 10 周岁的年轻架构将总部迁到了瑞士，这一举动再次展示了其坚持开源、不受政治干扰的初心。我国政府也认可 RISC-V 的先进性及未来价值，在政府的鼓励下，国内的 RISC-V 相关研究和产业正如雨后春笋般拔地而起。

对于志向于在 RISC-V 领域闯荡一番的年轻学子，本书的出版正是一个恰到好处的契机。陈宏铭博士将其深耕半导体行业二十余载的心得融入书中，将 RISC-V 技术知识与芯片设计开发流程揉捏在一起，从架构到芯片，从设计到验证，从硬件到软件，从技术到应用，一点点娓娓道来。我推荐这本书，不仅仅是因为它是一本优秀的技术教材，更是因为它是众多学子在通用 CPU 和 RISC－Ⅴ 领域的启蒙之书。芯片世界是一个古老但不神秘的世界，它欢迎年轻的学子加入并了解它，在其中一步步地构建更精妙的芯片世界。我希望本书将是人们打开芯片之门的一把钥匙，希望不久的将来，本书的读者们可以在祖国大地上建立起一个属于自己的芯片帝国。

——上海赛昉科技首席战略官

本书的写作背景与意义

在过去的二十年，国内计算机与微电子专业在各个领域为我国培养了大量嵌入式片上系统的集成电路设计人才。但这些人才主要集中在 ARM 与 MIPS 处理器领域。伴随着中美贸易战和 ARM 停止授权华为事件所产生的巨大业界震动，因为 ARM 几乎长期垄断中国处理器 IP 市场，所以 ARM 对中国本土芯片公司的影响巨大，任何一个本土芯片公司都难以承受 ARM 断供带来的冲击。对于有望给中国处理器带来自主可控的 RISC-V 开放指令集架构，获得了芯片设计业界更多的关注。RISC-V 的发展势不可挡，有人担心碎片化和专利问题，SiFive 和赛昉科技的首席执行官认为这些不重要，他们认为目前面临的重要的挑战是人才紧缺。在 RISC-V 系统设计方面，包括处理器、操作系统和编译软件等方面，确实出现人才紧缺的情况，导致我国在各类芯片设计中所使用的核心器件、高端芯片、基础软件长期依赖进口，受制于人，不利于实施"自主可控"国家信息化发展战略与国家安全，也阻碍了我国芯片设计领域自主创新的动力。为了改善这一个问题，目前的电子信息教育需要对学生进行软硬件的系统能力培养。让学生或芯片设计爱好者能够自己动手设计"功能齐备的片上系统，内置可支持实时操作系统的 RISC-V 处理器"，有助于培养学生的系统能力，降低学生对从事计算机系统设计工作的陌生感，拉近学生与该工作的距离。

本书以笔者在武汉大学电子信息学院卓越工程师班的实验课内容为基础，以培养学生系统能力为目标，基于 SiFive 公司所提供的开源 RISC-V 片上系统及 E21 处理器内核的评估套件，配合 Digilent 公司的 Nexys FPGA 开发平台，利用软/硬件协同设计的方法，结合近年流行的云平台设计，以培养工程师的教学方法解决实验的问题，编写了基于"如何使用 RISC-V 处理器"的系列书籍。这套书籍专注于使用主流 RISC-V 处理器的 FPGA 设计与实时操作系统的移植，以及使用 RISC-V 处理器内核结合总线和常见外设的微控制器开发各种与微控制器或物联网相关的常见应用。让学生在一个完整的 RISC-V SoC 平台上能解决各种有挑战性的工程问题，培养学生基于 RISC-V 处理器的系统能力。

本书的内容安排

本书针对基于 RISC-V 处理器的片上系统实践环节涉及的实验平台与实验内容进行了优化，以更好地适应片上系统能力培养的需求。具体如下。

第 1 章 RISC-V 的历史和机遇。本章介绍了 RISC-V 发明团队与历史，让读者了解发明团队的初心与将指令集开源的情怀。分析各种商业公司的指令集架构，分析如何才能经营一个好的生态让指令集有更好的生命力，是发明团队在开发出全新的 RISC-V 指令集后最为关心的问题。这里也说明了 RISC-V 与其他指令集的不同点或者优点在哪里，因为这些优点，RISC-V 慢慢发展自成一个体系，在时间轴上有哪些标志性事件。为了让 RISC-V 能茁壮成长，发明团队将 RISC-V 指令集捐赠给非营利 RISC-V 基金会并由其维护，在中国地区也有许多基金会的成员。基金会推动 20 个重点领域的技术，基金会标准制定过程及工作群组的讨论机制，以及坚持开放自由、坚持为全世界服务理念的 RISC-V 国际协会在近期诞生了。RISC-V 的生态系统关系处理器架构的影响力，FE310 作为第一款开源的商用 RISC-V SoC 平台，SiFive 公司将 FE310 RTL 原始代码贡献给开源社区，大幅降低了研发定制原型芯片的门槛。除了 SiFive 公司，还有许多知名软硬件供应商的加入让生态更加丰富。在此基础上，业界的 RISC-V 芯片产品进展迅速，包含通用微控制器、物联网芯片、家用电器控制器、网络通信芯片和高性能服务器芯片等。谈 RISC-V 技术绕不开的是需要了解 SiFive 研发团队技术沿革。什么是 Rocket Chip SoC 生成器？它能生成什么？为什么要用 Chisel 语言写 SoC 生成器？什么是 Chisel 语言？这些问题都是我们要关注的。SiFive 研发团队所成立的 SiFive 公司强力推动 RISC-V 生态发展，来开启 RISC-V 指令集架构的芯时代。

第 2 章 RISC-V 指令集体系架构介绍。本章简要介绍了 RISC-V 指令集体系架构，针对 RISC-V 架构特性、指令格式、寄存器列表、地址空间与寻址模式、中断和异常、调试规范、RISC-V 未来的扩展子集及 RISC-V 指令列表等方方面面做了说明。

第 3 章 现场可编程逻辑门阵列（FPGA）设计流程。本章概述 Xilinx FPGA 与设计流程，介绍 Xilinx FPGA 的基本结构与 Diligent Nexys A7 FPGA 开发平台。FPGA 的设计流程包含设计输入、功能仿真、综合优化、综合后仿真、实现与布局、布线与布线后时序仿真等步骤，跟 ASIC 设计流程很类似。Xilinx FPGA 配套的 Vivado 集成环境安装与开发流程里没有再进一步介绍 Vivado 自带 IP 的使用方式，毕竟在本书用不到，但在片上系统的搭建中却很实用。读者可以在其他 Xilinx FPGA 相关书籍里找到使用的方式。

第 4 章 SiFive Freedom E300 SoC 的原理与实验。本章先简单介绍了 Verilog HDL 语言，

因为任何数字逻辑电路设计的实验都避不开 Verilog HDL 语言，这也是进行后续 FPGA 实验设计所必须掌握的基础知识。我们特别增加对 Xilinx 公司原语的使用方法的介绍，让读者能使用类似 Xilinx 公司为用户提供的库函数。虽然 Verilog HDL 包含一些用于编程式硬件设计的特性，但是它们缺乏现代编程语言的强大功能，例如，面向对象编程、类型推断、对函数式编程的支持。Chisel 语言有许多优于传统 Verilog HDL 的地方，最终实验的 SiFive Freedom E300 平台就是用 Chisel 语言所开发的。因此，笔者介绍 SiFive Freedom E300 平台与 E31 内核的基本组成，以英伟达开源的深度学习硬件架构 NVDLA 为例，介绍如何在 SiFive Freedom SoC 生成器平台集成 Verilog IP 的方法，最终完成 Freedom E300 在 Nexys A7 开发板上的硬件设计流程。

第 5 章 SiFive E21 处理器和 SoC 设计云平台的原理与实验。本章首先介绍主心骨——SiFive E21 处理器，除了使用处理器本身需要了解的内存映射与中断架构等知识，还介绍了如何使用 E21 内核评估套件，特别是处理器接口的重点信号特性，以及在配套的仿真测试平台与任意测试平台上运行的方法。Verilog HDL 语言最初是于 1983 年由 Gateway Design Automation 公司为其模拟器产品开发的硬件建模语言。笔者在多年的使用过程中感到，Verilog 语言在描述复杂数字电路方面存在一些缺点，因此有了开发 Coffee-HDL 语言的想法，也利用一些简单的例子证明其有一定的优越性。如果读者下载了 SiFive 公司的 E21 处理器开发套件，如何在云平台完成一个 SoC 的基本设计呢？我们引入了 ezchip® SoC 在线设计云平台，本书读者可以申请试用，最终完成本章的 SoC 设计及 FPGA 验证实验。

第 6 章 RT-Thread 实时多任务操作系统的原理与应用。本章让读者从硬件切换到软件，介绍了 SiFive Freedom Studio 的 Windows 整合开发调试环境，对 Nexys A7 开发板进行软件开发和调试。接着介绍移植 RT-Thread 实时多任务操作系统的原理与应用，概述嵌入式操作系统的基本概念。特别以我们自主开发 RT-Thread 实时多任务操作系统为例，介绍底层结构与移植方法，UART 外设驱动结构分析、移植与应用。最终完成 RT-Thread 实时操作系统的编译与 FPGA 平台上的运行。

附录 A 虚拟机与 Ubuntu Linux 操作系统的安装。在实验的过程，有些软件需要在 Ubuntu Linux 操作系统上安装与运行，所以我们利用附录 A 简单介绍安装方法，方便读者进行后续实验步骤。

附录 B 基于 Nexys A7 的贪吃蛇游戏的设计与实现。这是我们为了提高读者学习兴趣而增加的内容，让读者利用一个常见且有趣的贪吃蛇游戏工程项目，快乐学习 FPGA 硬件设计。

致谢

2020 年是我在武汉大学电子信息学院任兼职教授的第四年。之前三年开设的实验课是利用网上的开源处理器让学生熟悉芯片设计的前端设计流程的，每年都要换处理器，从 8 位到 32 位，就是为了让每年的实验内容不同。这么做备课压力还是比较大的，特别是每年都需要跟新助教一起就新实验"踩雷"，还好关关难过关关过。2019 年 2 月，我选择了一款比较好入门的 RISC-V 处理器用于实验课，整个过程还算顺利。我在武汉大学教学的照片还被"2019 RISC-V Workshop Taiwan"的报告刊登，这对一个热爱教学的人还是挺开心的。2019 年 4 月，我"蹭"了上海大学微电子中心严教授几堂课，在上海赛昉科技市场部总监陈卫荣和连启明经理的协助下提供研究生相应的开发板和材料。我先自学再备课，完成了基于 FPGA 的简单 RISC-V 处理器实验课。在这过程中让我学习了使用 SiFive 公司处理器，而上海大学的研究生独立完成有创意的实验成果也令我印象深刻。

2020 年，武汉大学的课程提前在 1 月中的寒假展开，我一如既往地为实验课备课，学生们也期待上完我的课就可以开心地回家过年。本书的内容是按武汉大学的实验课内容扩展而成的，里面有几个特点：一个是涉猎了 Chisel 语言跟 Rocket Chip SoC 生成器，这个在国内还是比较陌生的，我感觉比较像在叶问之前的咏春授拳方法，与一般拳种不同的是它需要通过师徒间长期过手进行练习，学习曲线也比较长。所以在这一部分特别请上海赛昉科技研发部门的柳童博士与刘玖阳博士来丰富课程内容。但是即便如此还是难以窥其堂奥，读者如果想深入研究还是需要跟我有进一步的联系交流。另一个是云平台，在新型冠状病毒肺炎疫情爆发的今日特别凸显它的重要性。笔者原计划 2020 年 7 月在北京大学的课程因为疫情影响改为线上形式，最后没有更改，因为云平台上的实验课还是能够让学生体验 SoC 设计的重要环节。

本门课程教学的难点在于如何让学生感兴趣，我在"第四届全国大学生集成电路创新创业大赛"担任 RISC-V 挑战杯赛的出题人与评委时感受特别深刻，我们的赛题是利用带有 RISC-V 微控制器的开发版完成"红外循迹小车"与"超声波避障小车"两个子项目，因为开发板跟小车车体的管脚不一致，因此需要飞线。但是即便面对重重的难关，同学们还是逐一克服。看到同学们的小车不但能动起来，还能在小赛道上绕圈圈，笔者跟同学们共同度过了一段辛苦且快乐的实验之旅。所以我特别在附录里加上"基于 FPGA 贪吃蛇游戏的设计与实现"，让读者能利用手中的 FPGA 开发板做一些有趣的实验，达到寓教于乐的目的。

最后，除了上述上海赛昉科技的同仁，我要感谢上海大学微电子中心陆斌，武汉大学电信院卓工班黄韵霓、陈俊鹏、王晨飞、何杰伦、张笑、王心蕊、张妍、李琪、谈啸，以及上海赛昉科技资深研发总监伍骏、上海赛昉科技高级现场应用经理胡进、上海逸集晟网络科技的金葆晖总经理等人，感谢他们让书的内容更加丰富。最重要的是感谢本书的共同作者，我的博导程玉华院长，感谢他在百忙之中对本书的参与、建议与指导。我们像一群蚂蚁团结合作完成搬家的任务一样，没有你们的付出，就没有这本书的问世。

在本书撰写过程中，我广泛参考许多国内外相关经典教材与文献资料，在此对所参考资料的作者表示诚挚的感谢。本书在编写过程中还引用了互联网上最新资讯及报道，在此向原作者和刊发机构表示真挚的谢意，并对不能一一注明参考文献的作者深表歉意。对于采用到但没有标明出处或找不到出处的共享资料，以及对有些进行加工、修改后纳入本书的资料，笔者在此郑重声明，本书内容仅用于教学，其著作权属于原作者，并向他们表示致敬和感谢。在本书的编写过程中，一直得到电子工业出版社刘志红老师的关心和大力支持，电子工业出版社的工作人员也付出了辛勤的劳动。需要感谢的人太多了，在此表示感谢。

结束语

我们都知道万事起头难，我先将能整理出来的实验介绍给读者，随着后续担任其他大学竞赛的出题与评委工作，还会再补充新的 RISC-V 实验项目到书里，让读者能从 RISC-V 的技术里学到更多有用的知识，不仅是学校里的实验课能用得到，在芯片设计的职场上也能派上用场，让我们共同为中国的集成电路产业的发展做出贡献。

本书广泛参考国内外相关经典教材与文献，尽力对内容的组织与说明做到准确无误。实验过程力求循序渐进，详尽描述设计过程与可能出错的地方。虽笔者已尽力，但 RISC-V 处理器与片上系统设计十分复杂，很多是只能靠自己实践才能获得的知识。受限于个人的能力，即使反复修改，笔误在所难免，定存在挂一漏万之处，敬请广大读者批评指教，并可将信息反馈给笔者邮箱 3052010036@qq.com 进行交流，我们会持续改进完善内容。

陈宏铭

2020 年 4 月

目 录

第 1 章

RISC-V 的历史和机遇

1.1 RISC-V 发明团队与历史

中央处理器（Central Processing Unit，CPU）相当于电子产品的大脑，在通信领域，几乎所有的重要信息都要被这个"大脑"掌控，处理器芯片和操作系统是网络信息领域里最基础的核心技术。以手机领域为例，市场上几乎所有的手机处理器芯片都是采用处理器行业的一家知名企业——ARM（Advanced RISC Machine）公司的架构，很多芯片设计厂商在自研处理器时多少都会触及 ARM 的技术。操作系统面临的挑战是生态圈是否成熟。在市场份额上，手机所用的安卓系统和个人电脑上所用的微软系统都是操作系统行业龙头，主要原因在于它们有完整且丰富的生态圈，有无数的软件开发者支持，使大多数用户都习惯于使用微软和安卓的操作系统。

RISC-V 为非营利组织 RISC-V 基金会（RISC-V Foundation）所推动的开源指令集体系架构（Instruction Set Architecture，ISA）。由于 RISC-V 具有精简、模块化及可扩充等优点，近期在全球各地及各种重要应用领域快速崛起。除了基本的运算功能，RISC-V 规格里更预留了客制指令集的空间，以便于加入领域特定体系架构（Domain-Specific Architecture，DSA）的扩充指令，以便于支持如新世代存储、网络互联、AR/VR、ADAS 及人工智等应用。要了解什么是 RISC-V 指令集，就要先谈 RISC 指令集的发展历史。从 1979 年开始，美国旧金山湾区的一所知名大学，加州大学伯克利分校的计算机科学教授 David Patterson 提出了精简指令集计算机（Reduced Instruction Set Computing，RISC）的设计概念，创造了 RISC 这一术语，并且长期领导加州大学伯克利分校的 RISC 研发项目。由于在 RISC 领域开创性贡献的杰出成就，Patterson 教授在 2017 年获得被誉为计算机界诺贝尔奖的图灵奖。

在 David Patterson 的领导下，1981 年，加州大学伯克利分校的一个研究团队开发了 RISC-Ⅰ 处理器，它是今天 RISC 架构的鼻祖。RISC-Ⅰ 原型芯片共有 44500 个晶体管，具有 31 条指令，包含 78 个 32 位寄存器，分为 6 个窗口，每个窗口包含 14 个寄存器，还有 18 个全局变量。寄存器占据了绝大部分芯片面积，控制和指令只占用芯片面积的 6%。1983 年发布的 RISC-II 原型芯片有 39000 个晶体管，包含 138 个寄存器，分为 8 个窗口，每个窗口有 16 个寄存器，另外还有 10 个全局变量。1984 年和 1988 年分别发布了 RISC-III 和 RISC-IV，而 RISC 的设计概念也催生出了许多我们熟知的处理器架构，如 DEC 有 Alpha、MIPS、SUN SPARC，IBM 有 Power 及现在占据绝大部分嵌入式市场的 ARM 指令集架构。这些指令集架构的市场较分散，操作系统常常是各做各的，或只是在开源代码上做优化。图 1-1 所示为加州大学伯克利分校研发的五代 RISC 架构处理器。

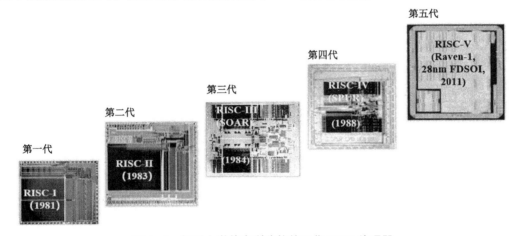

图 1-1　加州大学伯克利分校的五代 RISC 处理器

RISC-V 指令集始于 2010 年，是由加州大学伯克利分校设计并发布的一种开源指令集体系架构。加州大学伯克利分校从 20 世纪 80 年代就开始研究 RISC 精简指令集，架构小组的研究项目多年来使用 MIPS、SPARC 和 x86 等不同指令集的处理器，具有丰富的处理器开发与使用经验，也是许多处理器设计项目的研究基础。计算机架构研究者 Andrew Waterman 和 Yunsup Lee 作为博士研究生，在 2010 年与他们的指导教授 Kreste Asanović 一同开始尝试为下一个硬件设计的项目选择指令集架构，并且最终要制造出有特殊功能的芯片。这三位科研人员被认为是 RISC-V 的发明与主要推动者。他们初期需要一个简单的处理器来支持为新项目所设计的矢量引擎，他们有很多商业指令集可以选择，如英特尔 x86 跟 ARM 都是合理的选择，因为这两种 ISA 在业界很受欢迎。

经过细致的评估后，开发团队认为 x86 指令集太复杂了，打开厚重的 x86 指令集手册就知道这显然不是一个好的选择。看到第一条指令叫做 AAA，用于加法的 ASCII 码调整。将存放在 AL 中的二进制和数，调整为用 ASCII 码表示的结果，其中 AL 寄存器是默认的源和目标。早在 1971 年推出的 Intel 4004 是一个计算器芯片，当时的 AAA 指令实际上是用来实现二进制编码十进制（Binary-coded decimal，BCD）算法，是 BCD 指令集中的一个指令，用于在两个未打包的 BCD 值相加后，调整 AL 和 AH 寄存器的内容，虽然它是单字节指令，仍然使用了很大一部分的编码空间。事实上 x86 还有很多这类因为一些历史的原因现在看来不太好的设计，也导致它的设计很复杂。还有 IP 知识产权问题导致它背后有一大堆的法律问题，所以他们认为 x86 个处理器不合适给学术界使用。

另一个选择是 2010 年在低功耗片上系统（System on a Chip，SoC）设计中已经很流行的 ARM 架构处理器。在当时，ARMv7 还是 ARM 最新的指令集架构，大家通常都认为 ARM 是一个相当简单的 ISA，但是如果读者试着读它的用户手册，还是有许多非常复杂的指令。笔者经常提到的例子是 LDMIAEQ，这是一个非常复杂的指令。不选择 ARM 的原因，除了 ISA 比较复杂，2010 年的 ARMv7 只有 32 位没有 64 位的处理器 IP，并且 IP 授权费用太高。不合适选这个架构来做学术项目，因为它既不能开源也不能分享。于是他们选择自己开发新的指令集，设计一个可以扩展的简单指令集体系架构用于教学和研究。这个新指令集能满足从微控制器到超级计算机等各种性能需求的处理器，能支持从 FPGA 到 ASIC 等各种硬件实现，能快速地实现各种处理器的微架构，能支持多种定制与扩展加速功能，能很好地适配现有软件栈与编程语言。最重要的一点就是要稳定，即不会频繁改变版本，未来也不会被芯片开发者弃用。

此外，RISC-V 指令集发明团队在 2011 年思考的一个问题启发他们做开源处理器，团队看到，在互联、操作系统、编译器、数据库与图像等在业界都有开放的标准或开源的代码，见表 1-1。指令集标准是计算机系统连接软硬件最重要的环节，为何在处理器指令集领域没有免费开放的标准体系架构？而不像其他领域有许多的开源架构可以供爱好者使用。RISC-V 指令集规范可以类比为操作系统领域的 POSIX 系统调用标准，而开源的 RISC-V 处理器核则可以类比为 Linux 操作系统。如同开源软件涵盖的内容要远远超过 Linux 操作系统，RISC-V 还包含 GCC/LLVM 等编译器、MySQL 数据库等软件、GitHub 托管平台等。RISC-V 的目标是成为指令集架构领域的 Linux，应用覆盖物联网、桌面计算、高性能计算、机器学习与人工智能等众多领域。

表 1-1　开放的软件及标准化运作

领域	开放的标准	免费及开放的实现方式	私有化的实现方式
互联	Ethernet, TCP/IP	Many	Many
操作系统	POSIX	Linux, FreeBSD	M/S Windows
编译器	C	GCC, LLVM	Intel icc, ARMCC
数据库	SQL	MySQL, PostgresSQL	Oracle 12C, M/S DB2
图像	OpenGL	Mesa3D	M/S DirectX
指令集架构	??????	-----------	x86, ARM, IBM System-360

加州大学伯克利分校的 Kreste Asanović 教授、Andrew Waterman 和 Yunsup Lee 在 2010 年夏季开始了"三个月的项目",以开发简洁而且开放的指令集架构,"三个月的项目"也让 RISC-V 处理器诞生了。他们完成了 RISC-V 指令集的初始设计,这是一种不断成长的指令集架构。RISC-V 在 2011 年完成了被称为 Raven-I 处理器的部分,接着在 2011 年 5 月发布第一次公开标准。2014 年 RISC-V 的第一版标准定型。原本计划只需三个月的暑期项目做了四年,后来这个项目越做越好。RISC-V 是指令集不断发展和成熟的全新指令。RISC-V 指令集完全开源、设计简单、易于移植 Linux 系统,采用模块化设计,拥有完整的软件开发工具链。

Krste Asanović 教授认为矢量扩展(Vector Extension)指令集的设计宗旨是它应具有超强扩展能力,可以支持从微控制器到超级计算机使用相同二进制代码,帮助开发边缘到云端数据中心的人工智能应用,所以 V 也表示开发团队对于矢量扩展指令集的爱护。而他本人也在 RISC-V 基金会中领导矢量扩展定义,用来实现数据并行执行,有利于机器学习和推理,以及 DSP、加密、图形等高性能计算。

RISC-V 在学术领域也正在成为热门研究,早在 2016 年,MIT 的研究人员就在 Sanctum 项目中使用 RISC-V 实现 Intel SGX 类似功能的基础概念验证程序(Proof of Concept,PoC)。密歇根、康奈尔、华盛顿及加州大学圣迭戈分校等几个大学也迅速开发出 500 多个 RISC-V 核的 SoC,甚至有的还采用先进的 16nm FinFET 工艺。作为 RISC-V 的大本营伯克利,联合能够模拟 Rocket Chip 的基于云平台的 FireSim 软硬件协同设计环境和仿真平台,在云中开展建模 1024 个四核 RISC-V 的服务,剑桥大学开发出信息安全领域的 RISC-V 芯片。

⊚ 1.1.1　商业公司的指令集架构载浮载沉

处理器主要有两大指令集:一个是复杂指令集(Complex Instruction Set Computer,CISC),其架构的主流是 x86,另一个是 RISC 精简指令集,其架构的主流是 ARM、MIPS 和 RISC-V。在半导体的历史上,x86 与 ARM 作为主流处理器架构一直都占有很大的市场份额。

指令集的生态一旦形成是坚不可摧的。1961 年年底,在 IBM 的 System-360 项目中,IBM 凭一己之力攻克了指令集、集成电路、可兼容操作系统与数据库等软硬件多道难关,获得了 300 多项专利。20 世纪 60 年代,IBM 为开发 System-360,在 3 年多时间里投入了 52.5 亿美元,甚至超过制造原子弹的曼哈顿计划。IBM 差点因这个项目资金链断裂,其他小厂家则更加难以参与到电子产业内。

1968 年英特尔成立,这催生了半导体设计从计算机中分化,也产生了一批做芯片设计、制造、封装测试的公司。到 20 世纪 70 年代,随着硬件技术进步,市场对软件的需求提高了,软件成为单独的行业,1975 年微软公司成立。在 20 世纪 70 年代开始萌发的个人电脑(Personal Computer)市场上,英特尔与微软的 Wintel 联盟逐渐成形。前者做 x86 指令集架构的 CPU 成为传统个人电脑市场的主流，后者做 Windows 操作系统，最终占据垄断地位。

英特尔的高性能 CPU 特性善于处理大量数据，在传统个人电脑与服务器领域处于霸主地位，在笔记本、桌面与服务器市场有 90%的占有率，设计专利掌握在英特尔和 AMD 手中。这带来了半导体产业的一个特殊的"指令集壁垒"生态现象，而英特尔是第一个建立"指令集壁垒"的半导体公司。2000 年之后，英特尔进一步利用自己市场出货量大、成本低的优势，向更高端的服务器市场进军，用较低的价格打败了 Power、SPARC、Alpha 等传统指令集，改写了整个服务器市场的生态。英特尔连续 25 年（1991—2017 年）获得全球半导体第一厂商的荣誉，关键在于他们掌握了 x86 指令集这个电子产业基础标准。

1981 年，ARM 的前身 Acorn 计算机公司主要生产一款供英国中小学校使用的电脑，Acorn 基于当时学界提出的 RISC 精简指令集概念研发了 32 位、6MHz，使用自研指令集的处理器，命名为 ARM。到 1990 年，已更名为 ARM 的新公司专注于芯片业务。但英特尔等厂商已占据了大量个人电脑市场，卖芯片的 ARM 生意不佳，只能将 IP 核授权给其他公司。20 世纪 90 年代，随着垂直分工的开始，台积电的代工模式加上 ARM 的 IP 授权模式兴起，ARM 和台积电承担了产业链的头尾，芯片设计逐渐发展成不做工厂生产或做底层基于处理器研发 SoC 的无工厂（Fabless）厂商。

在手机带来的科技革命趋势下，需要快速处理数据。ARM 架构主要以处理快速数据为主，在手机处理器 IP 领域一统江湖，也有少量使用在便携笔记本中，IP 被牢牢掌握在 ARM 公司。ARM 已经占领手机的生态，超过 95%的移动手机及平板市场的芯片都是基于 ARM v7/v8 指令集架构。目前全球排名前 20 的半导体厂商中，近一半是 1990 年后成立的无工厂厂商，而这些新公司多是 ARM 和台积电的客户。软银集团以 40%的溢价收购了 ARM，再将 25%的股权卖给了 Abu Dhabi 基金。ARM 也将把中国子公司 51%的股份出售给中国投资者，作价 7.75 亿美元。ARM 以开放的 IP 授权模式与服务器端 CPU 的霸主英特尔屹立两头，组成了当下全球半导体产处理器的两大标准。

自 2010 年 RISC-V 诞生以后，处理器架构隐约呈现出三足鼎立的趋势。相较于 x86 与 ARM 指令集架构，RISC-V 指令集架构还是相对弱小。RISC-V 的基本生态圈已经建立起来，试图挑战现行主流的指令集架构却也面临种种挑战。如在桌面、服务器和高端嵌入式领域已经形成了技术、专利和生态环境壁垒，RISC-V 想进入这些领域甚至替代之前的技术还需要假以时日。但是随着物联网时代的来临，RISC-V 在新型的物联网等市场似乎有更多机会。因为物联网领域对人工智能芯片既要求有高计算能力又需要低延迟，所以物联网芯片设计的速度要快、成本要低且能量身定制。同时，嵌入式市场具备少量多样的特点，在各细分应用场景并未形成真正壁垒，架构的选择也是五花八门，这正是 RISC-V 绝佳的突破口。RISC-V 作为新兴的架构，以其精简的设计初衷还有很大的机会在未来的无线物联网领域中取得绝对的优势。

其实，在 RISC-V 到来之前，业内已存在几种开源指令级架构，包括 SPARC V8 和 OpenRISC，其中 SUN 公司发布的开源多核多线程处理器 OpenSparcT1 和 T2，后被 Oracle 公司并购。欧洲航天总局的 LEON3 都是采用 SPARC V8 指令集，OpenRISC 也有同名的开源处理器。既然已经有开源指令集架构，为何还要研发 RISC-V？RISC-V 能够在短短几年内快速发展并得到多家商业公司的支持，主要凭借两点优势。第一，RISC-V 吸收各开源指令集的优点，其功能更加丰富。第二，OpenRISC 的许可证为 GPL，意味着所有的指令集改动后都必须开源，而 RISC-V 的许可证为 BSD License 授权，即修改也无须再开源。这一点吸引了很多机构和公司使用 RISC-V 开发商用处理器。此外，RISC-V 支持压缩指令与 128 位寻址空间，这也是 SPARC V8、OpenRISC 所没有的。

根据过往的经验，用商业公司运营来维护指令集的存续会有很大的风险，风险在于指令集的存亡与公司的经营息息相关。如何经营一个好的生态，才能让指令集有更好的生命力，是一个开发团队在开发出全新的 RISC-V 指令集后最应关注的问题。

⊙ 1.1.2 RISC-V指令集架构有什么不同

RISC-V 最大的特性就在于精简。虽然与 ARM 同属于精简指令集架构，但因 RISC-V 是近几年才推出的，没有背负向后兼容的历史包袱，因此 RISC-V 远比其他商业指令集架构短小精干。相比于 x86 和 ARM 架构的文档长达数千页且版本众多的不足，RISC-V 的规范文档仅有 145 页，且特权架构文档的篇幅也只有 91 页，熟悉体系架构的工程师仅需一两天便可读懂。RISC-V 的开源既能降低成本，也能让用户按需定制自由修改，RISC-V 生态与敏捷设计同源。目前，国内外已有多家芯片企业投入大量资金研发 RISC-V 在物联网领域的应用。SiFive 是 RISC-V 商业化的探索者，未来可能成为领导者。

从技术角度，SiFive 利用伯克利在过去三十年指令集设计的经验来开发一个全新而且与工艺节点无关的指令集，以社区的方式来设计与维护指令集标准，RISC-V 与其他指令集的不同点有以下方面。

- 模块化：RISC-V 架构可让用户灵活选用不同的模块组合，以软件模块化的思维来定义硬件标准，将不同的部分以模块化的方式整合在一起，并通过一套统一的架构来满足各种不同的应用场景。例如，针对小面积低功耗嵌入式场景，用户可以选择 RV32IC 组合指令集，仅使用机器模式（Machine Mode）；而高性能应用操作系统场景可以选择 RV32MFDC 指令集，使用机器模式和用户模式（User Mode）两个模式，而且它们之间的共同部分可以兼容。这种模块化是 x86 与 ARM 架构所不具备的。
- 指令数目少：受益于短小精干的架构及模块化的特性，RISC-V 架构的指令数目非常简洁。基本的 RISC-V 指令数目仅有 40 多条，加上其他的模块化扩展指令总共有几十条指令。

● 全面开源：RISC-Ⅴ具有全套开源免费的编译器、开发工具和软件开发环境（IDE），其开源的特性允许任何用户自由修改、扩展，从而能满足量身定制的需求，大大降低指令集修改的门槛。

相较于其他商用的指令集，RISC-Ⅴ指令集架构简洁得多。全新的设计吸取了前辈指令集的经验和教训，对用户和特权指令集可以做到明确分离，以及基于指令集架构具体处理器硬件实现的微架构，甚至与代工厂的工艺技术脱钩。模块化指令集架构精简的基本指令集加上标准扩展指令集，为将来的应用升级预留了足够的空间。稳定性要求在于基本及标准扩展指令集不会再改变，通过可选扩展而非更新指令集的方式来增加指令。由领先的行业或学术专家以及软件开发者组成的社区，通过社区进行设计。

有一个生动的例子可以用来形容传统处理器增量指令集架构和 21 世纪 RISC-Ⅴ指令集架构，例如，顾客到了餐厅想点选比萨、牛肉面、青菜豆腐汤、海鲜、牛排或日料等不同菜品，一顿自助餐就能满足顾客所有的需求，但是吃不吃都要花费 300 块钱。RISC-Ⅴ提供的菜单是基础的 RV32I 指令集，可以编译与运行简单软件，还有可选的 RV32M 乘法、RV32F 单精度浮点数、RV32D 双精度浮点、RV32C 压缩指令，还有 RV32V 矢量扩展等，这些都是模块化的标准扩展，可依照应用来选择是否采用，不需要多付额外的费用来选择不需要的功能，这里的费用还包括了芯片面积所导致的成本上升。

⊚ 1.1.3 RISC-Ⅴ发展史及其标志性事件

如图 1-2 所示说明从 2010 年到 2019 年第四季的 RISC-Ⅴ发展史，自全新指令集项目开始到 2011 年 5 月发布了被称为 RISC-Ⅴ基本用户指令集 v1.0 规范，这代表加州大学伯克利分校的第五代 RISC 指令集。2011 年将所设计的 Raven-1 芯片采用了 28nm FD-SOI 工艺流片，以验证 RISC-Ⅴ架构的可行性。2012 年首个 Rocket Chip 采用 45 纳米工艺流片，2013 年首次移植 Linux 操作系统，2014 年发布冻结的基本用户指令集 v2.0 IMAFD。

伯克利研发团队在开发处理器的同时，将 RISC-Ⅴ指令集架构从学校推广到全世界。后来陆续开始有人询问有关于 RISC-Ⅴ指令集架构的问题，并且想使用它来设计芯片，RISC-Ⅴ才变成了一个真正为世人所接受的项目，也促成了 RISC-Ⅴ基金会的成立。在 2015 年，伯克利研发团队想要成立非营利性组织 RISC-Ⅴ基金会来维护指令集架构，Krste Asanović 教授也是现任 RISC-Ⅴ基金会董事会主席。一些大公司如英伟达（NVIDIA）等也加入 RISC-Ⅴ基金会。接着有了几份出版物，有了许多研讨会视频，还有了许多 RISC-Ⅴ软件的支持。同时成立了 SiFive 公司从事商业化处理器 IP 的运营，为商业客户提供所需的处理器内核及芯片物理实现的设计服务。

最先采用 RISC-Ⅴ作为工业标准架构的公司是英伟达公司。2016 年，英伟达公司发布了首个商业软核，这也是第一个 RISC-Ⅴ商业 SoC，公开宣布他们未来所有的 GPU 都会使用 RISC-V 架构。2017 年，西部数据发布了特权架构 v1.10，这也是商业 RISC-V 应用的另一款 SoC。他们宣布计划一年出货十亿以上的 RISC-V 内核，并逐步取代其他商业内核。

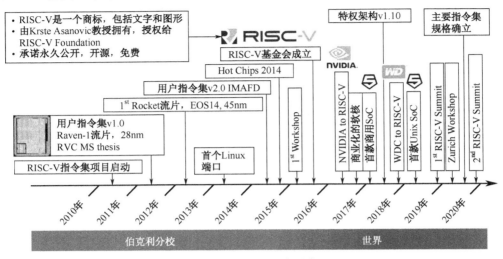

图 1-2　RISC-Ⅴ发展史

印度是第一个将 RISC-Ⅴ作为国家指令集标准的国家，美国的国防高级研究计划局（DARPA）最近在向国会发出的安全呼吁提案中建议使用授权 RISC-Ⅴ。以色列创新管理局创建了 RISC-Ⅴ GenPro 孵化器，欧洲、俄罗斯等国家开始全国推行。2019 年 8 月，RedHat 也宣布加入 RISC-Ⅴ基金会，未来在 RISC-Ⅴ针对服务器领域开展合作，Fedora 已经投注很多人力在 RISC-Ⅴ处理器上开发操作系统。

SiFive 公司在 2019 年 12 月举办的 RISC-Ⅴ Summit 2019 发表了几场重要的演讲，分别是 The Open Secure Platform Architecture of SiFive Shield、SiFive Intelligence cores for vector processing、Introducing Scalable New Core IP for Mission Critical Use，以及 Building RISC-Ⅴ IoT Applications using AWS FreeRTOS，持续引领 RISC-Ⅴ业界的领先技术，成为业界关注的焦点。笔者也以中文网课的形式在上海赛昉科技的公众号介绍了相关的技术信息。

1.2　RISC-Ⅴ基金会成长的历史

RISC-Ⅴ是通过开放合作实现的一个自由、开放的处理器指令集。Kreste Asanović 教授等人将 RISC-Ⅴ指令集捐赠给 2015 年成立的非营利 RISC-Ⅴ基金会并由其维护。RISC-Ⅴ基金会是一个大联盟，不是 SiFive 或任何一家公司所独有，很多公司都加入该基金会并扮演重要的角色，致力于开发和推动 RISC-Ⅴ指令集的发展。RISC-Ⅴ是一个开放的标准化指令集架构，这也是大家对它感兴趣的原因。基金会主要着力开发 RISC-V 指令集和相关的软硬件生态系统开发，帮助扩展 RISC-V 技术的影响力，吸引了包括英伟达、恩智浦、三星、Microsemi 等知名企业作为第一批会员加入，同时也吸引了大量业内领先的研究机构、硬件厂商、软件厂商，包括如谷歌、高通、Rambus、美光、IBM、格罗方德半导体和西门子等行业巨头。

⊙ 1.2.1 RISC-V 基金会的成员介绍

RISC-V 基金会负责维护 RISC-V 指令集标准手册与架构文档，RISC-V 基金会每年都会举办各种专题讨论会和全球活动。图 1-3 所示是 RISC-V 基金会的会员发展情况，从 2015年 9 月基金会成立到 2019 年 12 月底，RISC-V 基金会成员已经超过 435 个，从成长的趋势来看，每年增长的速度相当快，而且会员的数量还在不断增加。会员按不同领域来分，有24 家行业企业、32 所学校与研究机构、25 家软件公司、9 家存储公司、31 家代工厂与设计服务公司、44 家芯片设计公司，还有 200 多个独立的开发者与倡导者。这些会员来自全球 28 个国家和地区，涵盖人口比例占全球 52%，而且使用的人数不断增长，这说明 RISC-V处理器有广泛的市场需求，其发展的动力也很大。

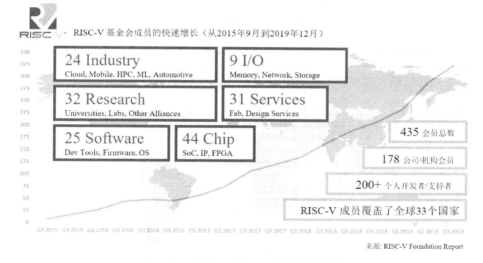

图 1-3　RISC-V 基金会会员发展情况

RISC-V 基金会成员分为白金会员、金牌会员、银牌会员及其他组织和个人。目前基金会拥有白金会员 21 家，金牌会员 25 家，银牌会员 119 家，不需要缴纳任何费用的组织 25家。金牌会员可以进入技术或市场委员会（Committee）和技术任务组（Task Group）。白金会员除了覆盖金牌会员拥有的所有权利，还可以参选董事会席位。成为会员就可以融入这个生态系统，这里有发声的渠道，在技术上有发言权，可以主动推动技术革新。为了达到这个目的，需要有很强的技术实力。

指令集规范和处理器实现是两个不同层次的概念，需要区分开来。指令集是规范标准，往往用几页纸就可以描述，而处理器实现是基于指令集规范完成的源代码。RISC-V指令集适用于所有类型的计算系统，代码兼容从低端微控制器到高端超级计算机，让所有应用都能够使用相同的指令集。RISC-V不是一家公司，也不是一个具体的已实现好的CPU，而是一套基于BSD协议许可开源、开放和免费的指令集架构，这与x86和ARM指令集有本质不同。根据许可免费获得后创建衍生作品并将其保留为专有，不必分享任何人。

RISC-V不仅可以用来做开源处理器，也可以做商用处理器，也就是说具体的处理器实现不都是开源免费的，像SiFive的同类公司都开发并实现了自己的商用处理器设计。就像是做饼干，要制作可口的饼干，需要掌握将饼干做好的配方。业界诸多RISC-V处理器公司所提供的商业IP，就像是既掌握制作美味饼干的专有配方的人，又能提供已经做好的饼干给消费者。

图1-4所示为RISC-V基金会里的公司与研究机构分类，这里的部分信息来自RISC-V基金会报告。左上是IP/芯片/芯片代工厂/设计服务公司，中上是国际的研究机构，中下是开发工具链与云端平台，右下是使用RISC-V技术的用户与公司，包括美光、联发科、高通、三星等。几乎全球所有主要半导体公司都已经是RISC-V的成员，国外有谷歌、Amazon、微软、西部数据，国内有华为、ZTE、阿里巴巴。RISC-V的生态系统很强大，说明开源、可拓展指令集能够应用于所有计算设备的应用，而且RISC-V的生态不断壮大及成熟，我们还需要更多公司跟研究单位加入RISC-V的生态一起成长。

图1-4　RISC-V基金会里的公司与研究机构分类（由上海赛昉科技整理）

图 1-5 所示为中国 RISC-V 基金会机构型成员，RISC-V 基金会的资料中，来自大中华地区的企业、研究机构及高校的数量为 36 家，占整体同类数量的 20%。如阿里巴巴、全志科技、华米科技、中科院计算所、中科院软件研究所与清华大学等单位正在进行 RISC-V 的技术研究，也有开发车载 ADAS 与人工智能等应用的企业。每天都有新的企业或学术单位参与 RISC-V 的开发，他们以不同的角度来参与 RISC-V 社区，不只是利用开源内核来设计自己的芯片，未来还能够贡献智慧到 RISC-V 的生态里。

图 1-5　中国 RISC-V 基金会机构型成员

⊙ 1.2.2　RISC-V基金会推动 20 个重点领域的技术

RISC-V 基金会在组织架构上有程序委员会、市场委员会、董事会（内设一个中国顾问委员会处理中国相关事务）和特别委员会等，还有各种委员会与技术任务组，基金会批准的 3 个委员会，安全标准委员会（Security Standing Committee）负责推动 RISC-V 成为安全社区的理想方案，软件标准委员会（Software Standing Committee）致力于构建 RISC-V 软件生态，标准化软件接口。17 个技术任务组则囊括了基本指令集、扩展指令集、调试标准、快速中断、形式定义、存储器模型、Trace 标准与特权等级等各种技术方向。

RISC-V 目前关注的 20 个重点领域如图 1-6 所示，任何公司或个人都可以自荐作为里面某个任务组的主席，或是成为里面的一员。RISC-V 基金会全职员工只有 3 人，所有的工作都是会员的无偿奉献。基金会已经完成很多工作，把 RISC-V 的热度提升到一个新的水平，但是未来还需要更多国内的公司加入基金会，成为会员并参与制定新的标准。要参与到 RISC-V 的生态建设中先要成为会员，还要投入相当大的研发精力和研发力度，才能进入委员会或技术任务组，为 RISC-V 技术贡献力量，推动 RISC-V 的生态建设。

操作码空间管理常设委员会　　　　　V扩展（矢量操作）任务组
软件常务委员会　　　　　　　　　　加密扩展任务组
安全委员会　　　　　　　　　　　　调试规范任务组
基础ISA批准任务组　　　　　　　　快速中断规范任务组
特权ISA规范任务组　　　　　　　　内存模型规范任务组
形式规范任务组　　　　　　　　　　处理器跟踪规范任务组
可信执行环境规范任务组　　　　　　Sv128规格任务组
B扩展（位操作）任务组　　　　　　合规任务组
J扩展（动态翻译语言）任务组　　　UNIX类平台规范任务组
P扩展（封装的单指令多数据指令）任务组　安全任务组（拟议）

图 1-6　RISC-V目前关注的 20 个重点领域

⊙ 1.2.3　RISC-V基金会标准制定过程及工作群组机制

指令集扩展的规则是利用社区的方式来讨论，由 RISC-V基金会成员提案，董事会公开讨论后制定标准。现在 RISC-V基金会董事会由 Bluespec、Google、Microsemi、NVIDIA、NXP、UC Berkeley 和 Western Digital 这 7 家单位代表组成。现任董事会主席是伯克利教授 Krste Asanović。

每个技术任务组都由业界知名人士来主导，任何人都可以成为任务组里面的一员。我们从 17 个任务组里挑出 8 个重点的任务组，如图 1-7 所示，SiFive 公司在各个任务组里面具有重要的地位。任务组里的某个成员提出有用的建议，并说明这个建议的优点后，由任务组里的公司或个人进行讨论，随后在 RISC-V正式会议内公开讨论。依据社区讨论情况，可能需要两到四年来完善并形成最终标准。我们鼓励国内的公司能够提出自己有价值的想法并参与其中。

图 1-7　8 个任务组的主要参与公司

⊙ 1.2.4 RISC-V 国际协会的诞生

RISC-V 基金会总部从美国迁往瑞士，并于 2020 年 3 月 9 日完成在瑞士的注册。这个行动向全世界传达 RISC-V 坚持开放自由、为全球半导体行业服务的理念。同时，RISC-V 基金会更名为 RISC-V 国际协会（RISC-V International Association）。RISC-V 国际协会希望通过总部的搬迁，能够更好地满足 RISC-V 发展的需求，以及为全球不同地区的会员提供多元服务和维护权益。

RISC-V 国际协会迁到瑞士后，在组织管理上有所改变，会员主要包括首要成员（Premier Member）、战略成员（Strategic Member）和社区成员（Community Member）三种。首要成员对应白金会员，可以有董事会席位及技术委员会席位。上海赛昉科技作为首要成员之一，日益发挥着举足轻重的作用。战略成员对应基金会金牌和银牌两类会员，所拥有的权利包括选举在董事会的代表、领导工作组和委员会。社区成员对应此前不需要缴费的两类会员。前两种会员有资格深入参与 RISC-V 国际协会。

1.3 RISC-V 的生态系统

处理器架构的影响力主要是依赖一整套的生态系统，比如，基于 x86 的 Windows 操作系统或是基于 ARM 的 Android 操作系统。RISC-V 现在还需要增强生态系统，特别是物联网碎片化的性质，没有一个统一的软件栈生态。RISC-V 国际协会对此并没有做任何定义，生态系统的搭建由使用者自行发挥。生态系统并非一蹴而就，唯有基于 RISC-V 的微控制器大规模量产，让一般软硬件开发者真正随手可得，相应的软件生态才能建立。用国际协会的方式来运作形成标准是否合适呢？RISC-V 国际协会全职员工只有 3 人，工作内容如图 1-8 所示，他们需要维护指令集的标准、建立黄金参考模型（Golden Model）及维护合规性以避免碎片化的问题。

RISC-V 的指令集架构是整个生态系统的基础，由 RISC-V 国际协会构建。在此基础上，RISC-V 国际协会还需要支撑两大社区：一个是 RISC-V 处理器内核与 SoC 系统的硬件社区，有开源 RTL 级源码供大家下载，商用授权给芯片设计公司使用，公司内部自主研发不对外开放 IP 或源代码等。另一个是与用户应用有关的软件社区，开源的软件有开源 GCC 和 LLVM 软件，也有公司将软件开源出来，例如，国内的初创公司 RT-Thread 也加入了开源的行列。商用的软件供应商有编译器大厂 IAR 等公司，过去这些公司的软件都是支持 ARM 或 MIPS 的 IP 或芯片，现在也参与到兼容 RISC-V 指令集架构的设计中。

目前 RISC-V 指令集主要包括四个可以在 RISC-V 官网下载的文件。指令集分为非特权指令集和特权架构，非特权指令集几乎包括所有指令的定义，除了基本的指令集，还有扩展指令集。RISC-V 是在标准指令集之上做扩展的指令集架构，基本指令集包括定点指令、存储一致性（RVWMO）、乘法、原子、单精度/双精度/128 位浮点等。而扩展指令集则包括 32E、128 位指令、计数器、LBJTPV 扩展等。特权架构说明的是 RISC-V 特权架构的定义，特权架构有用户模式、监督模式和机器模式三种特权级别，另有一个调试接口处于可用的状态和一个刚起步的 Trace。

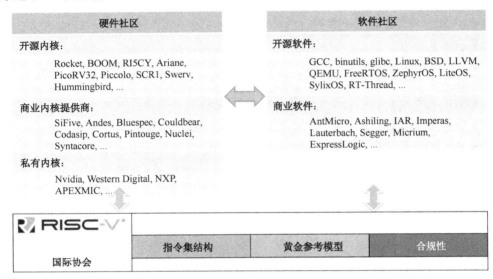

图 1-8　RISC-V 国际协会工作内容

SiFive 联合创始人和首席构架师 Krste Asanović 提到："RISC-V 是一个高质量的、无使用许可证的、无版权费的 RISC 指令集，它最初是来自伯克利的规范，由无营利组织 RISC-V 基金会做标准维护，适合各种类型的计算机系统。从微处理器到超级计算机系统，众多的专有和开源内核可被工业界和学术界快速体验采用，而且还有不断增长的共享软件生态系统支持。"

⊛ 1.3.1　RISC-V的开发板和生态系统

RISC-V 出自学校，很多研究机构也加入，发展势头越来越猛，在产业界的被接受程度也越来越高。SiFive 有两类产品，一类是处理器内核 IP，另一类是 Freedom SoC 平台。在 2016 年 11 月，SiFive 推出为微控制器、嵌入式产品、物联网和可穿戴等应用而设计的 Freedom Everywhere FE310 SoC 及 HiFive1 低功耗开发板（见图 1-9）；适合机器学习、存储和网络应用的高性能 Freedom Unleashed 平台；还有人工智能的 Freedom Revolution 平台作为软件和应用开发使用，产品全面覆盖大中小规模客户。

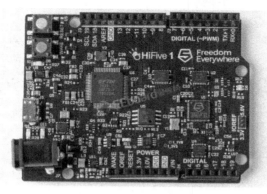

图 1-9   HiFive1 低功耗开发板

HiFive1 低功耗开发板是基于集成 32 位 E31 处理器内核的 FE310 微控制器，FE310 运行速度可达 320MHz 以上，是市场上速度最快的微控制器之一。FE310 的架构设计如图 1-10 所示，内核是单发射、顺序执行处理器 E31，支持 RV32IMAC 指令集，具有 16K 的指令缓存，16K 的数据 SRAM。FE310 有多个外设，通过 TileLink 互连总线将多个外设连接到处理器。主要外设包括以下几类。

- 始终上电域（Always-on Domain，AON）：始终上电域的意思就是不受处理器核心电源管理的影响，包括实时计数器、看门狗、复位与电源管理等子模块。
- 通用输入输出端口（General Purpose Input/Output，GPIO）控制器：通用输入输出端口的每一个引脚都可以设置成输入或者输出，并可以设置是否能够引发中断。FE310 的 GPIO 可以复用为 UART、I2C、SPI、PWM 等模块。
- 平台级中断控制器（Platform-Level Interrupt Control，PLIC）：平台级中断控制器用于接受外部的中断信号，然后按照优先级送给处理器，支持 52 个外部中断源，7 个中断优先级。
- 调试单元（Debug Unit）：调试单元支持外部调试器通过标准 JTAG 接口进行调试，支持 2 个硬件断点、观察点。
- QSPI 闪存控制器（Quad-SPI）：QSPI 闪存控制器用于访问 SPI 闪存，可以支持 eXecute-In-Place 模式。

FE310 作为全球第一款开源的商用 RISC-V SoC 平台，SoC 基于 RISC-V 开放式架构，允许开发人员根据其特定的设计需求创建定制的解决方案。Freedom 平台使任何公司、发明者或制造商能够利用定制芯片的优势，将专业等级的处理器 IP 纳入其产品。HiFive1 低功耗开发套件可接受 Arduino 式盾板，从而大幅提升了其对嵌入式设计快速原型开发的可行性。

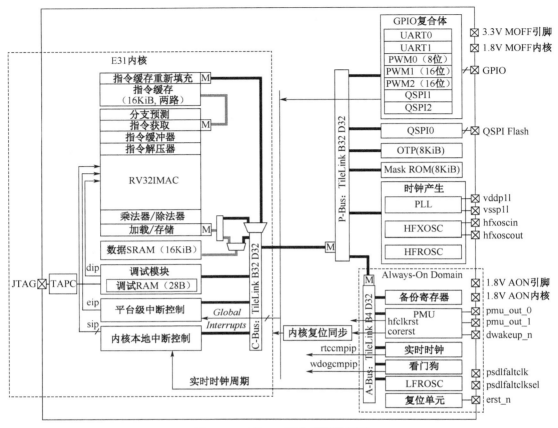

图 1-10　FE310 平台的设计框图

　　开源处理器项目的重要性是毋庸置疑的，SiFive 公司已将 FE310 RTL 原始代码贡献给开源社区，这样可以与开源社区相结合。芯片内部功能的规格定义是可见的，感兴趣的人可以完全看到芯片内部的架构，了解硬件的工作原理与 RTL 代码的在线状态，让企业或者工程师在 FE310 的基础上开发自己的定制芯片。

　　商用芯片源代码的免费开源特性在芯片设计行业中非常罕见，这样做大幅降低了研发定制原型芯片的门槛，使大家可以专注于增量创新，不用从头探索如何构建一颗芯片，加快了迭代周期并重新诠释了芯片定制化产业。SiFive 公司实施此项措施是希望鼓励小型系统公司或者芯片设计人员能够在 FE310 芯片的基础之上定制自己的 SoC 设计方案，借助 RISC-V 的软件生态在没有芯片的情况下就可以在 RISC-V 上撰写运行自己开发的软件，或者基于 RISC-V 硬件的开源在 FPGA 平台上开发，极大降低芯片开发的门槛。读者可以通过网址 https://github.com/sifive/freedom 下载 FE310 微控制器芯片的 RTL 代码文件。

图 1-11 所示的 HiFive1 Rev B 开发板是 HiFive1 开发板的升级版本，这个开发板搭载的 SoC 从第一代的 FE310-G000 升级到 FE310-G002，HiFive1 Rev B 开发板与 HiFive1 开发板最大的区别在于前者增加了一个 ESP32 模块。ESP32 模块可以说是受全球创客、DIY 爱好者欢迎的无线通信模块之一，且价格比较实惠。ESP32 模块作为 FE310-G002 处理器的无线调制解调器，具备 Wi-Fi 和蓝牙的无线连接功能。

升级的 FE310-G002 增加了对应最新 RISC-V 调试规范 0.13 版，内置硬件 I^2C，两个 UART 的支持，以及在低功耗睡眠模式下对核心电源轨进行电源门控。与原版 FE310 一样，FE310-G002 采用 SiFive 的高性能 E31 内核处理器，支持 32 位 RV32IMAC 指令集，维持 16KB 指令缓存与 16KB 数据 SRAM，寄存器和硬件乘法/除法器。为了连接更多的第三方传感器，FE310 芯片第二代版本具有更多外围设备，内置硬件 I^2C 外设和额外的两个 UART。此外，USB 调试接口也已升级为 SEGGER J-Link，支持拖放代码下载。FE310-G002 有一个由 3.3V 供电的始终上电域。由始终上电域控制，1.8V 处理器内核电源轨可以在低功耗睡眠模式下关闭，并在检测到唤醒事件时打开。

图 1-11　HiFive1 Rev B 开发板

SiFive 的嵌入式开发板驱动许多 RTOS 实时操作系统移植，图 1-12 所示是 SiFive 公司最近宣布的 SiFive Learn Inventor 开发系统，承载了一个新版本的 FE310-G003 芯片，还整合一个带有 Wi-Fi 和蓝牙功能的 ESP32 模块。这是一个很好的物联网开发平台，开发者可以用它来和外界交流。利用开源 FE310 所设计的三代微控制器电性比较见表 1-2。SiFive Learn Inventor 开发系统的数据紧密集成内存（DTIM）容量比之前的版本大，当处理器调用大量数据时可以直接从 DTIM 中调用，从而加快读取速度，方便软件工程师开发应用程序。如果要为 SiFive Learn Inventor 开发板获取免费操作系统，只需到 Amazon 免费操作系统控制台下载用于 SiFive Learn Inventor 开发板的免费操作系统即可。

图 1-12　SiFive Learn Inventor 开发系统

表 1-2　利用开源 FE310 所设计的三代微控制器电性比较

	HiFive1	HiFive1 Rev B	Learn Inventor Board
微控制器	FE310-G000	FE310-G002	FE310-G003
数据紧密集成存储器（DTIM）	16 KB	16 KB	64 KB
RISC-V调试规格	版本 0.11	版本 0.13	版本 0.13
低功耗睡眠模式（域）	无	有	有
始终上电域	1.8V	3.3V	3.3V
硬件 I²C	无	1个	1个
UART	1个	2个	2个
USB 调试	FTDI FT2232	Segger J-Link	Segger J-Link
无线网络	无	Wi-Fi & 蓝牙	Wi-Fi & 蓝牙
I/O 电压	3.3V, 电平转换 5.0V	3.3V	3.3V

⊙ 1.3.2　部分 RISC-V 社区生态的支持厂商

　　经过了 50 年的发展，IBM 360 是现存最老的指令集架构，凭借良好的软件生态控制银行市场，也说明唯有良好的生态才能让指令集持之以恒。在短短几年时间，RISC-V 社区的演进有很大的变化。图 1-13 列举了部分 RISC-V 社区生态的支持厂商，SiFive 在里面起了很大的作用，包括 SiFive Freedom SDK 跟 SiFive Freedom Studio 开发环境，让很多相关的企业有了前进的方向与依据，不需要从头摸索。

图 1-13　部分 RISC-V 社区生态的支持厂商

　　如图 1-14 所示，SiFive 提供的调试软件栈被称为 Freedom Studio，这一个完全集成的开发环境，可以在 SiFive RISC-V 平台和内核 IP 上进行裸机（Bare Metal）嵌入式开发和调试。它基于 Eclipse CDT 并包含许多 SiFive 扩展，可为捆绑的命令行工具提供用户友好的界面。SiFive 公司所推出的产品 Freedom 因为崇尚自由的精神，开源了许多内部开发的软硬件让爱好者能公开下载。UltraSoC、Lauterbach、Imperas、SEGGER 及 IAR 都是在嵌入式领域知名的工具链提供商。此外还有丰富的嵌入式操作系统，如 FreeRTOS、Zephyr OS，还有国内初创企业 RT-Thread。

　　出自 Linux 基金会的 Zephyr 实时操作系统是一个可以用于资源受限和嵌入式系统的小型内核。应用场景从简单的嵌入式环境传感器、可穿戴设备到复杂的嵌入式控制器、智能手表和无线物联网应用程序。Zephyr 在 RISC-V 技术的演进过程中做了很多早期的工作，程序移植且运行了将近两年，Zephyr 支持的平台包括 SiFive HiFive1。Zephyr 实时操作系统已经在包括 RISC-V 的 8 个指令集体系架构上，有 160 多个受支持的开发板配置。读者可以在网上找到 Zephyr SDK，它还附带了基于 RISC-V GCC 的工具链。图 1-15 所示是市面上的一个基于 RISC-V 的扬声器徽章产品，这也是第一个实际的 RISC-V 上量产品。

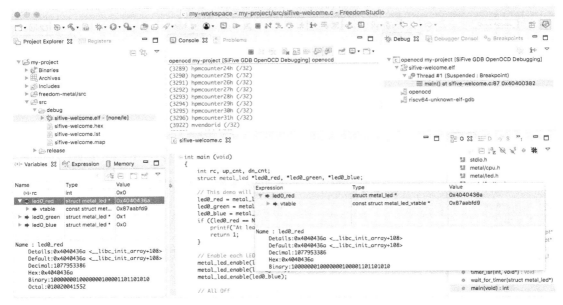

图 1-14 Freedom Studio 的调试界面

图 1-15 市面上第一个基于 RISC-Ⅴ 的扬声器徽章产品

　　流行的 FreeRTOS 内核是一个基于微控制器的物联网操作系统，使边缘设备能够安全地连接到亚马逊公司云计算服务平台（Amazon Web Services，AWS），同时使它们易于管理、部署和更新。FreeRTOS 由 MIT 开源许可证提供，可以在多种不同的指令集架构上运行。FreeRTOS 已经拥有一系列受支持的微控制器，这些微控制器来自 SiFive、TI、NXP、STMicro 及 Microchip 等知名公司。从 FreeRTOS 10.2.1 版本开始，由官方加入 RISC-V demo，现在已经可以在 FreeRTOS 的主要目录树里找到。FreeRTOS 进一步增加一系列面向物联网的库，提供额外的联网和安全性功能，包括对低功耗蓝牙、无线更新和 Wi-Fi 的支持。最近有很多产品用户宣布使用了 FreeRTOS。内核支持 RISC-Ⅴ，包括 RV32I 和 RV64I

两种版本，提供用户构建具成本效益的智能型设备。

当我们拿到一块开发板，上面搭载的通常都是芯片原厂开发用于嵌入式系统的引导加载程序（U-Boot），一般用于存储管理、CPU 和进程管理、文件系统、设备管理和驱动、网络通信，以及系统的引导与初始化、系统调用等的 Linux 内核（kernel），我们称之为供应商内核。供应商内核一般是基于 Linux 官方的某个分支进行修改得到的，芯片原厂为了系统的稳定和易于维护，会在这个特定的版本上做长期开发，不会轻易升级内核版本。而 Linux 官方内核却会以固定的节奏向前演进，我们称这种目前最新的稳定内核版本为 upstream Linux 内核。至于 RISC-V Linux 内核移植的情况，在一年多前发布了移植到 RISC-V 的 upstream Linux 内核，这是一个非常重要的时刻，因为这意味着 Linux 终于真正开始认真对待基于 RISC-V 指令集的软件开发了。

很多操作系统都是在 SiFive 公司提供的开源硬件上运行的，如图 1-16 所示是 SiFive 公司发布的高性能 HiFive Unleashed 开发板，这是一个面向 RISC-V 开源社区提供的开发板，以帮助推进 RISC-V 软件生态系统。板上功能强大的 Freedom U540 是世界上第一款支持 Linux 的多核 RISC-V 处理器，这是一个 1.5 千兆赫的四核处理器。它是第一个带有 RISC-V 内核芯片的开发板，能运行复杂的 Linux 操作系统，如 Debian Linux，Fedora Linux。许多方案商已经移植了完整的 Linux 应用程序，非常适合通信、工业、国防、医疗和航空电子市场中的各种应用，其中 Fedora 是最早出现的 RISC-V 发行版之一，开创了 RISC-V 软件开发的全新时代。

图 1-16　高性能 HiFive Unleashed 开发板

RISC-V 开源硬件让我们可以观察软件开发的过程，SiFive 公司向开源生态系统提供了 FPGA 开发套件，读者可能在 GitHub 上都见过或下载过。如今，Debian 和 Fedora 这些操作系统软件包都可以基于 SiFive 公司的开源硬件设计在 FPGA 上运行。在 2018 年举办的 FOSDEM 大会上展示了 SiFive Freedom U540 4 核 RV64GC SoC 和相应的 HiFive Unleashed

开发板，Debian 操作系统也可以在上面正常运行。由此可知，不仅是 RISC-V 处理器 IP，基于 RISC-V 的软件生态也在不断完善。RISC-V 软件技术的快速发展是因为有一大群人在贡献他们的智慧，这也是 RISC-V 发展的真正原因。

⊛ 1.3.3 芯片设计业界的 RISC-V 产品进展

RISC-V 是第一个被设计成可以根据具体应用来选择适合的指令集架构。基于 RISC-V 指令集架构可以设计通用微控制器、物联网芯片、家用电器控制器、网络通信芯片和高性能服务器芯片等。图 1-17 所示为 Semico Research 最新市场调研报告给出的 RISC-V 内核的增长趋势及主要应用市场预测，预计到 2025 年，采用 RISC-V 架构的芯片数量将达到 624 亿个，2018 年至 2025 年的年复合增长率（CAGR）高达 146.2%，主要应用市场包括计算机、消费电子、通信、交通和工业，其中物联网应用市场占比最高，约为 167 亿个内核。

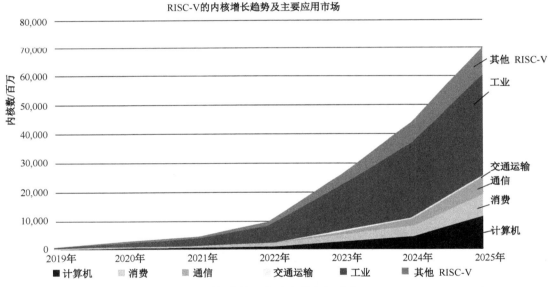

图 1-17 RISC-V 内核的增长趋势及主要应用市场（来源：Semico Research）

作为一个开源的指令集架构，RISC-V 帮助芯片设计公司有机会避开 Intel x86 知识产权的壁垒和 ARM 高昂的芯片授权费用，使全球芯片行业企业对 RISC-V 报以极大的关注。开源 RISC-V 指令集代表的开源硬件产业生态，成为打破当前处理器垄断局面的一股潜在的重要力量，变成人们在 2020 年关注和讨论的焦点。

在智能移动时代，AIoT 是 RISC-V 一个很好的切入点，未来市场将会变得非常庞大，基于 RISC-V 的微处理器内核加上 AI 运算协处理器 IP，会在 AIoT 各个细分领域觅得良机。以智能硬件产品为例，其对 CPU 应用生态和性能的依赖低于个人电脑、手机等产品，但它对 CPU 的功耗、体积和成本有着极高的敏感度,部分 RISC-Ⅴ架构嵌入式 CPU 具备比同类 ARM、x86 架构 CPU 更低的功耗、更小的面积及更低的价格。

关于业界 RISC-Ⅴ芯片产品进展情况,西部数据和 SiFive 合作将把高达每年 20 亿颗的芯片的潜能转向基于 RISC-Ⅴ,逐步完成全线产品向 RISC-Ⅴ定制架构的转变,西部数据也推出开源 RISC-Ⅴ核 SweRV。Microsemi 推出基于 SiFive 核的 PolarFire FPGA 产品及 PolarFire SoC FPGA 开发板产品,提供了基于开放式 RISC-Ⅴ架构的软 IP 核。FPGA 相关的软件工具链可以使用 RISC-Ⅴ处理器内核移植到所有芯片。Microsemi 的 PolarFire FPGA 非常适合于低功耗、低成本的应用,与 RISC-Ⅴ架构相结合可被应用于嵌入式和边缘计算,实现实时快速目标检测。

FADU 宣布推出基于 SiFive 64 位 E51 多核 RISC-Ⅴ核心 IP 的 FADU Bravo 系列企业级 SSD 控制器芯片解决方案和系统,推出全球首款基于 RISC-Ⅴ的 SSD 控制器,该控制器可提供市场上最高的 IOPS / Watt 指标。华米公司推出基于 SiFive 内核的边缘人工智能计算芯片——黄山一号,其手表和手环已经大批量出货。华米的黄山一号芯片,数据可在设备内运行,避免了云端计算带来的通信延迟。芯片采用的 AlwaysOn 模块能够自动把传感器数据搬运到 SRAM 中,并通过神经网络系统,分别进行运算整合,及时反馈运算结果,让功耗大幅降低。可以让智能设备有更长的待机时间,更快的处理速度,更长的使用寿命。

珠海普林芯驰科技所开发的 SPV20XX 系列智能语音识别芯片,以出色的语音识别能力、前端降噪能力、丰富的系统外设、高性价比为特色,在语音控制领域提供了极具竞争力的芯片方案,方便客户实现单芯片的语音加上触控应用的场景。SPV20XX 系列采用 RISC-Ⅴ CPU + DSP + NPU 三核架构,内置基于人工智能语音识别算法的 NPU 硬件加速核,通过神经网络对音频信号进行训练学习,提高语音信号的识别能力。RISC-Ⅴ CPU 与 DSP 的代码存储于片上闪存,通过 XIP 方式执行及四路缓存机制保证程序的高效执行。芯片内置两路模拟麦克风 CODEC,扩展 I2S/DMIC 接受最多支持四路音频信号输入,一路模拟 AEC 专用输入,用于远场拾音的麦克风阵列方案。内部集成 PMU,优化待机功耗,通过语音 VAD 唤醒。

南京中科微电子开发的 CSM32RV20 是一款采用 RISC-Ⅴ处理器内核的超低功耗微控制器芯片,内核支持 RV32IMC 指令集。芯片内置多种存储器,如 4KB 的 SRAM、40KB 的闪存、512B 的 EEPROM 等,还集成了 SPI、I^2C、UART、TIMER 与多通道 ADC 等丰富的外设。芯片支持 C-JTAG、串口、无线等程序下载方式,可以快速方便地下载应用程序,其中二线 CJTAG 调试接口方便用户在线调试程序。芯片是专门为低功耗物联网应用而设计的,支持多种低功耗模式。在只剩看门狗和 RTC 工作的条件下,最低待机电流小于 1μA,可保证电池供电的物联网设备长期可靠工作。

1.4　SiFive 研发团队技术沿革

SiFive 公司位于旧金山,是由 RISC-V 开创者 Krste Asanović,以及 Yunsup Lee 和 Andrew Waterman 所创建最早的 RISC-V 处理器公司,其创始人即发明并开发 RISC-V 的美国加州大学伯克利分校团队。目前三分之一的员工为 RISC-V 研发团队的成员,可谓是百分之百继承 RISC-V 血统的公司。Andrew Waterman 在伯克利参与 RISC-V 发明工作,现任 SiFive 联合创始人与首席工程师。Yunsup Lee 是 SiFive 联合创始人与首席技术官,Krste Asanović 教授还是伯克利的教授与 SiFive 联合创始人与首席架构师。Krste Asanović 教授认为"指令集架构是计算机系统中最重要的交互接口,RISC-V 作为开源指令集,以其操作简便、没有历史包袱、模块性强、稳定性强等优势迅速被业界认可。基准检测证明,RISC-V 在性能功耗比上具有优势"。

◈ 1.4.1　Rocket Chip SoC 生成器

近来,开源处理器项目 RISC-V 在半导体业界掀起一股新的浪潮。这股浪潮同时带来敏捷芯片开发的设计概念。对于敏捷开发,芯片设计工程师比较少提及,但是它在软件开发中占有重要地位,主要是指开发团队在面对客户多变的需求时,能快速实现版本迭代,在短时间内快速提交高质量的代码。加州大学伯克利分校在开发 RISC-V 标准和设计处理器内核的过程中,引入并改进用 Scala 嵌入式语言构造硬件的 Chisel 语言,同时开源了一款兼容 RISC-V 指令集的 Rocket Chip 处理器,这个项目在 GitHub 上作为标志性的 Chisel 项目,包含一个可定制性强的处理器内核、缓存和总线互联等 IP 的模块库,以此为基础构成了一个完整的 SoC 设计,并可以生成可综合的 Verilog RTL 代码。

什么是 Rockets Chip SoC 生成器?它能生成什么?Rocket Chip SoC 生成器是一个用 Chisel 写的参数化 SoC 生成器,它产生了一些内核块(Tile),内核块是用于缓存一致性的生成器模板,这些内核块可以包含一个 Rocket 内核和一些缓存,以及与 Rocket 内核组成 Tile 内核块的组件,如 FPU 和 RoCC 协处理器。内核块和加速器的数量和类型是可配置的,私有缓存的组织也是如此。它还产生了 Uncore,Uncore 是除内核块以外的外部逻辑代码,包括外部存储系统。其中包括一个一致性代理(Coherence Agent),共享缓存,DMA 引擎和内存控制器。Rockets Chip SoC 生成器也把所有的碎片设计黏合在一起。

以早期的 Rocket Chip SoC 生成器为例进行说明。Rocket Chip 可以看作是一个处理器组件库,最初为 Rocket Chip 设计的几个模块被其他设计重复使用,包括功能单元、缓存、TLB、页表遍历器和特权体系架构实现,也就是控制和状态寄存器文件(Register File)。图 1-18 所示是 Rocket Chip SoC 生成器的框图,它生成任意数量的内核块,内核块由 Rocket

Core 组成，是可选的浮点单元。RoCC 是 Rocket 自定义协处理器接口，用于特定应用程序的协处理器的模板，它可以公开自己的参数，有助于 Rocket 处理器和附加协处理器之间的解耦通信。RoCC 加速器代表 Rocket 自定义协处理器，读者可以在这里实例化自己喜欢的加速器。读者也可以生成一个 L1 指令缓存和一个非阻塞的 L1 数据缓存。Rocket Chip SoC 生成器还生成了主机目标接口（HTIF）模块，在这个 SoC 生成器中，HTIF 模块是一个宿主 DMA 引擎，在这个引擎中，主机可以在没有任何处理器干预的情况下，在目标内存中进行读写操作。然后，它还可以生成 Uncore，实现了需要与 Rocket 紧密连接的功能单元，包括 L1 Crossbar 和一致性管理器（Coherence Manager），并添加了一些转换器，使复杂的内存 IO 转换成为一个更简单的 Memio。

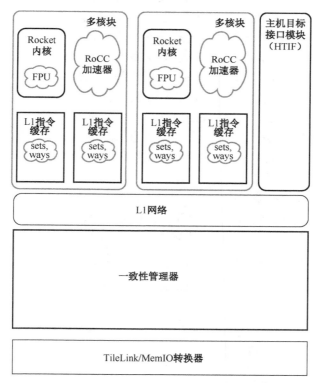

图 1-18 Rocket Chip SoC 生成器框图

　　为什么需要写这些 SoC 生成器？因为当芯片开发人员试图将 RTL 移植到不同的工艺节点上时，在不同的性能、功耗与面积的约束条件下，SoC 生成器确实有助于快速调整设计。特别是很容易改变设计上的缓存大小和流水线的级数，甚至是面对不同应用的处理器微架构。所以，能调整的参数包括处理器内核的数量、是否要实例化浮点单元或矢量单元、可以改变缓存的大小、缓存的关联方式、设置 TLB 条目的数量、甚至还可以设置缓存一致性协议。当然，还能改变浮点单元的流水线数量，以及片外 IO 的宽度，等等。

⊛ 1.4.2 使用 Chisel 语言编写 Rocket Chip 生成器

读者知道了为什么需要写 SoC 生成器，那为什么要用 Chisel 语言编写 SoC 产生器呢？什么是 Chisel 语言呢？Chisel 语言是加州大学伯克利分校开发的一种硬件描述语言，正如 Chisel 的英文全称所明示，这是一种用 Scala 嵌入式语言来描述硬件的方式，现在已经开发到第三版——Chisel3 了。选择基于 Scala 的 Chisel 语言来写 SoC 生成器，是因为 Scala 是一种功能非常强大的语言，它依靠面向对象编程、函数式编程等现代软件工程技术，使硬件设计者的工作变得更有效率，而且使编码变得更轻松，以至于现在伯克利的硬件设计工程师不会再去写 Verilog。Scala 是一门多范式、函数式和面向对象的编程语言。读者只要记住 Scala 很适合用于领域特定语言（Domain-Specific Language，DSL）就行了。当然，函数式编程语言往往和硬件模块存在一些等价转换关系，DSL 可以像积木一样被组合或者塑造成新的语言。因为 Chisel RTL（即 Rocket Chip 源代码）是一个 Scala 程序，所以需要在机器上安装 Java 来执行，并且确保 Rocket Chip 环境变量指向 rocket-chip 存储库。

使用 Chisel 语言可以做什么呢？如图 1-19 所示，Chisel 可以为三个目标生成代码：一个是高性能的循环精度验证程序，一个是 FPGA 优化的 Verilog，还有一个是为 VLSI 优化的 Verilog。一旦读者用 Chisel 编写 Rocket Chip 生成器，它可以瞄准三个后端，分别是 C++ 代码后端，FPGA 后端及 ASIC 后端。因此，读者可以生成 C++代码，编译并运行它，它会给一个周期精确的软件模拟器，速度会比 Synopsis VCS 仿真器快 10 倍。更重要的是，使用软件模拟器不需要 License 文件，这个软件模拟器甚至可以转储（Dump）波形。读者可以用波形文件查看工具 GTKWave 打开值变转储（Value Change Dump，VCD）文件，所以读者可以在没有 License 文件的情况下开发硬件和 RTL 仿真。

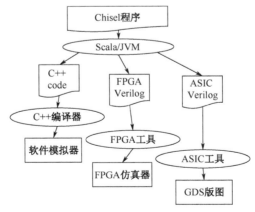

图 1-19　Chisel 程序的最终目标

开发人员使用 Chisel 编写的代码，可以生成可综合、可参数化的 Verilog 电路。Chisel 生成通用的 Verilog，也可以生成为 FPGA 优化的 Verilog。读者可以把它映射到 FPGA 上，运行长时间的软件工作负荷，如十亿或者更长的周期。一旦读者在 FPGA 调试完成 Verilog 源代码，还可以把它转成 ASIC Verilog。使用芯片打算流片的代工厂所提供的标准 ASIC 库，配合 Synopsys DC 工具进行综合，接着后端工具生成一个 GDS 布局上传代工厂准备流片。

⊗ 1.4.3 Rocket 标量处理器

参考 Yunsup Lee 博士在 ESSCIRC 所发表的论文（*A 45nm 1.3GHz 16.7 double-precision GFLOPS/W RISC-V processor with vector accelerators*）中介绍的 Rocket 标量处理器。如图 1-20 所示的流水线是一个执行 64 位标量 RISC-V 指令集的 5 级流水线，单发射顺序处理器，实现了 RV32G 和 RV64G 的指令集。读者可以在计算机组成的教科书上看到 5 级流水线，分别是产生程序计数器（PC）值-指令读取-指令译码-执行-访问内存和写回等不同阶段。Rocket 标量内核经过精心设计，以尽量减少过长时钟对高速缓存使用编译器生成 SRAM 的输出延迟影响，设计团队将分支解析移到访问内存阶段以减少关键的数据缓存旁路路径。实际上这增加了分支解析延迟，但是可以通过分支预测来缓解问题。

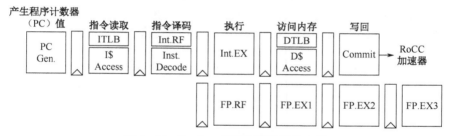

图 1-20　Rocket 标量处理器的流水线

处理器部署了一个具有分支预测的前端，带有一个 64 个条目的分支目标缓冲器（BTB），在两个条目中有 256 个条目分支历史表（BHT），两级分支预测器和一个返回地址堆栈（RAS），一起减轻这些控制危险增加的性能影响。分支预测是可配置的，所有这些设计的数量在生成器内都是可调整的。Rocket 标量内核实现了一个支持基于页面的虚拟内存 MMU，能够引导包括 Linux 在内的现代操作系统。所有的指令缓存和非阻塞数据缓存实际上都是索引的，物理上都用并行 TLB 查找进行标记。对于浮点，Rocket 标量内核使用了 Chisel 实现的浮点单元，支持一个可选且符合 IEEE754-2008 标准的 FPU 实例。它可以执行单精度和双精度浮点运算，包括融合乘法加法（FMA），硬件支持次正规值和其他异常值。全流水线双精度 FMA 单元具有三个时钟周期的延迟。所有进入加速器的 Rocket 指令被送进提交（Commit）阶段，然后被发送到 Rocket 加速器。

Rocket 标量内核还支持 RISC-V 机器、监督和用户特权级别。内核公开了许多参数，包括支持一些可选的 M、A、F、D ISA 扩展、浮点流水线的级数以及缓存和 TLB 大小。如图 1-21 所示为加州大学伯克利分校几款 RISC-V 处理器的流片时间轴，这些处理器是使用早期版本的 Rocket Chip SoC 生成器创建的。轴上方的 28nm Raven 芯片结合 64 位 RISC-V 矢量处理器、片内开关电容 DC-DC 转换器和自适应时钟。已经有 4 个芯片在 STMicro 28nm FD-SOI 工艺上流片。轴下方的 45nm EOS 芯片采用 64 位双核 RISC-V 矢量处理器，具有单集成硅光子链，6 个芯片在 IBM 45nm SOI 工艺上流片。时间轴的末端是 SWERVE 芯片在台积电 28nm 工艺上流片。Rocket Chip SoC 生成器成功地成为这 11 个不同 SoC 的共享代码库；每个芯片的设计思路都被合并到代码库中，确保了最大程度地设计复用，也就是使这三个不同的芯片系列用于评估不同的设计思想。

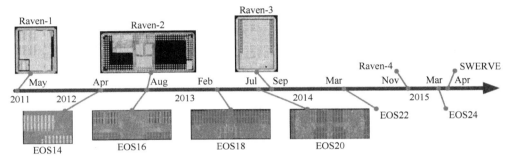

图 1-21 加州大学伯克利分校几款 RISC-V 处理器的流片时间轴

⊛ 1.4.4 SiFive 强力推动 RISC-V 生态发展

从 2015 年开始，SiFive 公司基于 Rocket Chip SoC 生成器发布了许多基于 RISC-V 的处理器内核，满足从发烧友到系统制造商的不同级别开发需求。2017 年，SiFive 公司发布了 U54-MC 内核，这是第一款基于 RISC-V 的芯片，并可以支持 Linux、Unix 和 FreeBSD。2019 年，SiFive 公司通过推出用于嵌入式架构的 64 位微控制器 S2 Core IP 系列扩展了其产品组合。SiFive 公司的 S2 系列目标是处理越来越多连接设备的处理需求，处理实时工作负载，并在不同程度上用于人工智能和机器学习应用。

2019 年 6 月 SiFive 公司宣布完成 101 个 RISC-V 设计采用订单，包括高通和 SK 海力士在内全球排名前十的半导体公司，有六家公司成为 SiFive 的客户，说明大型芯片设计公司也能接受 RISC-V 的技术。不仅替换过去既有的产品，也用于新的产品线。基于 SiFive 设计的芯片已被用于商业发行的产品中，包括中国可穿戴设备公司华米科技（Huami）生产的智能手表和韩国初创企业 FADU 生产的存储设备。高通作为 ARM 最大的客户之一也参与投资了 SiFive，这预示着高通未来将开发基于 RISC-V 架构的处理器，摆脱对 ARM 的完全依赖。SiFive 的开源为芯片设计界带来活水，SiFive、Google、西部数据等公司成立了

CHIPS 联盟，继续构建 RISC-V 的生态圈。

图 1-22 所示为 SiFive RISC-V 2/3/5/7 系列核及已经可以提供的特性。目前，SiFive 已经完成了 RISC-V 领域最为完整的商业品质 CPU 产品线。针对应用场景包含 32 位嵌入式 E 内核处理器、64 位嵌入式 S 内核处理器和 64 位应用 U 内核处理器。相较 32 位 E 内核，64 位 S 内核将用于更大的系统。U 内核是应用处理器，可以用来运行大型操作系统，如 Linux 操作系统，希望将来也支持运行 Android 和 Windows 等操作系统，让我们可以设计基于 RISC-V 的计算机应用程序。

针对性能、功耗、面积不同的要求，目前已有产品涵盖了超小面积 2 系列超低功耗内核，能效比领先的 3/5 系列内核，高性能的 7 系列内核和超高性能的 8/9 系列内核。在功能方面，全系列产品将支持多核与异构多核、浮点运算，矢量运算、安全方案与 Trace 调试功能，全系列支持客户云端定制。为了客户评估使用，SiFive 创建了许多预先配置的标准内核。建议开发人员先使用预配置的标准内核，然后根据需要添加或删除功能。

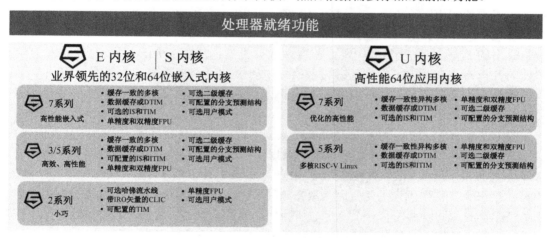

图 1-22 SiFive RISC-V 2/3/5/7 系列核及可以提供的特性

芯片设计公司可以跟 SiFive 授权一个配置和验证好的标准内核，也可以使用 SiFive 在云端的 Core Designer 来定制需要客制的处理器。所产生并交付的开发包可以提供源代码、FPGA 参考代码跟配套软件，SiFive 产品的特点是在每个季度都能推出新的特性，客户可以享受到更新的特性，像手机应用软件的更新一样方便。SiFive 有一些现成配置的标准核，大部分都有对标 ARM 的内核，但嵌入式 64 位的 S 内核还没有 ARM 的对标产品，里面有一些独特的技术，因为 64 位宽得到较好的性能，特别适合 SSD 存储控制器的设计。E31 内核专为低功耗、高性能的 32 位嵌入式应用设计，如边缘运算、智能物联网或可穿戴设备等。其性能与 ARM Cortex M3 或 M4 处理器大致相当，性能达到 1.61 DMIPS/MHz。在 28nm 工艺可以到达 1.5GHz 的高速，内核面积只有 0.026 平方毫米，适用于物联网、可穿戴设备与嵌入式微控制器等领域，有很强的竞争力。

SiFive 一直参与 RISC-V 社区，建立独特的矢量扩展和矢量技术。Krste Asanović 教授渴望开发一种用于计算机研究的开放体系架构，而关键领域之一就是矢量技术的研究。RISC-V 技术有很强的发展势头和增长空间，而且基础体系架构里的矢量扩展已经完全到位。SiFive 矢量技术团队是由 Krste Asanović 教授领导的，作为 RISC-V 矢量工作组主席，他不仅主持矢量扩展工作组，还在 RISC-V 社区内共同推动矢量规范发展。SiFive 已经为 RISC-V 汇编器和 RISC-V Spike ISS 纯软件指令集模拟器模型开发了矢量扩展。SiFive 将这些工作作为内部项目，完成后再将它们贡献给开源社区，而 SiFive 智能处理器产品线是基于 RISC-V 基础技术来构建的商业解决方案。

SiFive 智能处理器是什么呢？首先，这是采用矢量智能（Vector Intelligence，VI）技术的 RISC-V 内核 IP 组合，支持 RISC-V 矢量（RVV）扩展。无论是软件还是硬件都是以高度可扩展的方式定义指令集架构。其中 VI2 系列内核作为最先推出的内核，可扩展并适用于各种市场。SiFive 一直在开发真正满足客户需求的解决方案，特别是智能语音和音频市场，而且它一般适用于 DSP、人工智能和通用计算应用程序。因此，它本质上是通用的 8 到 32 位宽整数、定点和浮点数据类型，它基于 RISC-V RVV-ISA 矢量可扩展的 SiFive 微体系架构，而且它利用架构中内置的可伸缩性来提供矢量计算引擎可以执行的性能。实际上，SiFive 分离了标量流水线和矢量流水线，给予单独的数据路径，并初始默认配置。

图 1-23 所示是 SiFive 智能处理器 VI2 系列内核的框图。VI2 系列内核的一些性能参数，初始矢量单位默认配置是一个 128 位宽的数据路径。在 32 个寄存器架构中，每个寄存器具有 512 位矢量长度（VLEN）。实际上，用户可以通过 LMUL 将寄存器扩展到可处理长达 4096 位的矢量。需要强调的是，因为数据路径宽度、矢量寄存器长度、数据类型和其他参数是可配置的，所以需要有一个特定的初始默认配置。建立矢量技术的前提是要能够评估用户的代码运行状况，并对其进行调试和跟踪。而且，矢量技术要能直接用于 SiFive 现有的内核 IP 调试和跟踪硬件解决方案中，才可以轻松地与第三方工具配合使用。可见的矢量寄存器和控制寄存器是解决方案的一部分，所以 SiFive 先跟一些第三方供应商交流，它们已经在 Freedom Studio 工具中支持并显示出矢量寄存器和控制寄存器的格式。

SiFive 公司从最早开源了简洁模块化的处理器内核，到成立公司提供商业处理器，将处理器与外设结合后流片，设计芯片配套开发板来证明处理器的正确性。SiFive 所做的事情与 RISC-V 的生态发展息息相关，SiFive 公司跟所有的合作伙伴一起经营生态。生态越健康，SiFive 才能成长得越快。RISC-V 如 Linux 操作系统一样开放，高效低能耗，没有专利或许可证方面的顾虑，而且允许企业添加自有指令集拓展而不必开放共享，具有根据自己的特定需求优化内核设计等诸多优点，吸引了无数业界人士的关注。此外，矢量技术在 RISC-V 社区正在成为现实。2020 年是 RISC-V 的矢量之年，而且 SiFive 公司的计划使矢量技术成为现实，不仅投资于硬件，而且还有支持 RISC-V 矢量扩展解决方案的软件，RISC-V 指令集架构的时代已经开启。

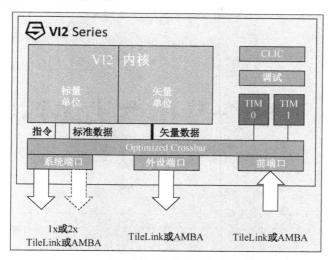

图 1-23　SiFive 智能处理器 VI2 系列内核框图

第 2 章

RISC-V 指令集体系架构介绍

2.1 引言

就像人类通过语言交流一样，在计算机软硬件之间的交流必须使用计算机语言，这种语言被称为指令（Instruction）。一门计算机语言就是众多指令的集合，也称为指令集架构（ISA）。与人类世界种类繁多的语言不一样，计算机指令集架构之间大致可以分为两类，复杂指令系统计算机和精简指令系统计算机。目前主流的数指令集架构有 MIPS、ARM、Intel x86、SPARC 和 PowerPC 等，且大多数都诞生于 20 世纪 70 至 80 年代。

而本书所介绍的指令集架构是一种最近十年间诞生的指令集架构——RISC-V，它是由加州大学伯克利分校于 2010 年开发的。其实在 RISC-V 指令集架构之前，伯克利分校已经有了四代 RISC 指令集架构的设计经验，第一代 RISC 指令集早在 1981 年就已经出现。RISC-V 汲取了这几十年来不同指令集架构发展过程中的优点，凭借着其后发优势逐渐成为一种从高性能服务器到嵌入式微控制器通用的指令集架构，也是至今为止最具备革命性意义的开放处理器架构。2015 年，非营利性组织 RISC-V 基金会成立，为 RISC-V 的发展建立了良好的生态环境。

本章将结合 RISC-V 官方文档和笔者的使用经验，力求以一种浅显易懂的行文方式来介绍 RISC-V 指令集体系架构。

2.2 RISC-V 架构特性

RISC-V 诞生于一个科研项目，却有着许多令人折服的先进设计理念，这些先进理念得到了众多专业人士的青睐和好评，吸引了众多商业公司的相继加盟。如果要用一个词来形容 RISC-V 架构所有的特性，优雅再合适不过了（尽管很少有会有人将优雅应用在指令集体系架构上）。本节就 RISC-V 优雅的两大具体表现——简洁性和模块化谈起。

⊙ 2.2.1　简洁性

简洁是一切真正优雅的要义。在芯片的设计工作中，指令集架构的简洁性有助于缩小其实现处理器的尺寸，缩短芯片设计和验证的时间，进而降低芯片的成本。RISC-V 的架构师在设计之初总结了过去的指令集架构所犯过的错误，丢掉了其他旧架构需要背负向后兼容的历史包袱，通过强调简洁性来保证它的低成本。

RISC-V 的简洁性在 ISA 手册规模上得到充分体现。表 2-1 是以页数和单词数衡量的 RISC-V、ARM 和 x86 指令集手册的大小对比。如果把读手册作为全职工作，每天 8 小时，每周 5 天，那么需要半个月读完 ARM 手册，需要整整一个月读完 x86 手册（基于这样的复杂程度，大概没有一个人能完全理解 ARM 或 x86）。从这个角度来说，RISC-V 的复杂度只有 ARM 的 1/12，x86 的 1/10 到 1/30。其中 ISA 手册的页数和字数来自[Waterman and Asanovi'c 2017a]，[Waterman and Asanovi'c 2017b]，[Intel Corporation 2016] 和 [ARM Ltd．2014]。读完需要的时间按每分钟读 200 个单词，每周读 40 小时计算。

表 2-1　以页数和单词数衡量 ISA 手册大小对比

ISA	页数	字数	阅读时间（小时）	阅读时间（周）
RISC-V	236	76,702	6	0.2
ARMv7	2736	895,032	79	1.9
x86	2198	2,186,259	182	4.5

尽管人人都知道 RISC-V 是一个简单轻量级的指令集架构，但这不意味着 RISC-V 会在性能上做出了巨大的让步。RISC-V 架构配置足够数量（32 个）的通用寄存器，高效的分支跳转指令，规整的指令编码和格式，透明的指令执行速度，64 位甚至 128 位地址架构的支持（某些特性还将会在后文中进一步解释）。这些特性帮助程序员和编译器形成更高效的代码，发挥出更极致的性能。总的来说，RISC-V 架构从一而终贯彻了简洁的设计理念，是名副其实的短小精悍。

⊙ 2.2.2　模块化

如果说简洁性已经做到了数量上的极致优雅，那么 RISC-V 架构的另一大特性模块化则诠释了如何用极为简单的方式构造出计算机世界的优雅。模块化的特性使 RISC-V 架构相比其他成熟的商业架构有一个最大的不同之处，这使 RISC-V 架构能将不同的功能集以模块化的方式自由组织在一起，从而试图通过一套统一的架构满足各种不同的应用。这一点类似于 ARM 通过 A、R 和 M 三个系列架构分别针对应用操作系统（Application）、实时

（Real-Time）和嵌入式（Embedded）三个领域，但它们彼此分属于三个不同指令集架构。模块化的特性还使指令集架构避免了传统的增量型指令集架构体量随着时间的推移越来越庞大的缺点。

　　RISC-V的指令集使用模块化的方式进行组织，每一个模块用一个英文字母来表示。RISC-V最基本、最核心也是唯一强制要求实现的指令集部分是由I字母表示的基本整数指令子集（RV32I）。其他的指令子集部分均为可选的模块，包括M（乘除法指令）、A（原子操作指令）、F（单精度浮点指令）、D（双精度浮点指令）、C（压缩指令）等，见表2-2。由于RISC-V正在不断发展和变化，这些指令集状态也可能会发生变化。

表 2-2　目前 RISC-V 各个模块的指令集状态

基础模块	版本	状态	描述
RVWMO	V2.0	批准	内存一致性模型
RV32I	V2.1	批准	基础的 32 位整数指令集
RV64I	V2.1	批准	基础的 64 位整数指令集
RV32E	V1.9	草案	嵌入式架构，仅有 16 个整数寄存器
RV128E	V1.7	草案	基础的 128 位整数指令集，支持 128 位地址空间
扩展模块	版本	状态	描述
M	V2.0	批准	标准扩展，支持乘法和除法指令
A	V2.0	批准	支持原子操作指令
F	V2.2	批准	单精度浮点指令
D	V2.2	批准	双精度浮点指令
Q	V2.2	批准	标准扩展，四精度浮点
C	V2.0	批准	支持编码长度为 16 的压缩指令
L	V0.0	草案	十进制浮点
B	V0.0	草案	标准扩展，位操作
J	V0.0	草案	标准扩展，动态翻译语言
T	V0.0	草案	标准扩展，事务性内存操作
P	V0.2	草案	标准扩展，封闭的单指令多数据（Packed-SIMD)指令
V	V0.7	草案	标准扩展，矢量运算
Zicsr	V2.0	批准	控制状态寄存器指令
Zifence	V2.0	批准	指令和序列流同步指令

　　RISC-V架构仅仅需要实现 RV32I 基础指令集，就能运行一个完整的软件栈支持现代操作系统环境。RV32I包含 40 条独特的指令，并且几乎可以模拟所有其他 ISA 扩展（A 扩展除外）。RV32I 是冻结并且永远不会改变的，这么做是为了给编译器的编写者、操作系统开发人员和汇编语言程序员提供稳定的目标。

在 RV32I 之外，根据应用程序的需要，可以包含或不包含其他的扩展指令集以满足不同的应用场景。例如，针对小面积低功耗嵌入式场景，用户可以选择 RV32IC 或者 RV32EC 组合的指令集，仅使用机器模式（Machine Mode）；而针对高性能应用操作系统场景，则可以选择 RV32IMFDC 的指令集，使用机器模式与用户模式（User Mode）两种模式。这种模块化特性使 RISC-V 具有了袖珍化、低能耗的特点，而这对于嵌入式应用来说是至关重要的。RISC-V 编译器得知当前硬件包含哪些扩展后，便可以生成当前硬件条件下的最佳代码，不同扩展指令集之间的配合可做到天衣无缝。

按照 RISC-V 架构命名规则，惯例是把代表扩展的字母附加到指令集名称之后作为指示。例如，RV32IMAFDC 将乘除法（RV32M）、原子操作（RV32A）、单精度浮点（RV32F）、双精度浮点（RV32D）和指令压缩（RV32C）的扩展添加到了基础指令集（RV32I）中。其中 IMAFD 被定义为通用（General Purpose）组合，以字母 G 表示，因此 RV32IMAFDC 也可以表示为 RV32GC。

上述阐述的模块化指令子集除了可扩展、可选择，RISC-V 架构还有一个非常重要的特性，那就是支持第三方的扩展。用户可以扩展自己的指令子集，RISC-V 预留了大量的指令编码空间用于用户的自定义扩展。

得益于先进优雅的设计理念与后发优势，RISC-V 架构能够规避传统指令集架构的负担桎梏，成为一套现代且受人欢迎的指令集架构。

2.3 指令格式

遵循优雅的设计理念，RISC-V 架构的指令编码和格式相当规整。

2.3.1 指令长度编码

基本的 RISC-V 指令集的固定长度为 32 位，这些指令自然地在 32 位边界上对齐。此外，为了支持具有可变长度指令的指令集扩展，RISC-V 架构定义指令的长度可以是 16 位的任意倍数，并且这些指令自然地在 16 位边界上对齐。如 RISC-V 的标准压缩指令集扩展（C）提供压缩的 16 位长度指令，可用来减小代码大小并提高代码密度。

为了更方便地区分不同长度的指令，RISC-V 架构将每条指令的低位作为指令长度编码，其中 16 位和 32 位的指令编码空间已经冻结，如图 2-1 所示。通过指令长度编码的设计，能够在指令译码过程中更快速地区分不同长度的指令（仅需要解码指令的低位就可以知道指令长度），这大大简化了流水线的设计，节省了设计里所需要的逻辑资源。

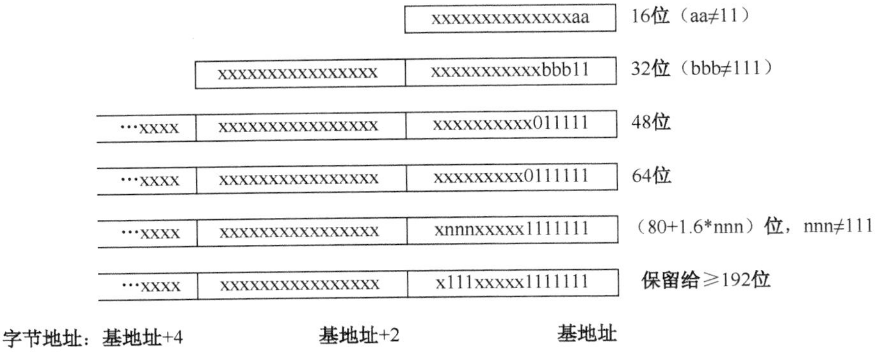

图2-1 RISC-V不同长度的指令编码格式

⊙ 2.3.2 指令格式

除了对指令长度编码,RISC-V的指令格式也很规整,对处理器流水线的设计十分友好。在处理器流水线的设计过程中,其目标之一就是希望在流水线中能够尽早且尽快地读取到指令中的通用寄存器组,这样可以提高处理器性能和优化时序。这就要求规整的指令格式和相对固定的寄存器索引(Index)位置。这个看似简单的要求在很多现存的商用指令架构中都难以实现,这是因为经过多年反复修改不断添加新指令后,其指令编码中的寄存器索引位置变得非常凌乱,给译码器造成了负担。

得益于后发优势和多年来对处理器发展经验的总结,RISC-V的指令集格式非常规整,指令所需的通用寄存器的索引都被放在固定的位置,因此指令译码器可以非常便捷地译码出寄存器索引然后读取通用寄存器组。如图2-2所示,RISC-V架构仅有六种基本指令格式,分别是:用于寄存器-寄存器操作的R类型指令,用于短立即数和访存Load操作的I型指令,用于访存Store操作的S型指令,用于条件跳转操作的B类型指令,用于长立即数的U型指令,用于无条件跳转的J型指令。实际上,由于B类型的分支指令和J类型的跳转指令是在S类型和U类型的基础上将立即数字段进行了旋转,因此实际上可以认为RISC-V仅有四种基本指令格式。

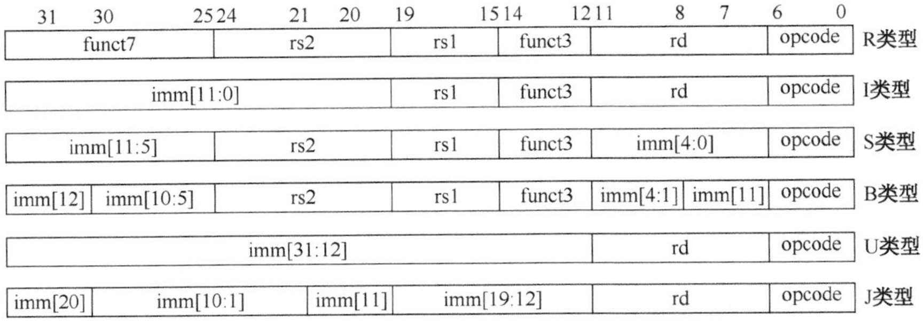

图2-2 RISC-V基本指令格式

2.4　寄存器列表

在 RISC-V 架构中，共有两种类型的寄存器组，分别为通用寄存器和控制与状态寄存器（CSR），此外还有一个独立的程序计数器（PC）。

⊙ 2.4.1　通用寄存器

RISC-V 架构的通用寄存器组可以根据所支持的指令集灵活配置，所有的通用寄存器功能描述及其应用程序二进制接口（Application Binary Interface，ABI）见表 2-3。

基本的通用整数寄存器共有 32 个（x0～x31），寄存器的长度可以 XLEN 根据指令集架构决定。32 位架构的寄存器宽度为 32 比特，64 位架构的寄存器宽度为 64 比特。其中 x0 寄存器较为特殊，被设置为硬连线的常数 0，因为在程序运行过程中常数 0 的使用频率非常高，因此专门用一个寄存器来存放常数 0，不仅没有浪费寄存器数量，而且使编译器工作更加简便，这一点也是 RISC-V 架构优雅性的体现。

对于资源受限的使用环境，RISC-V 定义了可选的嵌入式架构（RV32E），这时通用整数寄存的数量缩减为 16 个（x0～x15），但是仍然拥有存放常数 0 的 x0 寄存器。由表 2-3 可以看到，32 个通用整数寄存器的 ABI 并不是连续的，这正是为了满足嵌入式架构的兼容性，在使用嵌入式架构时仅用到前 16 个寄存器。

表 2-3　通用寄存器功能描述及其应用程序二进制接口

寄存器	ABI 名称	描述	在调用中是否保留
x0	zero	硬连线常数 0	—
x1	ra	返回地址	否
x2	sp	栈指针	是
x3	gp	全局指针	—
x4	tp	线程指针	—
x5	t0	临时寄存器/备用链接寄存器	否
x6～x7	t1～2	临时寄存器	否
x8	s0 / fp	保存寄存器/帧指针	是
x9	s1	保存寄存器	是
x10～x11	a0～a1	函数参数/返回值	否
x12～x17	a2～a7	函数参数	否
x18～x27	s2～s11	保存寄存器	是
x28～x31	t3～t6	临时寄存器	否
f0～f7	ft0～ft7	浮点临时寄存器	否
f8～f9	fs0～fs1	浮点保存寄存器	是

续表

寄存器	ABI 名称	描述	在调用中是否保留
f10 ~ f11	fa0 ~ fa1	浮点参数/返回值	否
f12 ~ f17	fa2 ~ fa7	浮点参数	否
f18 ~ f27	fs2 ~ fs11	浮点保存寄存器	是
f28 ~ f31	ft8 ~ ft11	浮点临时寄存器	否

对于支持浮点操作相关指令集（F 和 D 扩展）的架构，需要额外增加 32 个通用浮点寄存器组（f0~f31）。浮点寄存器的宽度由 FLEN 表示，如果仅支持 F 扩展指令子集，则每个通用浮点寄存器的宽度为 32 位；如果支持 D 扩展指令子集，则每个通用浮点寄存器的宽度为 64 位。浮点寄存器组中的 f0 是一个普通的通用浮点寄存器（与其他浮点寄存器相同）。

⊙ 2.4.2 控制和状态寄存器

RISC-V 指令集架构中还定义了一类特殊的寄存器，即控制与状态寄存器（CSR）。CSR 通过 Zicsr 指令集来操作，用于配置或者记录处理器的运行状态，一般来说，CSR 的功能与 RISC-V 特权级别有着紧密的关联。RISC-V 架构为 CSR 配备专有的 12 位地址编码空间（csr[11:0]），理论上最多支持 4096 个 CSR。其中高四位地址空间用于编码 CSR 的读写权限及不同特权级别下的访问权限。

由于 CSR 数量众多，本书仅列出一些常见的 CSR 及其功能描述，见表 2-4，感兴趣的读者可以从官方的 RISC-V 特权架构文档中获取完整的 CSR 列表。

表 2-4 部分 RISC-V 架构的控制与状态寄存器（CSR）

地址	读写权限	特权级别	寄存器名称	描述
0xF11	只读	机器模式	mvendorid	厂商 ID
0xF12	只读	机器模式	marchid	架构 ID
0xF13	只读	机器模式	mimpid	实现 ID
0xF14	只读	机器模式	mhartid	硬件线程 ID
0x300	读写	机器模式	mstatus	状态寄存器
0x301	读写	机器模式	misa	处理器所支持的标准和扩展指令集
0x304	读写	机器模式	mie	中断使能寄存器
0x305	读写	机器模式	mtvec	异常处理程序的基地址
0x306	读写	机器模式	mcounteren	机器计数器使能
0x340	读写	机器模式	mscratch	暂存器，用于异常处理程序
0x341	读写	机器模式	mepc	异常程序计数器
0x342	读写	机器模式	mcause	异常原因寄存器
0x343	读写	机器模式	mtval	异常地址或者指令

续表

地址	读写权限	特权级别	寄存器名称	描述
0x344	读写	机器模式	mip	待处理的中断寄存器
0x34A	读写	机器模式	mtinst	机器异常指令（已转换）
0xB00	读写	机器模式	mcycle	机器周期计数器
0xB02	读写	机器模式	minstret	机器指令计数器
0x310	读写	机器模式	mstatush	状态寄存器，仅用于 RV32
0xB80	读写	机器模式	mcycleh	机器周期计数器，仅用于 RV32
0xB82	读写	机器模式	minstreth	机器指令计数器，仅用于 RV32

⊛ 2.4.3　程序计数器

在一部分处理器架构中，当前执行指令的程序计数器（PC）值被反映在某些通用寄存器中，这意味着任何改变通用寄存器的指令都有可能导致分支或者跳转，因此将 PC 用一个通用寄存器来保存会使硬件分支预测变得复杂，这也意味着可用的通用寄存器少了一个。因此在 RISC-V 架构中，当前执行指令的 PC 值，并没有被反映在任何通用寄存器中，而是定义了一个独立的程序计数器。程序若想读取 PC 的值，可以通过某些指令间接获得，如AUIPC 指令。

2.5　地址空间与寻址模式

RISC-V 架构继承了 RISC 指令集共有的特点——简单的寻址模式，当然 RISC-V 也有其独特之处。

⊛ 2.5.1　地址空间

RISC-V 架构共有 3 套独立的地址空间，分别为内存地址空间、通用寄存器地址空间和控制与状态寄存器地址空间。

内存地址空间可以分配给代码、数据，或者可以用作外设寄存器的内存地址映射（MMIO）。在实际实现过程中，可以选择冯·诺依曼架构将代码和数据共用存储的形式，或者是选择哈佛架构将代码和数据独立存储的形式。这部分地址空间大小取决于通用寄存器的宽度，对于 32 位的 RISC-V 架构，内存地址空间为 2 的 32 次方，即 4GB 空间。其他两部分地址空间已在上一节详细讨论，不再赘述。

⊙ 2.5.2 小端格式

计算机的内存中数据存放按字节顺序可分为两种模式:大端格式(Big - Endian)和小端格式(Little - Endian)。小端字节顺序的数据存储模式是按内存增大的方向存储的,即低位在前高位在后;大端字节顺序的数据存储方向恰恰是相反的,即高位在前,低位在后。从技术角度来看,这两种格式各有利弊,但是由于现在的主流应用是小端格式,因此RISC-V架构仅支持小端格式,以简化硬件的实现。

⊙ 2.5.3 寻址模式

RISC-V指令集架构中,对内存的访问方式只能通过读内存的Load指令和写内存的Store指令实现,其他的普通指令无法访问内存,这种架构是RISC架构常用的一个基本策略,这种策略使处理器内核的硬件设计变得简单。内存访问的基本单位是字节(Byte),RISC-V的读内存和写内存指令支持一个字节(8位)、半字(16位)、单字(32位)为单位的内存读写操作。如果是64位架构,还可以支持一个双字(64位)为单位的内存读写操作。

RISC-V支持的唯一寻址模式是符号扩展12位立即数到基地址寄存器,这在x86-32中被称为位偏移寻址模式。RISC-V省略了复杂的寻址模式,使流水线对数据冲突可以及早地做出反应,极大地提高了代码的执行效率。至于多个硬件线程(Highway Addressable Remote Transducer,HART)的内存访问,详见后文内存模型一节。

2.6 内存模型

RISC-V基金会有许多工作小组,进行许多有趣的工作,特别是内存模型(Memory Model),因为内存模型是现代指令集体系架构很重要的一部分,也是大多数系统软件中比较复杂的工作。内存模型又称内存一致性模型(Memory Consistency Model),用于定义系统中对内存访问需要遵守的规则。只要软件和硬件都明确遵循内存模型定义的规则,就可以保证多核程序也能够运行得到确切的结果。

RISC-V架构实施的内存一致性模型是弱内存顺序(RISC-V Weak Memory Ordering,RVWMO)模型,该模型旨在为架构师提供灵活性,以构建高性能的可扩展设计,同时支持可扩展的编程模型。内存顺序模型是指多个CPU共享数据的时候,数据到达内存的顺序可能是随机的,甚至可能会发生不同的CPU相互之间看到的顺序都不一样的情况,所以就需要规定我们看到的内存生效的顺序是怎么样的。无论是强顺序模型还是弱顺序模型都有这个规定,只是规定的要求不同而已,符合这个规定才能称为共享内存处理(Shared Memory Processing,SMP)计算机。弱内存模型是把是否要求强制顺序的这个要求直接交给程序员决定。换句话说，除非他们在一个 CPU 上就有依赖，否则 CPU 不能保证这个顺序模型，程序员要主动插入内存屏障指令来强化这个可见性。也没有对所有 CPU 都是一样的总排序（Total order）。

在 RVWMO 中，从同一 HART 中其他存储指令的角度来看，在单一 HART 上运行的代码似乎按顺序执行，但是来自另一个 HART 的存储指令可能会以不同顺序执行的第一个 HART 的存储指令。因此，多线程代码可能需要显式同步，以确保来自不同对象的内存指令之间的顺序。RISC-V 架构明确规定在不同 HART 之间使用 RVWMO，并相应地定义了内存屏障指令 FENCE 和 FENCE.I。建立一个内存屏障的语法是 fence rwio, rwio，用于屏障内存访问的顺序。第一个参数 rwio 说明什么动作必须发生在它之前，后一个参数 rwio 说明什么动作必须发生在它之后。所以，fence w, r 就建立一个写读屏障，fence 之前的写指令必须发生在 fence 之后的读指令之前。fence 在前后两个程序顺序的序列上构造了一个强制的观察顺序。这样，顺序问题就全部交给程序员自己控制了。这个高度灵活性让硬件实现起来效率很高。

另外，RISC-V 架构定义了可选但非必需的内存原子操作指令（A 扩展指令子集），可进一步支持 RVWMO。

2.7 特权模式

RISC-V 指令集架构定义了 3 种工作模式，也称特权模式（Privileged Mode），见表 2-5，分别为机器模式（Machine Mode）、监督模式（Supervisor Mode）和用户模式（User Mode）。其中机器模式的特权层级最高，用户模式最低。RISC-V 的硬件线程 HART 总是以某种特权模式运行，该特权级别被编码为一个或多个 CSR 中的一种模式。特权模式用于在软件堆栈的不同组件之间提供保护，并且尝试执行当前特权模式所不允许的操作将导致该模式引发异常。

表 2-5 RISC-V 三种特权模式

等级	编码	名称	缩写
0	00	用户/应用模式	U
1	01	监督模式	S
2	10	保留	—
3	11	机器模式	M

RISC-V 架构定义机器模式为必选模式，另外两种为可选模式。通过不同的模式组合可以实现不同的系统，见表 2-6。

表 2-6　RISC-V不同特权模式组合的典型应用场景

等级	支持模式	面向的使用场景
1	M	简单的嵌入式系统
2	M、U	支持安全架构的嵌入式系统
3	M、S、U	运行类 Unix 操作系统的系统

等级 1 仅支持机器模式的系统，通常为简单的嵌入式系统。

等级 2 支持机器模式与用户模式的系统，此类系统可以实现用户和机器模式的区分，从而实现资源保护。

等级 3 支持机器模式、监督模式与用户模式的系统，此类系统可以实现类似 Unix 的操作系统。

2.8　中断和异常

中断和异常虽说本身不是一种指令，但却是处理器指令集架构中非常重要的一环。上一节阐述了 RISC-V 架构不同的工作模式，即机器模式、用户模式和监督模式。它们在不同的模式下均可以产生异常，并且有的模式也可以响应中断。本节将主要介绍 RISC-V 架构最基本的机器模式下的中断和异常机制。想要进一步了解其他特权层级下中断和异常处理的读者可以查阅 RISC-V 官方特权规范文档。

2.8.1　中断和异常概述

从本质上来讲，中断和异常对于处理器而言基本上是一个概念。中断和异常发生时，处理器将暂停当前正在执行的程序，转而执行中断和异常处理程序。返回时，处理器恢复执行之前被暂停的程序。异常与中断的最大区别在于，中断往往是由外因引起的，而异常是由处理器内部事件或程序执行中的事件引起的，如本身硬件故障、程序故障，或者执行特殊的系统服务指令而引起的，简而言之是内因引起的。

2.8.2　RISC-V机器模式下的中断架构

RISC-V 外部架构定义的中断类型分为以下 4 种：外部中断（External Interrupt）、计时器中断（Timer Interrupt）、软件中断（Software Interrupt）和调试中断（Debug Interrupt）。

外部中断来自处理器核外部的中断，比如 UART、SPI、GPIO 等外设产生的中断。RISC-V 架构定义了一个平台级别中断控制器（Platform-Level Interrupt Controller，PLIC），用于对多个外部中断信号进行仲裁和派发，如图 2-3 所示。

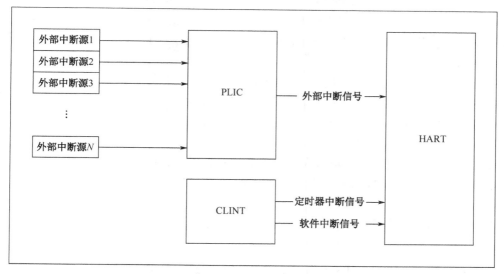

图 2-3 RISC-V 中断架构

计时器中断和软件中断分别来自计时器产生的中断和软件产生的中断，通过对 mtime 和 mtimecmp 寄存器进行操作，可以设置计时器并产生相应的中断，而软件中断可以用软件对 CSR 寄存器 msip 进行相关操作来产生。RISC-V 架构定义了一个处理器核局部中断控制器（Core-Local Interrupt Controller，CLINT）来实现计时器中断和软件中断功能，如图 2-3 所示。调试中断是一类特殊的中断，与 RISC-V 调试器实现有关，在此不进行深入探讨。

外部中断、计时器中断和软件中断的等待信号都会反映在 CSR 寄存器 mip 相应域中，同时也可以通过对 CSR 寄存器 mie 进行配置，以屏蔽相应类型的中断。

至于中断的优先级，外部中断有最高的优先级，软件中断次之，计时器中断最低。而多个外部中断源的优先级和仲裁可通过配置 PLIC 的寄存器进行管理。

⊚ 2.8.3 机器模式下中断和异常的处理过程

RISC-V 中中断和异常的处理过程相似，本节将两者放在一起阐述。RISC-V 中断处理需要提前开启 CSR 寄存器 mstatus 的全局中断使能 MIE 位，和 CSR 寄存器 mie 中相应的中断使能。

2.8.3.1 进入异常/中断

（1）停止当前的指令流，判断当前异常行为的原因和类别（是异常还是中断），这些信息在 CSR 寄存器 mcause 中。

（2）确定异常情况发生的地址。RISC-V架构定义了CSR寄存器mpec（机器模式异常程序计数器）来存放异常情况发生时的PC值，对于异常来说mpec = PC；而对于中断来说mpec = PC+1。

（3）确定异常情况的相关参数，这些参数被保存在CSR寄存器mtval中。

（4）跳转PC值至异常/中断处理程序，异常/中断处理程序的地址存放于CSR寄存器的mtvec中。在进行异常情况处理时，更新mstatus寄存器。

2.8.3.2　退出异常/中断

当完成异常情况的所有处理操作后，需要调用机器模式返回指令（MRET）返回主程序，指令流会从之前保存在mepc寄存器中的地址继续执行，并更新mstatus寄存器。

2.9　调试规范

当设计从仿真过渡到硬件实现时，用户对系统当前状态的控制会很少，因此为了帮助启动和调试底层软件和硬件，在硬件中内置良好的调试机制支持至关重要。本节简要介绍RISC-V架构上用于外部调试支持的标准体系规范，该规范是对RISC-V广泛实现的补充。同时，此规范定义了通用接口，以允许调试工具和组件针对基于RISC-V指令集架构的各种平台。

专用外部调试支持的硬件模块既可以在CPU内核内部实现，也可以在外部连接中实现。外部调试支持通常有以下四种使用场景。

- 在没有OS或其他软件的情况下调试底层软件。
- 操作系统本身的调试问题。
- 在系统中没有任何可执行代码路径之前，引导系统测试、配置和编程组件。
- 访问没有工作CPU的系统上的硬件。

图2-4所示为RISC-V外部调试支持标准规范的主要组件，其中虚线所示的模块是可选的。一般的调试过程如下：用户与一台运行调试软件（如OpenOCD）和调试工具（如GDB）的主机进行交互，其调试信息通过调试硬件（如JTAG）连接到被调试的RISC-V平台的调试传输模块（Debug Transport Module，DTM），DTM使用调试模块接口（Debug Module Interface，DMI）提供对一个或多个调试模块（Debug Module，DM）的访问，每一个DM中包含一个硬件线程HART的所有调试操作。

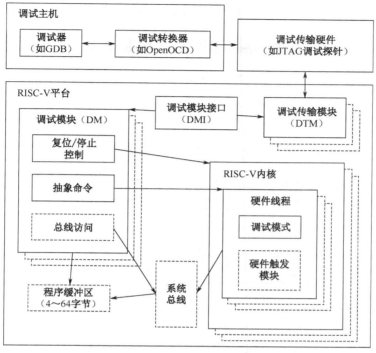

图 2-4　RISC-V 外部调试支持标准规范的主要组件

2.10　RISC-V 未来的扩展子集

➤ 2.10.1　B 标准扩展：位操作

B 标准扩展提供位操作，包括插入（insert），提取（extract），测试位字段（test bit fields），旋转（rotations），漏斗位移（funnel shifts），位置换和字节置换（bit and byte permutations），计算前导 0 和尾随 0（count leading and trailing zeros）及计算置位数（count bits set）等。

➤ 2.10.2　H 特权态架构扩展：支持管理程序（Hypervisor）

H 特权态架构扩展加入了管理程序模式和基于内存页的二级地址翻译机制，提高了在同一台计算机上运行多个操作系统的效率。

➤ 2.10.3　J 标准扩展：动态翻译语言

J 表示即时（Just-In-Time）编译。有许多常用的语言使用了动态翻译，如 Java 和 Java

Script。这些语言的动态检查和垃圾回收可以得到 ISA 的支持。

⊚ 2.10.4 L 标准扩展：十进制浮点

L 标准扩展的目的是支持 IEEE754—2008 标准规定的十进制浮点算术运算。二进制数的问题在于无法表示出一些常用的十进制小数，如 0.1。RV32L 使计算基数可以和输入输出的基数相同。

⊚ 2.10.5 N 标准扩展：用户态中断

N 标准扩展允许用户态程序发生中断后，直接进入用户态的处理程序，不触发外层运行环境响应。用户态中断主要用于支持存在 M 模式和 U 模式的安全嵌入式系统。它也能支持类 Unix 操作系统中的用户态中断。

⊚ 2.10.6 P 标准扩展：封装的单指令多数据 （Packed-SIMD）指令

P 标准扩展细分了现有的寄存器架构，提供更小数据类型的并行计算。封装的单指令多数据指令代表一种合理复用现有宽数据通路的设计。

⊚ 2.10.7 Q 标准扩展：四精度浮点

Q 标准扩展增加了符合 IEEE754—2008 标准的 128 位的四精度浮点指令。扩展后的浮点寄存器可以存储一个单精度、双精度或者四精度的浮点数。

⊚ 2.10.8 V 标准扩展：基本矢量扩展

矢量微架构可以灵活地设计数据并行硬件而不会影响程序员，程序员可以不用重写代码就享受到矢量带来的好处。此外，矢量架构比 SIMD 架构拥有更少的指令数量。而且，与 SIMD 不同，矢量架构有完善的编译器技术。基本矢量扩展旨在充当各种领域的基础，包括密码学和机器学习中其他矢量扩展的基础。

2.11 RISC-V 指令列表

本节简要列出 RV32GC/RV64GC 所涉及的常用指令，供读者查阅。更多指令及详解请阅读官方文档。

⊛ 2.11.1 I指令子集

add rd, rs1, rs2   RV32I and RV64I
寄存器 x[rs2]加上寄存器 x[rs1]的值，结果写入 x[rd]，忽略算术溢出。

sub rd, rs1, rs2   RV32I and RV64I
x[rs1]减去 x[rs2]，结果写入 x[rd]，忽略算术溢出。

slt rd, rs1, rs2   RV32I and RV64I
比较 x[rs1]和 x[rs2]中的数，如果 x[rs1]小，向 x[rd]写入 1，否则写入 0。

sltu rd, rs1, rs2   RV32I and RV64I
比较 x[rs1]和 x[rs2]，比较时视为无符号数。如果 x[rs1]更小，向 x[rd]写入 1，否则
写入 0。

and rd, rs1, rs2   RV32I and RV64I
x[rs1]和 x[rs2]位与结果写入 x[rd]。

or rd, rs1, rs2   RV32I and RV64I
x[rs1]和 x[rs2]按位取或，结果写入 x[rd]。

xor rd, rs1, rs2   RV32I and RV64I
x[rs1]和 x[rs2]按位异或，结果写入 x[rd]。

sll rd, rs1, rs2   RV32I and RV64I
把 x[rs1]左移 x[rs2]位，空位填入 0，结果写入 x[rd]。x[rs2]的低 5 位（RV64I 则是
低 6 位）代表移动位数，其高位则被忽略。

srl rd, rs1, rs2   RV32I and RV64I
把 x[rs1]右移 x[rs2]位，空位填入 0，结果写入 x[rd]。x[rs2]的低 5 位（RV64I 则是
低 6 位）代表移动位数，其高位则被忽略。

ra rd, rs1, rs2   RV32I and RV64I
把 x[rs1]右移 x[rs2]位，空位用 x[rs1]的最高位填充，结果写入 x[rd]。x[rs2]的低 5
位（RV64I 则是低 6 位）代表移动位数，其高位则被忽略。

addi rd, rs1, immediate   RV32I and RV64I
把符号位扩展的立即数加到寄存器 x[rs1]上，结果写入 x[rd]。忽略算术溢出。

slti rd, rs1, immediate   RV32I and RV64I
比较 x[rs1]和有符号扩展的 immediate，如果 x[rs1]更小，向 x[rd]写入 1，否则写入 0。

sltiu rd, rs1, immediate   RV32I and RV64I
比较 x[rs1]和有符号扩展的 immediate，视为无符号数。如果 x[rs1]更小，向 x[rd]写
入 1，否则写入 0。

---

andi rd, rs1, immediate   RV32I and RV64I

把符号位扩展的立即数和寄存器 x[rs1]上的值进行位与，结果写入 x[rd]。

---

ori rd, rs1, immediate   RV32I and RV64I

把寄存器 x[rs1]和有符号扩展的立即数 immediate 按位取或，结果写入 x[rd]。

---

xori rd, rs1, immediate   RV32I and RV64I

x[rs1]和有符号扩展的 immediate 按位异或，结果写入 x[rd]。

---

slli rd, rs1, shamt   RV32I and RV64I

把 x[rs1]左移 shamt 位，空位填入 0，结果写入 x[rd]。对于 RV32I，仅当 shamt[5]=0 时，指令有效。

---

srli rd, rs1, shamt   RV32I and RV64I

把 x[rs1]右移 shamt 位，空位填入 0，结果写入 x[rd]。对于 RV32I，仅当 shamt[5]=0 时，指令有效。

---

srai rd, rs1, shamt   RV32I and RV64I

把 x[rs1]右移 shamt 位，空位用 x[rs1]的最高位填充，结果写入 x[rd]。对于 RV32I，仅当 shamt[5]=0 时指令有效。

---

lb rd, offset(rs1)   RV32I and RV64I

从地址 x[rs1] + sign-extend(offset)读取一个字节，经符号位扩展后写入 x[rd]。

---

lbu rd, offset(rs1)   RV32I and RV64I

从地址 x[rs1] + sign-extend(offset)读取一个字节，经零扩展后写入 x[rd]。

---

lh rd, offset(rs1)   RV32I and RV64I

从地址 x[rs1] + sign-extend(offset)读取两个字节，经符号位扩展后写入 x[rd]。

---

lhu rd, offset(rs1)   RV32I and RV64I

从地址 x[rs1] + sign-extend(offset)读取两个字节，经零扩展后写入 x[rd]。

---

lw rd, offset(rs1)   RV32I and RV64I

从地址 x[rs1] + sign-extend(offset)读取四个字节，写入 x[rd]。对于 RV64I，结果要进行符号位扩展。

---

sb rs2, offset(rs1)   RV32I and RV64I

将 x[rs2]的低位字节存入内存地址 x[rs1]+sign-extend(offset)。

---

sh rs2, offset(rs1)   RV32I and RV64I

将 x[rs2]的低位 2 个字节存入内存地址 x[rs1]+sign-extend(offset)。

---

sw rs2, offset(rs1)   RV32I and RV64I

将 x[rs2]的低位 4 个字节存入内存地址 x[rs1]+sign-extend(offset)。

---

beq　rs1, rs2, offset　　　　　　　　　　　　　RV32I and RV64I

若寄存器 x[rs1]和寄存器 x[rs2]的值相等，把 PC 的值设为当前值加上符号位扩展的偏移 offset。

bge　rs1, rs2, offset　　　　　　　　　　　　　RV32I and RV64I

若寄存器 x[rs1]的值大于等于寄存器 x[rs2]的值（均视为二进制补码），把 PC 的值设为当前值加上符号位扩展的偏移 offset。

bgeu　rs1, rs2, offset　　　　　　　　　　　　RV32I and RV64I

若寄存器 x[rs1]的值大于等于寄存器 x[rs2]的值（均视为无符号数），把 PC 的值设为当前值加上符号位扩展的偏移 offset。

blt　rs1, rs2, offset　　　　　　　　　　　　　RV32I and RV64I

若寄存器 x[rs1]的值小于寄存器 x[rs2]的值（均视为二进制补码），把 PC 的值设为当前值加上符号位扩展的偏移 offset。

bltu　rs1, rs2, offset　　　　　　　　　　　　RV32I and RV64I

若寄存器 x[rs1]的值小于寄存器 x[rs2]的值（均视为无符号数），把 PC 的值设为当前值加上符号位扩展的偏移 offset。

bne　rs1, rs2, offset　　　　　　　　　　　　　RV32I and RV64I

若寄存器 x[rs1]和寄存器 x[rs2]的值不相等，把 PC 的值设为当前值加上符号位扩展的偏移 offset。

jal　rd, offset　　　　　　　　　　　　　　　　RV32I and RV64I

把下一条指令的地址(PC+4)，然后把 PC 设置为当前值加上符号位扩展的 offset。rd 默认为 x1。

jalr　rd, offset(rs1)　　　　　　　　　　　　　RV32I and RV64I

把 pc 设置为 x[rs1] + sign-extend(offset)，把计算出的地址的最低有效位设为 0，并将原 PC+4 的值写入 f[rd]。rd 默认为 x1。

lui　rd, immediate　　　　　　　　　　　　　　RV32I and RV64I

将符号位扩展的 20 位立即数 immediate 左移 12 位，并将低 12 位置零，写入 x[rd]中。

auipc　rd, immediate　　　　　　　　　　　　　RV32I and RV64I

把符号位扩展的 20 位（左移 12 位）立即数加到 PC 上，结果写入 x[rd]。

csrrc　rd, csr, rs1　　　　　　　　　　　　　　RV32I and RV64I

记控制状态寄存器 csr 中的值为 t。把 t 和寄存器 x[rs1]按位与结果写入 csr，再把 t 写入 x[rd]。

csrrci rd, csr, zimm[4:0]   RV32I and RV64I

记控制状态寄存器 csr 中的值为 t。把 t 和五位的零扩展的立即数 zimm 按位与结果
写入 csr，再把 t 写入 x[rd]（csr 寄存器的第 5 位及更高位不变）。

---

csrrs rd, csr, rs1   RV32I and RV64I

记控制状态寄存器 csr 中的值为 t。把 t 和寄存器 x[rs1]按位或的结果写入 csr，再把
t 写入 x[rd]。

---

csrrci rd, csr, zimm[4:0]   RV32I and RV64I

记控制状态寄存器 csr 中的值为 t。把 t 和五位的零扩展的立即数 zimm 按位或的结
果写入 csr，再把 t 写入 x[rd]（csr 寄存器的第 5 位及更高位不变）。

---

csrrw rd, csr, zimm[4:0]   RV32I and RV64I

记控制状态寄存器 csr 中的值为 t。把寄存器 x[rs1]的值写入 csr，再把 t 写入 x[rd]。

---

csrrwi rd, csr, zimm[4:0]   RV32I and RV64I

把控制状态寄存器 csr 中的值拷贝到 x[rd]中，再把五位的零扩展的立即数 zimm 的
值写入 csr。

---

ebreak   RV32I and RV64I

通过抛出断点异常的方式请求调试器。

---

ecall   RV32I and RV64I

通过引发环境调用异常来请求执行环境。

---

fence pred, succ   RV32I and RV64I

在后续指令中的内存和 I/O 访问对外部（如其他线程）可见之前，使这条指令之前
的内存及 I/O 访问对外部可见。比特中的第 3、2、1 和 0 位分别对应于设备输入、设备
输出、内存读写和。如 fence r, rw，将前面读取与后面的读取和写入排序，使用 pred = 0010
和 succ = 0011 进行编码。如果省略了参数，则表示为 fence iorw, iorw，即对所有访存请
求进行排序。

---

fence.i   RV32I and RV64I

使对内存指令区域的读写，对后续取指令可见。

---

mret   RV32I and RV64I

从机器模式异常处理程序返回。将 PC 设置为 CSRs[mepc]，将特权级设置成 CSRs
[mstatus].MPP，CSRs[mstatus].MIE 设置成 CSRs[mstatus].MPIE，并且将 CSRs[mstatus].
MPIE 设置为 1；并且，如果支持用户模式，则将 CSR [mstatus].MPP 设置为 0。

sret   RV32I and RV64I

管理员模式例外返回（Supervisor-mode Exception Return）。R-type, RV32I and RV64I 特权指令。从管理员模式的例外处理程序中返回，设置 PC 为 CSRs[spec]，权限模式为 CSRs[sstatus].SPP，CSRs[sstatus].SIE 为 CSRs[sstatus].SPIE，CSRs[sstatus].SPIE 为 1，CSRs[sstatus].spp 为 0。

wfi   RV32I and RV64I

如果没有待处理的中断，则使处理器处于空闲状态。

addw rd, rs1, rs2   RV64I

把寄存器 x[rs2]加到寄存器 x[rs1]上，将结果截断为 32 位，把符号位扩展的结果写入 x[rd]。忽略算术溢出。

addiw rd, rs1, immediate   RV64I

把符号位扩展的立即数加到 x[rs1]，将结果截断为 32 位，把符号位扩展的结果写入 x[rd]。忽略算术溢出。

subw rd, rs1, rs2   RV64I

x[rs1]减去 x[rs2]，结果截断为 32 位，有符号扩展后写入 x[rd]。忽略算术溢出。

slliw rd, rs1, shamt   RV64I

把寄存器 x[rs1]左移 shamt 位，空出的位置填入 0，将结果截断为 32 位，进行有符号扩展后写入 x[rd]。仅当 shamt[5]=0 时，指令才是有效的。

sllw rd, rs1, rs2   RV64I

把寄存器 x[rs1]的低 32 位左移 x[rs2]位，空出的位置填入 0，结果进行有符号扩展后写入 x[rd]。x[rs2]的低 5 位代表移动位数，其高位则被忽略。

srliw rd, rs1, shamt   RV64I

把寄存器 x[rs1]右移 shamt 位，空出的位置填入 0，将结果截断为 32 位，进行有符号扩展后写入 x[rd]。仅当 shamt[5]=0 时，指令才是有效的。

srlw rd, rs1, rs2   RV64I

把寄存器 x[rs1]的低 32 位右移 x[rs2]位，空出的位置填入 0，结果进行有符号扩展后写入 x[rd]。x[rs2]的低 5 位代表移动位数，其高位则被忽略。

sraiw rd, rs1, shamt   RV64I

把寄存器 x[rs1]的低 32 位右移 shamt 位，空位用 x[rs1][31]填充，结果进行有符号扩展后写入 x[rd]。仅当 shamt[5]=0 时，指令才是有效的。

sraw rd, rs1, rs2   RV64I

把寄存器 x[rs1]的低 32 位右移 x[rs2]位，空位用 x[rs1][31]填充，结果进行有符号扩展后写入 x[rd]。x[rs2]的低 5 位为移动位数，其高位则被忽略。

lwu rd, offset(rs1)　　　　　　　　　　　　　　　　　　　　RV64I

从地址 x[rs1] + sign-extend(offset)读取四个字节，零扩展后写入 x[rd]。

ld rd, offset(rs1)　　　　　　　　　　　　　　　　　　　　RV64I

从地址 x[rs1] + sign-extend(offset)读取八个字节，写入 x[rd]。

sd rs2, offset(rs1)　　　　　　　　　　　　　　　　　　　　RV64I

将 x[rs2]中的 8 字节存入内存地址 x[rs1]+sign-extend(offset)。

⊙ 2.11.2　M 指令子集

mul rd, rs1, rs2　　　　　　　　　　　　　　　　RV32M and RV64M

把寄存器 x[rs2]乘到寄存器 x[rs1]上，乘积写入 x[rd]。忽略算术溢出。

mulh rd, rs1, rs2　　　　　　　　　　　　　　　　RV32M and RV64M

把寄存器 x[rs2]乘到寄存器 x[rs1]上，都视为 2 的补码，将乘积的高位写入 x[rd]。

mulhsu rd, rs1, rs2　　　　　　　　　　　　　　　RV32M and RV64M

把寄存器 x[rs2]乘到寄存器 x[rs1]上，x[rs1]为 2 的补码，x[rs2]为无符号数，将乘积的高位写入 x[rd]。

mulhu rd, rs1, rs2　　　　　　　　　　　　　　　RV32M and RV64M

把寄存器 x[rs2]乘到寄存器 x[rs1]上，x[rs1]、x[rs2]均为无符号数，将乘积的高位写入 x[rd]。

div rd, rs1, rs2　　　　　　　　　　　　　　　　RV32M and RV64M

用寄存器 x[rs1]的值除以寄存器 x[rs2]的值，向零舍入，将这些数视为二进制补码，把商写入 x[rd]。

divu rd, rs1, rs2　　　　　　　　　　　　　　　　RV32M and RV64M

用寄存器 x[rs1]的值除以寄存器 x[rs2]的值，向零舍入，将这些数视为无符号数，把商写入 x[rd]。

rem rd, rs1, rs2　　　　　　　　　　　　　　　　RV32M and RV64M

x[rs1]除以 x[rs2]，向 0 舍入，都视为 2 的补码，余数写入 x[rd]。

remu rd, rs1, rs2　　　　　　　　　　　　　　　　RV32M and RV64M

x[rs1]除以 x[rs2]，向 0 舍入，都视为无符号数，余数写入 x[rd]。

mulw rd, rs1, rs2　　　　　　　　　　　　　　　　　　　RV64M

把寄存器 x[rs2]乘到寄存器 x[rs1]上，乘积截断为 32 位，进行有符号扩展后写入 x[rd]。忽略算术溢出。

divw rd, rs1, rs2   RV64M

用寄存器 x[rs1]的低 32 位除以寄存器 x[rs2]的低 32 位，向零舍入，将这些数视为二进制补码，把经符号位扩展的 32 位商写入 x[rd]。

divuw rd, rs1, rs2   RV64M

用寄存器 x[rs1]的低 32 位除以寄存器 x[rs2]的低 32 位，向零舍入，将这些数视为无符号数，把经符号位扩展的 32 位商写入 x[rd]。

remw rd, rs1, rs2   RV64M

x[rs1]的低 32 位除以 x[rs2]的低 32 位，向 0 舍入，都视为 2 的补码，将余数的有符号扩展写入 x[rd]。

remuw rd, rs1, rs2   RV64M

x[rs1]的低 32 位除以 x[rs2]的低 32 位，向 0 舍入，都视为无符号数，将余数的有符号扩展写入 x[rd]。

⊙ 2.11.3 A 指令子集

amoswap.w rd, rs2, (rs1)   RV32A and RV64A

进行如下的原子操作：将内存中地址为 x[rs1]中的字记为 t，把这个字变为 x[rs2]的值，把 x[rd]设为符号位扩展的 t。

amoadd.w rd, rs2, (rs1)   RV32A and RV64A

进行如下的原子操作：将内存中地址为 x[rs1]中的字记为 t，把这个字变为 t+x[rs2]的值，把 x[rd]设为符号位扩展的 t。

amoand.w rd, rs2, (rs1)   RV32A and RV64A

进行如下的原子操作：将内存中地址为 x[rs1]中的字记为 t，把这个字变为 t 和 x[rs2]位与结果，把 x[rd]设为符号位扩展的 t。

amoor.w rd, rs2, (rs1)   RV32A and RV64A

进行如下的原子操作：将内存中地址为 x[rs1]中的字记为 t，把这个字变为 t 和 x[rs2]位或结果，把 x[rd]设为符号位扩展的 t。

amoxor.w rd, rs2, (rs1)   RV32A and RV64A

进行如下的原子操作：将内存中地址为 x[rs1]中的字记为 t，把这个字变为 t 和 x[rs2]按位异或的结果，把 x[rd]设为符号位扩展的 t。

amomax.w rd, rs2, (rs1)   RV32A and RV64A

进行如下的原子操作：将内存中地址为 x[rs1]中的字记为 t，把这个字变为 t 和 x[rs2]中较大的一个（用二进制补码比较），把 x[rd]设为符号位扩展的 t。

amomaxu.w rd, rs2, (rs1)   RV32A and RV64A

进行如下的原子操作：将内存中地址为 x[rs1]中的字记为 t，把这个字变为 t 和 x[rs2] 中较大的一个（用无符号比较），把 x[rd]设为符号位扩展的 t。

amomin.w rd, rs2, (rs1)   RV32A and RV64A

进行如下的原子操作：将内存中地址为 x[rs1]中的字记为 t，把这个字变为 t 和 x[rs2] 中较小的一个（用二进制补码比较），把 x[rd]设为符号位扩展的 t。

amominu.w rd, rs2, (rs1)   RV32A and RV64A

进行如下的原子操作：将内存中地址为 x[rs1]中的字记为 t，把这个字变为 t 和 x[rs2] 中较小的一个（用无符号比较），把 x[rd]设为符号位扩展的 t。

lr.w rd, (rs1)   RV32A and RV64A

从内存中地址为 x[rs1]中加载四个字节，符号位扩展后写入 x[rd]，并对这个内存字注册保留。

sc.w rd, rs2, (rs1)   RV32A and RV64A

内存地址 x[rs1]上存在加载保留，将 x[rs2]寄存器中的 4 字节数存入该地址。如果存入成功，向寄存器 x[rd]中存入 0，否则存入一个非 0 的错误码。

amoswap.d rd, rs2, (rs1)   RV64A

进行如下的原子操作：将内存中地址为 x[rs1]中的双字记为 t，把这个双字变为 x[rs2] 的值，把 x[rd]设为 t。

amoadd.d rd, rs2, (rs1)   RV64A

进行如下的原子操作：将内存中地址为 x[rs1]中的双字记为 t，把这个双字变为 t+x[rs2]，把 x[rd]设为 t。

amoand.d rd, rs2, (rs1)   RV64A

进行如下的原子操作：将内存中地址为 x[rs1]中的双字记为 t，把这个双字变为 t 和 x[rs2]位与结果，把 x[rd]设为 t。

amoor.d rd, rs2, (rs1)   RV64A

进行如下的原子操作：将内存中地址为 x[rs1]中的双字记为 t，把这个双字变为 t 和 x[rs2]位或结果，把 x[rd]设为 t。

amoxor.d rd, rs2, (rs1)   RV64A

进行如下的原子操作：将内存中地址为 x[rs1]中的双字记为 t，把这个双字变为 t 和 x[rs2]按位异或的结果，把 x[rd]设为 t

amomax.d rd, rs2, (rs1)   RV64A

进行如下的原子操作：将内存中地址为 x[rs1]中的双字记为 t，把这个双字变为 t 和 x[rs2]中较大的一个（用二进制补码比较），把 x[rd]设为 t。

amomaxu.d rd, rs2, (rs1)   RV64A

进行如下的原子操作：将内存中地址为 x[rs1]中的双字记为 t，把这个双字变为 t 和 x[rs2]中较大的一个（用无符号比较），把 x[rd]设为 t。

amomin.d rd, rs2, (rs1)   RV64A

进行如下的原子操作：将内存中地址为 x[rs1]中的双字记为 t，把这个双字变为 t 和 x[rs2]中较小的一个（用二进制补码比较），把 x[rd]设为 t。

amominu.d rd, rs2,(rs1)   RV64A

进行如下的原子操作：将内存中地址为 x[rs1]中的双字记为 t，把这个双字变为 t 和 x[rs2]中较小的一个（用无符号比较），把 x[rd]设为 t。

lr.d rd, (rs1)   RV64A

从内存中地址为 x[rs1]中加载八个字节，写入 x[rd]，并对这个内存双字注册保留。

sc.d rd, rs2, (rs1)   RV64A

如果内存地址 x[rs1]上存在加载保留，将 x[rs2]寄存器中的 8 字节数存入该地址。如果存入成功，向寄存器 x[rd]中存入 0，否则存入一个非 0 的错误码。

➲ 2.11.4　F 指令子集

fadd.s rd, rs1, rs2   RV32F and RV64F

把寄存器 f[rs1]和 f[rs2]中的单精度浮点数相加，并将舍入后的和写入 f[rd]。

fsub.s rd, rs1, rs2   RV32F and RV64F

把寄存器 f[rs1]和 f[rs2]中的单精度浮点数相减，并将舍入后的差写入 f[rd]。

fmul.s rd, rs1, rs2   RV32F and RV64F

把寄存器 f[rs1]和 f[rs2]中的单精度浮点数相乘，将舍入后的单精度结果写入 f[rd]中。

fdiv.s rd, rs1, rs2   RV32F and RV64F

把寄存器 f[rs1]和 f[rs2]中的单精度浮点数相除，并将舍入后的商写入 f[rd]。

fsqrt.s rd, rs1, rs2   RV32F and RV64F

将 f[rs1]中的单精度浮点数的平方根舍入和写入 f[rd]。

fmax.s rd, rs1, rs2   RV32F and RV64F

把寄存器 f[rs1]和 f[rs2]中的单精度浮点数中的较大值写入 f[rd]中。

fmin.s rd, rs1, rs2   RV32F and RV64F

把寄存器 f[rs1]和 f[rs2]中的单精度浮点数中的较小值写入 f[rd]中。

feq.s rd, rs1, rs2   RV32F and RV64F

若寄存器 f[rs1]和 f[rs2]中的单精度浮点数相等，则在 x[rd]中写入 1，反之写 0。

fle.s rd, rs1, rs2   RV32F and RV64F

若寄存器 f[rs1]中的单精度浮点数小于等于 f[rs2]中的单精度浮点数，则在 x[rd]中写入 1，反之写 0。

flw rd, offset(rs1)   RV32F and RV64F

从内存地址 x[rs1] + sign-extend(offset)中取单精度浮点数，并写入 f[rd]。

fsw rs2, offset(rs1)   RV32F and RV64F

将寄存器 f[rs2]中的单精度浮点数存入内存地址 x[rs1] + sign-extend(offset)中。

fclass.s rd, rs1, rs2   RV32F and RV64F

把一个表示寄存器 f[rs1]中单精度浮点数类别的掩码写入 x[rd]中。

⊙ 2.11.5 D指令子集

fadd.d rd, rs1, rs2   RV32D and RV64D

把寄存器 f[rs1]和 f[rs2]中的双精度浮点数相加，并将舍入后的和写入 f[rd]。

fsub.d rd, rs1, rs2   RV32D and RV64D

把寄存器 f[rs1]和 f[rs2]中的双精度浮点数相减，并将舍入后的差写入 f[rd]。

fmul.d rd, rs1, rs2   RV32D and RV64D

把寄存器 f[rs1]和 f[rs2]中的双精度浮点数相乘，将舍入后的双精度结果写入 f[rd]中。

fdiv.d rd, rs1, rs2   RV32D and RV64D

把寄存器 f[rs1]和 f[rs2]中的双精度浮点数相除，并将舍入后的商写入 f[rd]。

fsqrt.d rd, rs1, rs2   RV32D and RV64D

将 f[rs1]中的双精度浮点数的平方根舍入和写入 f[rd]。

fmax.d rd, rs1, rs2   RV32D and RV64D

把寄存器 f[rs1]和 f[rs2]中的双精度浮点数中的较大值写入 f[rd]中。

fmin.d rd, rs1, rs2   RV32D and RV64D

把寄存器 f[rs1]和 f[rs2]中的双精度浮点数中的较小值写入 f[rd]中。

feq.d rd, rs1, rs2   RV32D and RV64D

若寄存器 f[rs1]和 f[rs2]中的双精度浮点数相等，则在 x[rd]中写入 1，反之写 0。

fle.d rd, rs1, rs2   RV32D and RV64D

若寄存器 f[rs1]中的双精度浮点数小于等于 f[rs2]中的双精度浮点数，则在 x[rd]中写入 1，反之写 0。

fld rd, offset(rs1)   RV32D and RV64D

从内存地址 x[rs1] + sign-extend(offset)中取双精度浮点数，并写入 f[rd]。

fsd `rs2, offset(rs1)`   RV32D and RV64D

将寄存器 f[rs2]中的双精度浮点数存入内存地址 x[rs1] + sign-extend(offset)中。

fclass.d `rd, rs1, rs2`   RV32D and RV64D

把一个表示寄存器 f[rs1]中双精度浮点数类别的掩码写入 x[rd]中。

⊛ 2.11.6　C 指令子集

c.lui `rd, imm`   RV32IC and RV64IC

扩展形式为 **lui** rd, imm，当 rd=x2 或 imm=0 时非法。

c.li `rd, imm`   RV32IC and RV64IC

扩展形式为 **addi** rd, x0, imm。

c.add `rd, rs2`   RV32IC and RV64IC

扩展形式为 **add** rd, rd, rs2，rd=x0 或 rs2=x0 时非法。

c.addi `rd, imm`   RV32IC and RV64IC

扩展形式为 **addi** rd, rd, imm。

c.sub `rd', rs2'`   RV32IC and RV64IC

扩展形式为 **sub** rd, rd, rs2，其中 rd=8+rd'，rs2=8+rs2'。

c.and `rd', rs2'`   RV32IC and RV64IC

扩展形式为 **and** rd, rd, rs2，其中 rd=8+rd'，rs2=8+rs2'。

c.andi `rd', imm`   RV32IC and RV64IC

扩展形式为 **andi** rd, rd, imm，其中 rd=8+rd'。

c.or `rd', rs2'`   RV32IC and RV64IC

扩展形式为 **or** rd, rd, rs2，其中 rd=8+rd'，rs2=8+rs2'。

c.xor `rd', rs2'`   RV32IC and RV64IC

扩展形式为 **xor** rd, rd, rs2，其中 rd=8+rd'，rs2=8+rs2'。

c.slli `rd, uimm`   RV32IC and RV64IC

扩展形式为 **slli** rd, rd, uimm。

c.srai `rd', uimm`   RV32IC and RV64IC

扩展形式为 **srai** rd, rd, uimm，其中 rd=8+rd'。

c.srli `rd', uimm`   RV32IC and RV64IC

扩展形式为 **srli** rd, rd, uimm，其中 rd=8+rd'。

c.beqz `rs1', offset`   RV32IC and RV64IC

扩展形式为 **beq** rs1, x0, offset，其中 rs1=8+rs1'。

c.bnez `rs1', offset`	RV32IC and RV64IC
扩展形式为 **bne** rs1, x0, offset，其中 rs1=8+rs1'。	
c.j `offset`	RV32IC and RV64IC
扩展形式为 **jal** x0, offset。	
c.jal `offset`	RV32IC
扩展形式为 **jal** x1, offset。	
c.jalr `rs1`	RV32IC and RV64IC
扩展形式为 **jalr** x1, 0(rs1)，当 rs1=x0 时非法。	
c.jr `rs1`	RV32IC and RV64IC
扩展形式为 **jalr** x0, 0(rs1)，当 rs1=x0 时非法。	
c.lw `rd', uimm(rs1')`	RV32IC and RV64IC
扩展形式为 **lw** rd, uimm(rs1)，其中 rd=8+rd'，rs1=8+rs1'.	
c.lwsp `rd, uimm(x2)`	RV32IC and RV64IC
扩展形式为 **lw** rd, uimm(x2)，当 rd=x0 时非法。	
c.sw `rs2', uimm(rs1')`	RV32IC and RV64IC
扩展形式为 **sw** rs2, uimm(rs1)，其中 rs2=8+rs2'，rs1=8+rs1'。	
c.swsp `rs2, uimm(x2)`	RV32IC and RV64IC
扩展形式为 **sw** rs2, uimm(x2)。	
c.ebreak	RV32IC and RV64IC
扩展形式为 **ebreak**。	
c.addw `rd', rs2'`	RV64IC
扩展形式为 **addw** rd, rd, rs2，其中 rd=8+rd'，rs2=8+rs2'。	
c.addiw `rd, imm`	RV64IC
扩展形式为 **addiw** rd, rd, imm，当 rd=x0 时非法。	
c.subw `rd', rs2'`	RV64IC
扩展形式为 **subw** rd, rd, rs2，其中 rd=8+rd'，rs2=8+rs2'。	
c.ld `rd', uimm(rs1')`	RV64IC
扩展形式为 **ld** rd, uimm(rs1)，其中 rd=8+rd'，rs1=8+rs1'。	
c.ldsp `rd, uimm(x2)`	RV64IC
扩展形式为 ld rd, uimm(x2)，当 rd=x0 时非法。	
c.sd `rs2', uimm(rs1')`	RV64IC
扩展形式为 **sd** rs2, uimm(rs1)，其中 rs2=8+rs2'，rs1=8+rs1'。	

c.sdsp `rs2, uimm(x2)`

RV64IC

扩展形式为 **sd** rs2, uimm(x2)。

---

c.flw `rd', uimm(rs1')`

RV32FC

扩展形式为 **flw** rd, uimm(rs1)，其中 rd=8+rd'，rs1=8+rs1'。

---

c.flwsp `rd, uimm(x2)`

RV32FC

扩展形式为 **flw** rd, uimm(x2)。

---

c.fsw `rs2', uimm(rs1')`

RV32FC

扩展形式为 **fsw** rs2, uimm(rs1)，其中 rs2=8+rs2'，rs1=8+rs1'。

---

c.fswsp `rs2, uimm(x2)`

RV32FC

扩展形式为 **fsw** rs2, uimm(x2)。

---

c.fld `rd', uimm(rs1')`

RV32DC and RV64DC

扩展形式为 **fld** rd, uimm(rs1)，其中 rd=8+rd'，rs1=8+rs1'。

---

c.fldsp `rd, uimm(x2)`

RV32DC and RV64DC

扩展形式为 **fld** rd, uimm(x2)。

---

c.fsd `rs2', uimm(rs1')`

RV32DC and RV64DC

扩展形式为 **fsd** rs2, uimm(rs1)，其中 rs2=8+rs2'，rs1=8+rs1'。

---

c.fsdsp `rs2, uimm(x2)`

RV32DC and RV64DC

扩展形式为 **fsd** rs2, uimm(x2)。

第 3 章

现场可编程逻辑门阵列
（FPGA）设计流程

本章主要讲解现场可编程逻辑门阵列（FPGA）的基本概念，以及基于 FPGA 的设计流程。以 Xilinx FPGA 为例，本章分析了 FPGA 的基本结构，介绍了本书中 FPGA 开发平台 Diligent Nexys A7 及 FPGA 的主要设计流程。基于此，引入面向 Xilinx FPGA 的集成设计环境 Vivado，介绍了它的安装方法与具体开发流程。

3.1 Xilinx FPGA 概述与设计流程

现场可编程逻辑门阵列（Field Programmable Gate Array，FPGA）是在 PAL、GAL 等可编程器件的基础上进一步发展的产物。它是作为专用集成电路（Application Specific Integrated Circuit，ASIC）领域中的一种半定制电路出现的，既解决了定制电路无法客制化的缺点，又克服了传统可编程器件门电路数有限的缺点。

FPGA 的基本结构包括可编程输入输出单元、可配置逻辑块、数字时钟管理模块、嵌入式块 RAM、布线资源、内嵌专用硬核和底层内嵌功能单元。与传统逻辑电路和门阵列相比，FPGA 有不同的结构。FPGA 利用小型查找表（16×1 RAM）来实现组合逻辑，每个查找表连接到一个 D 触发器的输入端，触发器再来驱动其他逻辑电路或驱动 I/O，由此构成了既可实现组合逻辑功能，又可实现时序逻辑功能的基本逻辑单元模块。这些基本逻辑单元模块利用金属连线相互连接，或者连接到 I/O 模块。FPGA 的逻辑是通过向内部静态存储单元加载编程数据来实现的，存储在存储器单元中的值决定了逻辑单元的逻辑功能，决定了各模块之间或模块与 I/O 间的连接方式，并最终决定了 FPGA 所能实现的功能，而且允许无限次的编程。

FPGA 的设计流程包括算法设计、代码仿真及设计和板机调试，设计者依照实际需求建立算法架构，利用 EDA 建立电路图的设计方案或者硬件描述语言（HDL）来编写设计代码，通过代码仿真保证设计方案符合实际要求。最后进行板级调试，利用配置电路将相关文件下载至 FPGA 芯片中，验证实际运行效果。

由于 FPGA 具有布线资源丰富，可重复编程，集成度高，投资较低的特点，在数字电路设计领域得到了广泛的应用。FPGA 芯片还被直接应用于很多领域，例如，汽车电子，如网关控制器、车用 PC、远程信息处理系统等；军事，如安全通信、雷达、声呐等；消费电子，如显示器、投影仪、数字电视和机顶盒、家庭网络等；通信设备，如蜂窝基础设施、宽带无线通信、软件无线电等；测试与测量，如通信测试与监测、半导体、自动测试设备、通用仪表等。

Xilinx 首创了 FPGA 这一种创新性的半导体技术，并于 1985 年首次推出商业化产品。目前，Xilinx 系列满足了全世界对 FPGA 产品一半以上的需求。Xilinx 高度灵活的可编程芯片由一系列先进的软件和工具链提供支持，驱动着各行业和技术的快速创新，为业界提供了灵活的处理器技术，通过灵活应变的智能计算实现行业的快速创新。接下来我们对 Xilinx FPGA 的基本结构进行具体介绍。

⊙ 3.1.1　Xilinx FPGA 的基本结构

Xilinx FPGA 是基于 SRAM 的查找表技术，需要上电后重新配置。从外部非易失性存储器中读数，通过配置控制器加载到内部配置 SRAM 中。其组成部分主要有可编程逻辑块（CLB）、可编程输入/输出单元（IOB）、数字时钟管理模块、嵌入式块存储器（BRAM）和内嵌专用 IP 单元。

3.1.1.1　可编程逻辑块

可配置逻辑块（CLB）是指实现各种逻辑功能的电路，是 FPGA 中组成设计逻辑的主要资源，也是电路设计中工作的主要对象。在 Xilinx FPGA 中，每个可配置逻辑块包含 2 个 Slice，分别为 Slice（0）与 Slice（1），如图 3-1 所示，每个 Slice 由查找表、寄存器、进位链和多个多数选择器构成。而 Slice 又包含两种不同的逻辑片。分别为 SLICEM 和 SLICEL。SLICEM 有多功能的查找表（Look-Up-Table，LUT），可配置成移位寄存器或者 ROM 和 RAM，并且逻辑片中的每个寄存器可以配置为锁存器使用。

FPGA 采用 LUT 的主要功能是实现基本的电路逻辑，而大部分 LUT 采用 SRAM 工艺实现。由 FPGA 芯片的引脚输入或内部信号给出的值，对应查找到 LUT 中已经事先写入了所有可能的逻辑结果，从而实现组合逻辑的功能。FPGA 上电时，对于器件的编程会基于 SRAM 的 FPGA 加载配置信息。对于不同的逻辑功能，只需通过件编程来改变 LUT 中存储的内容即可，从而实现了 FPGA 的可编程设计。除了实现电路逻辑功能，还有很多其他的功能，并且功能根据 SLICE 结构的不同而不同。

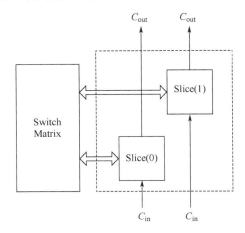

图 3-1　CLB 单元结构示意图

3.1.1.2　可编程输入/输出单元

可编程输入/输出单元（IOB），又可被简称为 I/O 单元，是 FPGA 芯片与外界电路的接口部分，接受外部 I/O 信号的输入和驱动。FPGA 的 I/O 被划分为若干组（Bank），每组都能够独立地支持不同的 I/O 标准。

一些 I/O 标准需要外部的参考电压 VCCO 或者 VREF，这些外部电压必须同 FPGA 引脚相连。每个组中都有多个 VCCO 引脚，在相同的组中，所有 VCCO 引脚必须与相同电压连接。电压大小由使用的 I/O 标准决定，在一个组内部，如果所有 I/O 标准都使用相同的VCCO，则它们可以兼容。

3.1.1.3　数字时钟管理模块

时钟资源分为全局时钟资源、区域时钟资源和 I/O 时钟资源。全局时钟网络是一种全局布线资源，它可以保证时钟信号到达各个目标逻辑单元的时延基本相同。区域时钟网络是一组独立于全局时钟网络的时钟网络。I/O 时钟资源可用于局部 I/O 串行/解串器的电路设计。对于源同步接口设计尤其有用。

业内大多数 FPGA 均提供数字时钟管理，而 Xilinx 的全部 FPGA 均具有这种特性。Xilinx 推出的先进 FPGA 提供数字时钟管理和相位环路锁定。相位环路锁定能够提供精确的时钟综合，能够降低抖动，并且能够实现过滤功能。

3.1.1.4　嵌入式块存储器

嵌入式块存储器（Block Memory）也称为 BRAM，是 FPGA 内部除了逻辑资源外使用频率最高的功能块，它以固定的形式集成在 FPGA 内部，成为 FPGA 最主要的存储资源，大大拓展了 FPGA 的应用范围和灵活性。各种主流的 FPGA 芯片内部都集成了数量相等的 BRAM，访问速度可达到数百兆赫兹。

大多数 FPGA 都具有内嵌的 BRAM，可被配置为单端口 RAM、双端口 RAM、内容地址存储器（Content Addressable Memory，CAM）及 FIFO 等常用存储结构。CAM 存储器在其内部的每个存储单元中都有一个比较逻辑，写入 CAM 中的数据会和内部的每一个数据进行比较，并返回与端口数据相同的所有数据的地址，因而在路由的地址交换器中有广泛的应用。除了 BRAM，还可以将 FPGA 中的 LUT 灵活地配置成 RAM、ROM 和 FIFO 等结构。在实际应用中，芯片内部块 RAM 的数量也是选择 FPGA 芯片的一个重要因素。

单片 BRAM 的容量为 18 Kbit，即位宽为 18 bit、深度为 1024 bit，可以根据需要改变其位宽和深度，但要遵循两个原则：第一，修改后的容量不能大于 18 Kbit；第二，位宽最大不能超过 36 位。当多片 BRAM 级联起来形成更大的 RAM 时，只受限于芯片内的 BRAM 数量，而不再受上面两条原则约束。

3.1.1.5　丰富的布线资源

布线资源连通 FPGA 内部的所有单元，而连线的长度和工艺决定着信号在连线上的驱动能力和传输速度。FPGA 芯片内部有丰富的布线资源，根据工艺、长度、宽度和分布位置的不同而划分为 4 类不同的类别。第一类是全局布线资源，用于芯片内部全局时钟和全局复位/置位的布线；第二类是长线资源，用以完成芯片间的高速信号和第二全局时钟信号的布线；第三类是短线资源，用于完成基本逻辑单元之间的逻辑互连和布线；第四类是分布式的布线资源，用于专有时钟、复位等控制信号线。

在 FPGA 设计流程中，设计者不需要直接选择布线资源，布局布线器可自动地根据输入逻辑网表的拓扑结构和约束条件，选择布线资源来连通各个模块单元。基本上，布线资源的使用结果和前端设计的架构有密切、直接的关系。

3.1.1.6　内嵌专用 IP 单元

内嵌功能模块主要指延迟锁相环（Delay Locked Loop，DLL）、锁相环（Phase Locked Loop，PLL）、DSP 和 CPU 等处理器软核，以及 FPGA 内部处理能力强大的硬核（Hard Core），整合后可以等效于 ASIC 电路。丰富的内嵌功能单元使单片 FPGA 成为系统级的设计工具，使其具备了软硬件联合设计的能力，逐步向 SoC 平台过渡。

⊛ 3.1.2　Diligent Nexys A7 FPGA 开发平台介绍

Nexys A7 FPGA 开发平台是美国 Digilent 公司设计的新一代 FPGA 口袋实验室，如图 3-2 所示。它是一款简单易用的数字电路开发平台，可以支持在课堂环境中来设计一些行业应用。凭借其大容量的 FPGA 器件，丰富的外部存储器及 USB、以太网和其他端口的集合，Nexys A7 FPGA 可以承载从入门组合电路到功能强大的嵌入式处理器的各种设计。多种内置外设，包括加速度计、温度传感器、MEMS 数字麦克风、扬声器放大器和多个 I/O 设备，使 Nexys A7 FPGA 可直接用于各种设计，无须其他外部组件。

图 3-2　Nexys A7 FPGA 开发平台

Nexys A7 FPGA 采用了 Xilinx Artix-7 FPGA 芯片，对高性能逻辑进行过优化，比之前的 FPGA Nexys A7 FPGA 提供了更大的容量，性能更强且资源更多。

Nexys A7 FPGA 有如下特征。

- 15 850 个可编程逻辑片，每个片有 4 个 6 输入 LUT 和 8 个触发器。
- 1 188 kbit 快速 RAM。
- 六个时钟管理磁贴，每个都有 PLL。
- 240 个 DSP 片。
- 内部时钟速度超过 450 MHz。
- 双通道，1 MSPS 内部模数转换器（XADC）。

有关 Nexys A7 的各种资源，包括用户手册、原理图、样例工程等，可从官方网站直接下载。

⊙ 3.1.3　FPGA 的设计流程

FPGA 的设计流程就是利用 EDA 开发软件和编程工具对 FPGA 芯片进行开发的过程。典型 FPGA 的开发流程一般如图 3-3 所示，包括功能定义/器件选型、设计输入、功能仿真、综合优化、综合后仿真、实现与布局布线、布线后时序仿真、板级仿真与验证及芯片编程与调试等主要步骤。

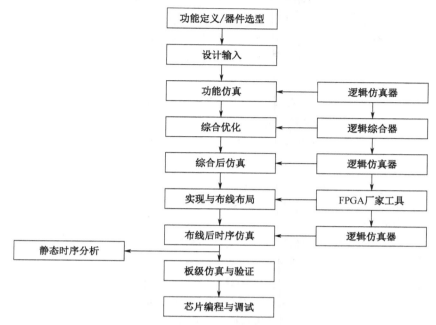

图 3-3　FPGA 典型开发流程

3.1.3.1　功能定义/器件选型

在 FPGA 设计项目开始之前，必须有系统功能的定义和模块的划分。另外需要根据任务要求，如系统的功能和复杂度，对工作速度和器件本身的资源、成本及连线的可布线性等方面进行权衡，以选择合适的设计方案和合适的器件类型。一般都采用自顶向下的设计方法，把系统分成若干个基本单元，然后再把每个基本单元划分为下一层次的基本单元，一直这样直到可以直接使用 EDA 的元件库为止。

3.1.3.2　设计输入

设计输入是将所设计的系统或电路以开发软件要求的某种形式表示出来，并输入 EDA工具的过程。常用的方法有原理图输入和硬件描述语言等方式。原理图输入方式是一种最直接的描述方式，在可编程芯片发展的早期应用比较广泛，画出原理图时将所需的器件从元件库中调出来。这种方法虽然直观并易于仿真，但效率很低，且不易维护，不利于模块构造和重用。更主要的缺点是可移植性差，当芯片升级后，所有的原理图都需要进行一定的改动。

目前，在实际开发中，应用最广的就是 HDL 语言输入法，它可以利用文本描述设计，分为普通 HDL 和行为 HDL。普通 HDL 有 ABEL、CUR 等，支持逻辑方程、真值表和状态机等表达方式，主要用于简单的小型设计。而在中大型工程中，主要使用行为 HDL，其主流语言是 Verilog HDL 和 VHDL。这两种语言都是美国电气与电子工程师协会（IEEE）的标准，其共同的突出特点是语言与芯片工艺无关，利于自顶向下设计，便于模块的划分与移植，可移植性好，具有很强的逻辑描述和仿真功能，而且输入效率很高。除了 IEEE 标准语言，还有厂商自己的语言。也可以用 HDL 为主，原理图为辅的混合设计方式，以发挥两者的各自特色。

3.1.3.3 功能仿真

功能仿真也称为前仿真，是在编译之前对用户所设计的电路进行逻辑功能验证。此时的仿真没有延迟信息，仅对初步的功能进行验证。仿真前，要先利用波形编辑器和 HDL 等建立波形文件，使其和所关心的输入信号组合成的测试向量序列。仿真结果将会生成报告文件和输出信号波形，从中便可以观察各个节点信号的变化。如果发现错误，则返回前期设计阶段修改逻辑设计。常用的工具有 Mentor Graphics 公司的 ModelSim、Synopsys 公司的 VCS 和 Cadence 公司的 NC-Verilog 及 NC-VHDL 等软件。

3.1.3.4 综合优化

所谓综合，就是将较高级抽象层次的硬件语言描述转化成较低层次的电路单元描述。综合优化根据目标与要求来优化所生成的逻辑电路与连接，使层次设计平面化，供 FPGA 布局布线软件进行实现。就目前的层次来看，综合优化（Synthesis）是指将设计输入编译成由与门、或门、非门、RAM、触发器等基本逻辑单元组成的逻辑连接网表，而并非真实的门级电路。真实具体的门级电路需要利用 FPGA 制造商提供的布局布线工具，根据综合后生成的标准门级结构网表来产生实际电路。为了能转换成标准的门级结构网表，HDL 程序的编写必须符合特定综合工具所要求的风格。由于门级结构、RTL 级 HDL 程序的综合技术是很成熟的，所有的综合工具都可以支持综合优化。常用的综合工具有 Synplicity 公司的 Synplify/Synplify Pro 软件，以及各个 FPGA 厂家自己推出的综合开发工具。

3.1.3.5 综合后仿真

综合后仿真应检查综合的电路结果是否和原设计的目标一致。在仿真时，把综合生成的标准延时文件反标回到综合生成的电路模型中，可估计门延时带来的影响。但这一步骤不能估计线延时，因此与布线后的实际情况还有一定的差距，并不十分准确。目前的综合工具较为成熟，一般的设计可以省略这一步。但如果在布局布线后发现电路结构和设计意图不符，则需要回溯到综合后仿真的结果来确认问题所在。在功能仿真中介绍的软件工具一般都支持综合后仿真。

3.1.3.6 实现与布局布线

布局布线可理解为利用 FPGA 供应商提供的物理实现工具，把逻辑映射到目标器件结构的资源中，以决定逻辑的最佳布局。选择逻辑与输入输出功能链接的布线通道进行连线，并产生相应的配置文件与相关报告文件。实现是将综合生成的逻辑网表配置到具体的 FPGA 芯片上，布局布线是其中最重要的过程。布局是将逻辑网表中的硬件原语和底层单元合理地配置到芯片内部的固有硬件结构上，并且往往需要在速度最优和面积最优之间做出选择。布线是根据布局的拓扑结构，利用芯片内部的各种连线资源，合理正确地连接各个所选元件。

目前，FPGA 的结构非常复杂，特别是在有时序约束条件时，需要利用时序驱动的引擎进行布局布线。在布线结束后软件工具会自动生成报告，提供有关设计中各部分资源的使用情况。由于只有 FPGA 芯片生产商对自己的芯片结构最为了解，所以布局布线时必须选择芯片开发商提供的工具。

3.1.3.7 布线后时序仿真

布线后时序仿真也称为后仿真，是指将布局布线的延时信息反标注到设计网表中来检测有无时序违规，也就是不满足时序约束条件或器件固有的时序规则，如建立时间、保持时间等现象。时序仿真所包含的延迟信息最全也最精确，能较好地反映芯片的实际工作与时序情况。由于不同芯片的内部延时不同，不同的布局布线方案也会给延时带来不同的影响。因此在布局布线后，通过对系统和各个模块进行时序仿真，分析其时序关系。估计系统整体性能，特别是检查和消除竞争冒险是非常重要的。在功能仿真中介绍的软件工具都支持综合后仿真。

3.1.3.8 板级仿真与验证

板级仿真主要应用于高速电路设计中，对高速系统的信号完整性、电磁干扰等特征进行分析，一般都以第三方工具进行仿真和验证。例如，可以利用 Mentor Graphics 公司的 EDA 软件 HyperLynx 对其进行相应的仿真，得到了考虑信号完整性问题的波形图后再进一步分析。

3.1.3.9 芯片编程与调试

设计的最后一步就是芯片编程与调试。芯片编程是指产生所使用的比特流文件（Bitstream），然后将编程所得数据下载到 FPGA 芯片中。其中，芯片编程需要满足一定的条件，如编程电压、编程时序和编程算法等方面。逻辑分析仪（Logic Analyzer，LA）是 FPGA 设计的主要调试设备，但需要从 FPGA 开发板引出大量的测试管脚，且 LA 的价格昂贵。目前，主流的 FPGA 芯片生产商都提供了内嵌的在线逻辑分析仪，如 Xilinx ISE 中的 ChipScope、Altera QuartusII 中的 SignalTapII 及 SignalProb 来解决上述问题，它们只占用芯片少量的逻辑资源，具有很高的实用价值。Xilinx Vivado IDE 中并没有集成 ChipScope，所以需要安装早期的 ISE 软件。

3.2 Xilinx Vivado 集成环境安装与开发流程

本节将指导读者如何使用 Vivado IDE 创建 Nexys A7 的简单 HDL 语言。我们将使用 Xilinx Vivado 进行模拟、综合和实施设计。最后，生成比特流文件并将其下载到硬件中以验证设计功能。读完本章节后，读者将能够做到以下几点。

（1）创建一个针对 Nexys A7 上的特定 FPGA 器件的 Vivado 项目。

（2）使用提供的 Xilinx 设计约束文件来约束引脚位置。

（3）使用 Vivado 模拟器来仿真设计。

（4）综合并实施设计。

（5）生成比特流。

（6）使用生成的比特流配置 FPGA 并验证功能。

⊚ 3.2.1　Vivado 集成环境的安装

读者可以访问 Xilinx 官网 https://www.xilinx.com/support/download.html，下载 Vivado 最新版本。需要注意的是，从官网下载需要注册 Xilinx 账号并填写公司的相关信息才能获得下载许可。本节将以 Vivado 2018.3 版本为例向读者展示下载和安装过程。以下过程是从官网上下载的过程。进入官网后，在 Version 一栏中选择 2018.3，如图 3-4 所示。

图 3-4　Vivado 版本选择

在下拉列表中找到 Vivado HLx 2018.3:All OS installer Single-File Download (TAR/GZIP-18.97GB)一项，单击进行下载，如图 3-5 所示。

由于 Vivado 需要登录 Xilinx 账号才能进行下载，因此单击下载后会弹出 Xilinx 的登录界面，如果读者之前没有 Xilinx 账号，可以单击进行注册，注册完成后会显示如图 3-6 所示界面，提示用户进行账号激活。

图 3-5   Vivado 下载

图 3-6   Xilinx 注册

进入注册时所填写的邮箱，查看 Xilinx 公司发来的邮件，单击 Activate my xilinx.com account 进行激活，如图 3-7 所示。

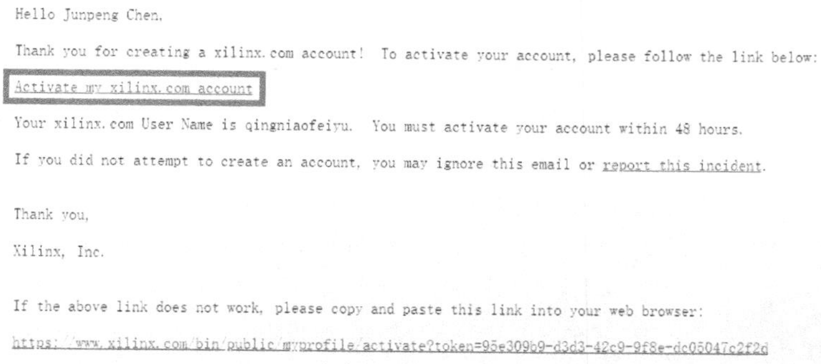

Hello Junpeng Chen,

Thank you for creating a xilinx.com account! To activate your account, please follow the link below:

Activate my xilinx.com account

Your xilinx.com User Name is qingniaofeiyu. You must activate your account within 48 hours.

If you did not attempt to create an account, you may ignore this email or report this incident.

Thank you,

Xilinx, Inc.

If the above link does not work, please copy and paste this link into your web browser:

https://www.xilinx.com/bin/public/myprofile/activate?token=95e309b9-d3d3-42c9-9f8e-dc05047c2f2d

图 3-7   Xilinx 账号激活

在激活页面，Xilinx 会要求用户填写注册时的用户名和密码，按要求填写相关信息后即可激活成功。激活成功后再次单击图 3-7 所示链接进行下载，登录账号。第一次登录时会弹出一个信息填写的界面，正确填写公司的相关信息后即可进行下载。下载完成后，解压安装包，进入解压后的文件，在文件的最后可以看到 xsetup.exe 文件，单击进行安装，如图 3-8 所示。

api-ms-win-core-processthreads-l1-...	2018/12/7 14:56	应用程序扩展	19 KB
api-ms-win-core-profile-l1-1-0.dll	2018/12/7 14:56	应用程序扩展	18 KB
api-ms-win-core-rtlsupport-l1-1-0.dll	2018/12/7 14:56	应用程序扩展	19 KB
api-ms-win-core-string-l1-1-0.dll	2018/12/7 14:56	应用程序扩展	19 KB
api-ms-win-core-synch-l1-1-0.dll	2018/12/7 14:56	应用程序扩展	21 KB
api-ms-win-core-synch-l1-2-0.dll	2018/12/7 14:56	应用程序扩展	19 KB
api-ms-win-core-sysinfo-l1-1-0.dll	2018/12/7 14:56	应用程序扩展	20 KB
api-ms-win-core-timezone-l1-1-0.dll	2018/12/7 14:56	应用程序扩展	19 KB
api-ms-win-core-util-l1-1-0.dll	2018/12/7 14:56	应用程序扩展	19 KB
api-ms-win-crt-conio-l1-1-0.dll	2018/12/7 14:56	应用程序扩展	20 KB
api-ms-win-crt-convert-l1-1-0.dll	2018/12/7 14:56	应用程序扩展	23 KB
api-ms-win-crt-environment-l1-1-0.dll	2018/12/7 14:56	应用程序扩展	19 KB
api-ms-win-crt-filesystem-l1-1-0.dll	2018/12/7 14:56	应用程序扩展	21 KB
api-ms-win-crt-heap-l1-1-0.dll	2018/12/7 14:56	应用程序扩展	20 KB
api-ms-win-crt-locale-l1-1-0.dll	2018/12/7 14:56	应用程序扩展	19 KB
api-ms-win-crt-math-l1-1-0.dll	2018/12/7 14:56	应用程序扩展	28 KB
api-ms-win-crt-multibyte-l1-1-0.dll	2018/12/7 14:56	应用程序扩展	27 KB
api-ms-win-crt-private-l1-1-0.dll	2018/12/7 14:56	应用程序扩展	70 KB
api-ms-win-crt-process-l1-1-0.dll	2018/12/7 14:56	应用程序扩展	20 KB
api-ms-win-crt-runtime-l1-1-0.dll	2018/12/7 14:56	应用程序扩展	23 KB
api-ms-win-crt-stdio-l1-1-0.dll	2018/12/7 14:56	应用程序扩展	25 KB
api-ms-win-crt-string-l1-1-0.dll	2018/12/7 14:56	应用程序扩展	25 KB
api-ms-win-crt-time-l1-1-0.dll	2018/12/7 14:56	应用程序扩展	21 KB
api-ms-win-crt-utility-l1-1-0.dll	2018/12/7 14:56	应用程序扩展	19 KB
concrt140.dll	2018/12/7 14:56	应用程序扩展	328 KB
msvcp140.dll	2018/12/7 14:56	应用程序扩展	625 KB
ucrtbase.dll	2018/12/7 14:56	应用程序扩展	960 KB
vccorlib140.dll	2018/12/7 14:56	应用程序扩展	387 KB
vcruntime140.dll	2018/12/7 14:56	应用程序扩展	88 KB
xsetup	2018/12/7 14:56	文件	4 KB
xsetup.exe	2018/12/7 15:52	应用程序	439 KB

图 3-8　Vivado 安装

在 Welcome 界面中，如果下载的不是最新版本，系统会询问用户是否下载最新版本，这里直接选择 Continue 继续进行当前版本的安装，随后单击 Next，如图 3-9 所示。

在 Accept License Agreements 界面中会出现关于 Xilinx 的所有协议，将三个 I Agree 选项全部勾选后单击 Next，如图 3-10 所示。

在 Select Edition to Install 界面中，要求用户选择所要安装的版本，勾选 Vivado HL System Edition 后单击 Next，如图 3-11 所示。

在 Vivado HL System Edition 界面中，用户需要选择所安装的插件，这里不做修改，直接单击 Next，如图 3-12 所示。

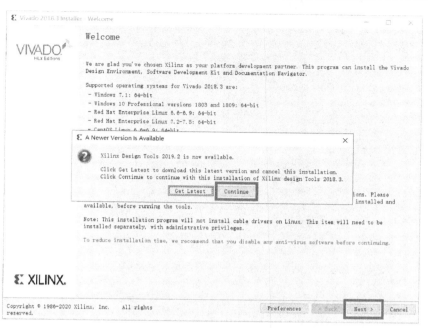

图 3-9　Welcome 界面

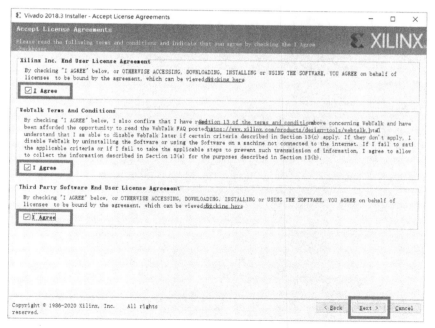

图 3-10　Accept License Agreements 界面

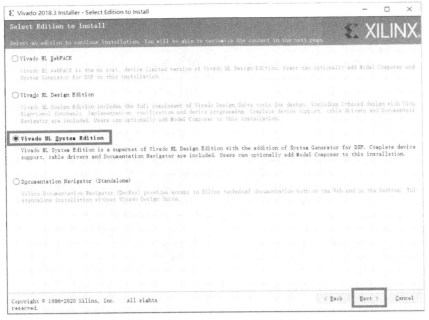

图 3-11　Select Edition to Install 界面

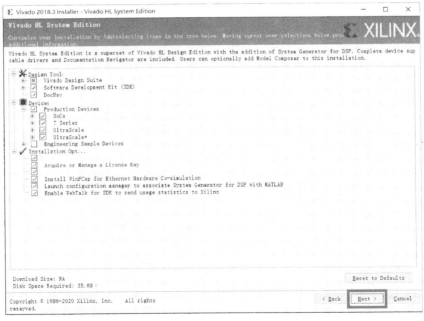

图 3-12　Vivado HL System Edition 界面

在 Select Destination Directory 界面会让用户选择安装的目录，可在 D 盘新建一个 Xilinx_Vivado 文件夹，切记 Vivado 下载和安装的文件路径都不能包含中文名称或空格。其他的选项保持不变。由于笔者在此之前已经安装过一次，因此取消勾选 Create program group entries，读者只需要保持默认选项不变，单击 Next，如图 3-13 所示。

图 3-13　Select Destination Directory 界面

在 Installation Summary 界面中会显示用户之前所选择的安装信息，直接单击 Install，如图 3-14 所示。

随后会进入如图 3-15 所示的 Installation Progress 界面，可能需要花费较长的时间，读者需要耐心等待，安装过程会弹出对话框询问用户是否安装 WinPcap，选择安装，依次单击确定→Next→I agree→Install→Finish。之后还会弹出 Select a MATLAB 的对话框，此步可以不进行选择，直接单击 OK 即可。软件安装全部完成后会弹出安装成功的提示框，单击确定，此过程较为简单，笔者不再用图片一一进行展示。

安装完成后会弹出添加 License 的对话框，单击左侧 Get License 目录下的 Load License，然后单击右侧的 Copy License，如图 3-16 所示。

在弹出的 Select License File 对话框中找到 License 路径，在 Vivado/license 路径下，选中 vivadoLicense.lic，并单击打开，如图 3-17 所示。

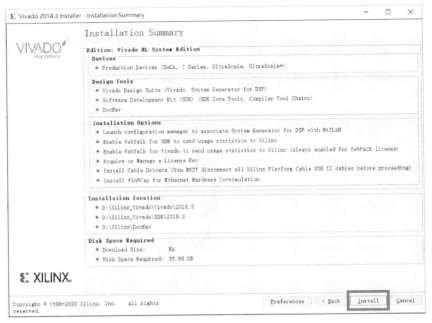

图 3-14　Installation Summary 界面

图 3-15　Installation Progress 界面

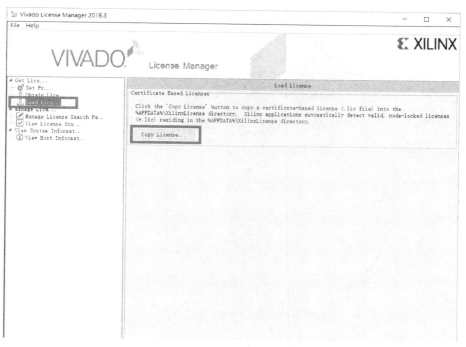

图 3-16　添加 License 对话框

图 3-17　选择 License 文件

完成后会弹出添加成功的提示框，如图 3-18 所示。

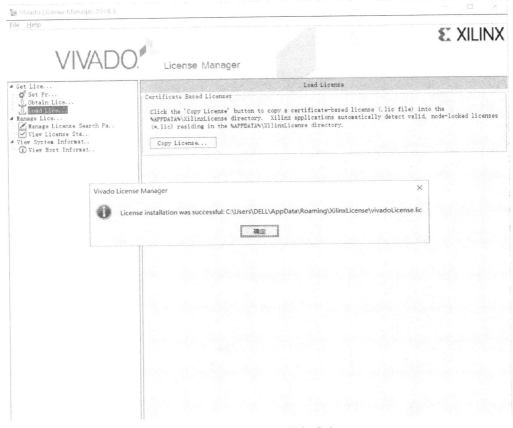

图 3-18　License 添加成功

如果在上述过程中没有出错的话，那么恭喜你，你已经成功安装了 Xilinx Vivado 集成环境。笔者随后将通过一个简单的实验，进一步介绍 Vivado 集成环境的使用和开发流程。

⊙ 3.2.2　Vivado 集成环境的开发流程

Vivado 是 Xilinx 公司于 2012 年发布的集成设计环境，由于在 Xilinx 推出 7 系列芯片包括 Artix-7、Kintex-7 和 Virtex 三个子系列之后，不再支持 ISE 软件，用户只能使用 Vivado 开发电路设计。与 ISE 软件相比，Vivado 更强调对软件硬件全面可编程的支持，设计环境集成性更高。以设计一个 4 位加法器为例，向读者展示如图 3-19 所示的 Vivado 集成环境一般设计流程。

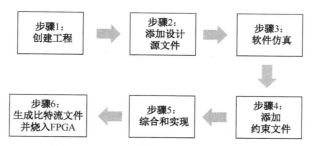

图 3-19　Vivado 集成环境一般设计流程

3.2.2.1　创建工程

双击桌面上的 Vivado 2018.3 快捷方式，进入开始界面。单击 Create Project，如图 3-20 所示。

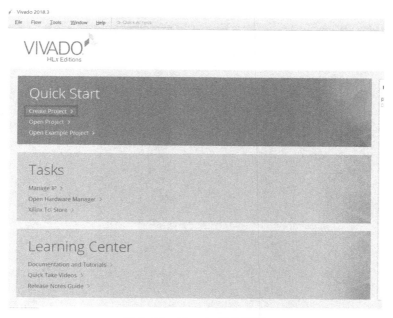

图 3-20　Vivado 开始界面

打开 New Project 向导后，直接单击 Next，如图 3-21 所示。

在 Project name 一栏中输入 add4 作为工程名，在 Project location 一栏中选择工作路径，注意路径中一定不要有中文名，这里我们选择的路径为 D:\ws_Vivado。同时勾选 Create project subdirectory，勾选后会在工作路径中自动创建一个文件名与工程名相同的文件夹，用于存放整个工程，如果不勾选此项，将直接在工作路径下创建工程。单击 Next，如图 3-22 所示。

图 3-21　Create a New Vivado Project 界面

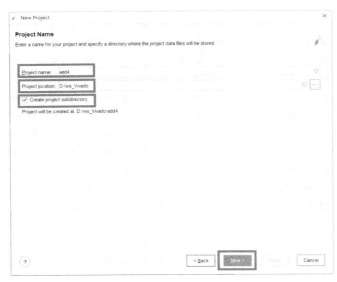

图 3-22　Project Name 界面

在 Project Type 界面中选中 RTL Project 单选框，表示将创建基于 RTL 的工程。同时勾选 Do not specify sources at this time 选项，此项用于选择在新建工程的过程中是否添加源文件，勾选后会跳过添加源文件的步骤，在之后的设计过程中再进行添加。单击 Next，如图 3-23 所示。

图 3-23　Project Type 界面

在 Default Part 界面中，上方的 Parts 一栏用于选择 Vivado 2018.3 所支持芯片型号，而 Boards 一栏用于选择 Vivado 2018.3 所支持的开发板。选中 Parts 一栏，在 Family 下拉列表中选择 Artix-7，在 Package 下拉列表中选择 csg324，然后在 Part 列表中选择 xc7a100tcsg324-1，也可直接在 Search 一栏中输入 xc7a100tcsg324-1，选中后单击 Next，如图 3-24 所示。

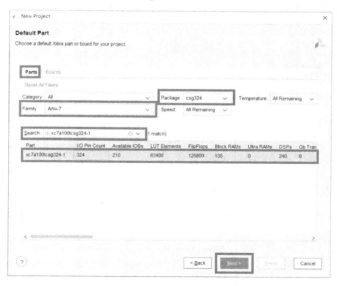

图 3-24　Default Part 界面

New Project Summary 界面会显示所有与创建工程相关的信息，在确认无误后直接单击 Finish 完成工程创建，如图 3-25 所示。

图 3-25　New Project Summary 界面

3.2.2.2　添加设计源文件

在工程创建完成后，会进入工程主界面，首先要创建设计源文件。在中间 Sources 窗口的空白处单击右键，随后单击 Add Sources，如图 3-26 所示。

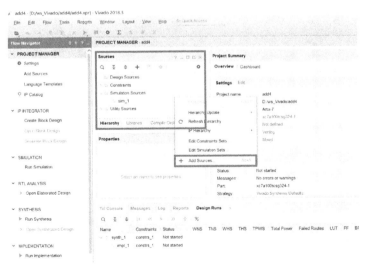

图 3-26　添加源文件

在打开的 Add Sources 界面中选中 Add or create design sources 进行设计源文件的创建，单击 Next，如图 3-27 所示。

图 3-27　Add Sources 界面（设计源文件创建）

在 Add or Create Design Sources 界面中选择 Create File 创建新的源文件，接下来在 File name 一栏中输入 add4 作为源文件名称，其他选项保持默认不变，单击 OK 后，再单击 Finish 完成创建，如图 3-28 所示。

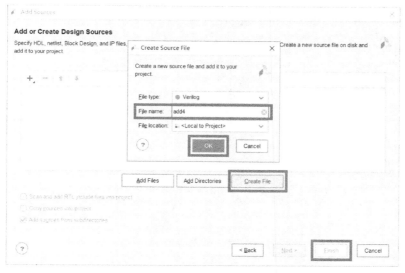

图 3-28　Add or Create Design Sources 界面

创建完成后会自动弹出一个 Define Module 界面，该界面用于设置模块的 I/O 端口，可以先单击 Cancel，在模块编写完成之后再对 I/O 端口进行设置，如图 3-29 所示。

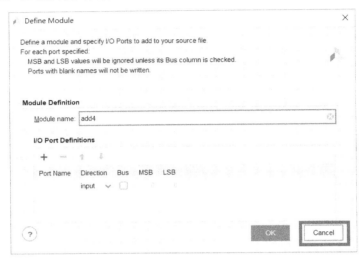

图 3-29　Define Module 界面

完成上述步骤后，在主界面的 Sources 窗口下的 Design Sources 目录中可以看到刚刚创建的 add4.v 文件，双击可对其进行编辑，如果此文件出现在 Non-module Files 子目录下，不要担心，编辑完成后会自动修正。在此我们要设计一个简单的 4 位加法器，分别定义两个 4 位的输入信号和一个 4 位的输出信号，在创建的 add4.v 文件中添加如图 3-30 所示代码。

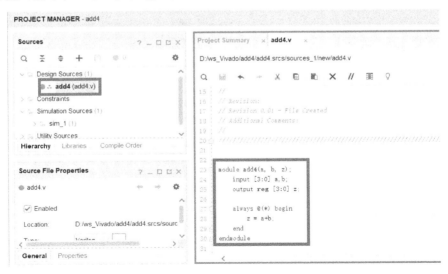

图 3-30　编辑 add4.v 文件

3.2.2.3　软件仿真

软件仿真可以快速验证所编写的模块是否正确，为了提高开发效率，通常在将比特流下载到开发板之前，先要对系统进行仿真。在进行软件仿真时，通常要新建一个测试文件，该文件产生的输入信号起到激励作用，通过检测目标文件的输出是否与预期符合来验证模块的正确性，该测试文件叫作 testbench。添加测试文件的过程与添加设计源文件的过程基本一致，在 Sources 窗口的空白处单击右键，在弹出的菜单栏中选择 Add Sources 选项，读者如果忘记了如何添加源文件可以参考图 3-26。在 Add Sources 界面中选中 Add or create simulation sources 一项，单击 Next，如图 3-31 所示。

图 3-31　Add Sources 界面（测试文件创建）

在 Add or Create Simulation Sources 界面中单击 Create File 按钮，随后在 File name 一栏中输入 add4_tb 作为仿真文件名，其他选项保持不变，单击 OK 后，再单击 Finish，如图 3-32 所示。

创建完成后仍然会自动弹出 Define Module 界面用于设置 I/O 端口，由于 testbench 本身没有端口，故直接单击 Cancel 关闭该界面，此步不再展示图片。

在主界面 Sources 窗口下的 Simulation Sources/sim_1 目录下可以看到刚刚创建的 add4_tb.v 文件，双击可进行编辑。如果该文件出现在 Non-module Files 子目录下，也不用担心，编辑完成后会自动修正，在 add4_tb.v 文件中添加如图 3-33 所示的测试代码。

图 3-32　Add or Create Simulation Sources 界面

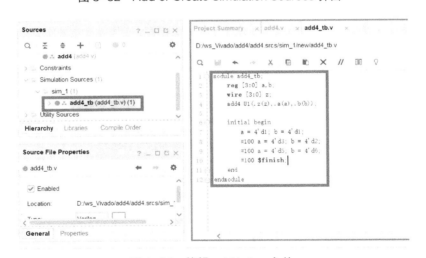

图 3-33　编辑 add4_tb.v 文件

输入完成后保存，在左侧的 Flow Navigator 一栏中找到 SIMULATION，单击其目录下的 Run Simulation，在其下方会出现新的菜单栏，单击其中的 Run Behavioral Simulation 开始仿真，该仿真又被称为行为级仿真，如图 3-34 所示。

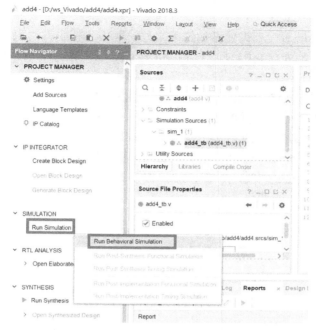

图 3-34　行为级仿真

　　仿真结束后，如果没有报错，会出现如图 3-35 所示的界面。在 Scope 面板中可以选择要仿真的模块，选择后仿真模块的输入输出值将会出现在 Objects 面板中。在 Objects 面板上可以右键单击某一个变量再单击 Add to Wave Window 将该变量的值添加到仿真窗口。Untitled 1 面板即为仿真结果的波形图，从结果可以看出该 4 位加法器模块编写正确。

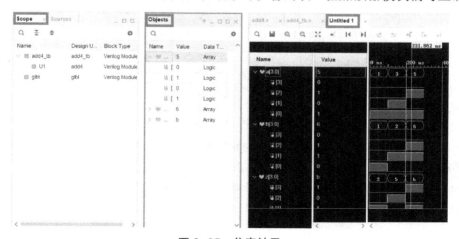

图 3-35　仿真结果

3.2.2.4 添加约束文件

在行为仿真成功过后，就需要添加约束文件，其中包括引脚约束和时序约束。引脚约束是指将用户所设计功能模块中的 I/O 端口和 FPGA 芯片的物理 I/O 引脚连接起来。时序约束用于设置期望的时钟属性，让设计的逻辑能够正常稳定地工作。在综合和实现的过程中，EDA 工具会对电路进行优化，使其尽量满足时序约束，优化完成后产生时序报告，告诉用户实际时序和期望时序之间的差异。

添加约束文件与添加其他文件的方法类似，在 Sources 窗口的空白处单击右键，在弹出的菜单中选择 Add Sources 选项，读者如有遗忘可参考图 3-26。在 Add Sources 界面中选择 Add or create constraints 一项，单击 Next，如图 3-36 所示。

图 3-36 Add Sources 界面（约束文件创建）

在 Add or Create Constraints 界面中，单击 Create File，在 File name 一栏中输入 add4_xdc 作为文件名称，其他选项保持默认不变，单击 OK，随后单击 Finish 完成约束文件的创建，如图 3-37 所示。

创建完成后，在主界面 Sources 窗口下的 Constraints/constrs_1 目录下可以看到刚刚创建的 add4_xdc.xdc 文件，双击可对其进行编辑。在该文件中输入代码对引脚进行绑定，如图 3-38 所示，其中 FPGA 芯片的物理 I/O 引脚写在 PACKAGE_PIN 之后，功能模块中的 I/O 端口写在 get_ports 之后。如果该端口是寄存器或数组类型的，应该在该端口两端加上花括号。

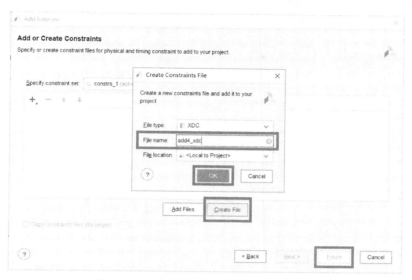

图 3-37　Add or Create Constraints 界面

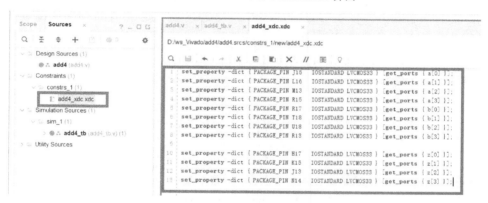

图 3-38　编辑 add4_xdc.xdc 文件

3.2.2.5　综合和实现

在 Flow Navigator 一栏中找到 SYNTHESIS，单击其目录下的 Run Synthesis，在随后打开的界面中直接单击 OK 进行工程综合，如图 3-39 所示。

如果综合过程中没有报错，Vivado 会弹出一个界面让用户选择下一项任务。如果用户需要继续进行实现，可以选中 Run Implementation，单击 OK，如图 3-40 所示。如果用户想查看综合报告，可以选中 View Reports。用户也可在 Flow Navigator 一栏中找到 IMPLEMENTATION，单击其目录下的 Run Implementation 进行实现。

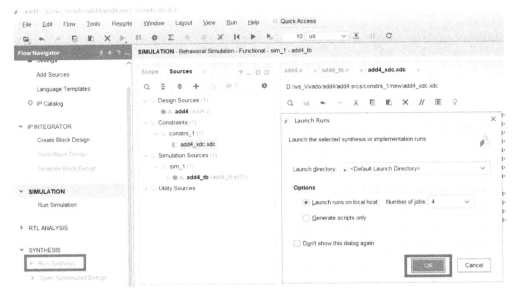

图 3-39　工程综合

图 3-40　Synthesis Completed 界面

选择 Run Implementation 后，在弹出的界面中直接单击 OK，如图 3-41 所示。

3.2.2.6　生成比特流文件并烧入 FPGA

实现完成后，如果没有报错，Vivado 会弹出一个界面让用户选择下一项任务。如果用户需要生成比特流文件，可以选中 Generate Bitstream，单击 OK，如图 3-42 所示。如果用户需要查看实现报告，可以选中 View Reports。用户也可以在 Flow Navigator 一栏中找到 PROGRAM AND DEBUG，单击其目录下的 Generate Bitstream 产生比特流文件。

图 3-41　Launch Runs 界面

图 3-42　Implementation Completed 界面

选择 Generate Bitstream 后，在弹出的界面中直接单击 OK，如图 3-43 所示。

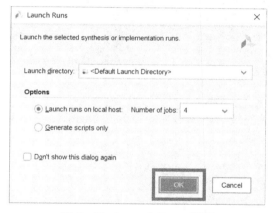

图 3-43　Launch Runs 界面

　　比特流文件生成成功后，Vivado 会弹出一个界面让用户选择下一项任务，如果用户要打开硬件管理设备进行 FPGA 的烧写配置，可以选中 Open Hardware Manager，单击 OK，如图 3-44 所示。如果用户需要查看生成比特流的文件报告，可以选中 View Reports。用户也可以在 Flow Navigator 一栏中找到 PROGRAM AND DEBUG，单击其目录下的 Open Hardware Manager 打开硬件管理设备。

　　打开 Hardware Manager 之后，Vivado 会进入硬件设置界面，这时需要先将 Nexys A7 用 USB 线和电脑连接起来，Nexys A7 的连接方式如图 3-45 所示，在确认跳线设置为 USB 供电模式之后，打开 Nexys A7 开发板的电源。

图 3-44　Bitstream Generation Completed 界面

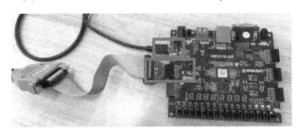

图 3-45　Nexys A7 开发板的连接方式

在全部驱动程序安装完成后，单击界面上方的 Open target，在弹出的快捷菜单中单击 Auto Connect，如图 3-46 所示。

图 3-46　打开并连接开发板

如果设备连接无误，则用户可以在 Hardware 窗口看到 Vivado 已经能检测到 Nexys A7 JTAG 扫描链上的 Artix-7 100T FPGA。单击界面上方新出现的 Program device，在弹出的快捷菜单中单击 xc7a100t_0，如图 3-47 所示。

图 3-47　FPGA 连接界面

在弹出的窗口中，检查选中的比特流文件是否正确。准确无误后，直接单击 Program 将文件烧写到 Nexys A7 开发板的 FPGA 中，接下来就可以通过拨动开关观察 LED 灯的变化来验证烧入开发板的程序是否正确。

如果硬件电路的功能完全符合预期结果，那么再一次恭喜你，你的第一个 Vivado 项目开发就算是完成了！虽然说该项目比较简单，但对于初学者用于理解 Vivado 集成环境来说也是相当有用，希望读者在接下来的开发中能够熟练掌握这一过程，灵活运用 Vivado 中各种方便快捷的开发工具，以具备更高的开发水准。

第 4 章

SiFive Freedom E300 SoC 的
原理与实验

本章简要介绍了 Verilog HDL（Hardware Description Language，硬件描述语言）的基本语法，这是进行后续 FPGA 实验设计所必须掌握的基础知识。本章也给出了可综合的概念，指出优良的代码风格及设计时应遵循的原则，希望读者从中体会到 Verilog HDL 的开发技巧，初步具备 Verilog HDL 设计、开发的能力。接着介绍了基于 Xilinx 芯片的 Verilog HDL 开发技术，介绍了 Xilinx 公司 FPGA 器件的硬件原语，以及典型原语的使用方法。特别需要强调的一点是，全面掌握原语是高级 Xilinx FPGA 开发人员的一项基本要求。

虽然 Verilog HDL 包含一些用于编程式硬件设计的特性，但是它们缺乏现代编程语言中存在的强大功能，例如，面向对象编程、类型推断、对函数式编程的支持。Chisel 语言有许多优于传统 Verilog HDL 的地方，最终实验的 SiFive Freedom E300 平台就是由 Chisel 语言所开发的。因此，本章介绍 SiFive Freedom E300 平台与 E31 内核的基本组成，介绍如何在 SiFive Freedom SoC 生成器平台集成 Verilog IP 的方法，最终完成 Freedom E300 在 Nexys A7 开发板上的硬件设计流程。

4.1 Verilog HDL 简介

随着 EDA 技术的发展，使用硬件语言设计 FPGA 原型设计成为一种趋势。目前最主要的硬件描述语言是 VHDL 和 Verilog HDL。VHDL 发展较早，语法严格。而 Verilog HDL 是在 C 语言的基础上发展而成的一种硬件描述语言，语法较自由。VHDL 和 Verilog HDL 相比，VHDL 的书写规则和语法要求很严格，如不同的数据类型之间不容许相互赋值而需要转换，初学者写得不规范的代码在编译时会报错。而 Verilog HDL 则比较灵活，但常导致某些时候综合的结果可能不是程序员想要的结果。根据笔者在芯片设计业界 20 年的经验总结，我国使用 Verilog HDL 的公司远远比使用 VHDL 的公司多，所以在此着重介绍 Verilog HDL。

Verilog HDL 能形象化地抽象表示电路的行为和结构，同时支持层次设计中逻辑和范围的描述。设计时可借用高级语言的精巧结构来简化电路行为的描述。该语言具有电路仿真与验证机制，可以保证设计的正确性，同时支持电路描述由高层到低层的综合转换，且硬件描述与实现工艺无关，易于理解，设计灵活。Verilog HDL 借助一些 C 语言的技巧能较容易掌握，是目前 FPGA 编程最常用的工具之一。本章将从实用的角度出发，简要介绍 Verilog HDL 的语法规则和程序的可综合性，并给出设计代码的一些原则。如果读者想要了解 Verilog HDL 更多的细节，可参考关于 Verilog HDL 的专著。

⊛ 4.1.1　数据类型

4.1.1.1　wire 类型

wire 类型数据表示用于以 assign 关键字赋值的组合逻辑信号。在 Verilog HDL 的 module 中，输入/输出信号类型默认时自动定义为 wire 型。wire 型信号可以用作任何表达式的输入，也可以用作 assign 语句或实例元件的输出。其格式如下：

```
wire [n-1:0] 数据名1,数据名2,…,数据名i;
或
wire [n:1] 数据名1,数据名2,…,数据名i;
```

wire 是 wire 型数据的确认符，[n-1:0]和[n:1]代表该数据的位宽，即该数据有几位。最后跟着的是数据的名字。如果一次定义多个数据，数据名之间用逗号隔开。

```
wire  a;              //定义了一个一位的wire型数据
wire [7:0] b;         //定义了一个八位的wire型数据
wire [4:1] c, d;      //定义了两个四位的wire型数据
```

4.1.1.2　reg 类型

寄存器是数据储存单元的抽象，寄存器数据类型的关键字为 reg。通过赋值语句可以改变寄存器储存的值，其作用与改变触发器储存的值相当。reg 型数据常用来表示用于 always 模块内的指定信号，常用来代表触发器。通常，在设计中要由 always 块通过使用行为描述语句来表达逻辑关系。在 always 块内被赋值的每一个信号都必须定义成 reg 类型，reg 类型数据的默认初始值为不定值 X。reg 类型数据的格式如下：

```
reg [n-1:0] 数据名1,数据名2,…,数据名i;
或
reg [n:1]    数据名1,数据名2,… ,数据名i;
```

reg 是 reg 类型数据的确认标识符，[n-1:0]和[n:1]代表该数据的位宽，即该数据有几位

（bit）。最后跟着的是数据的名字。如果一次定义多个数据，数据名之间用逗号隔开。声明语句的最后要用分号表示语句结束。下面举几个例子说明：

```
reg  rega;                 //定义了一个一位的名为rega的reg型数据
reg [3:0]  regb;           //定义了一个四位的名为regb的reg型数据
reg [4:1]  regc, regd;     //定义了两个四位的名为regc和regd的reg型数据
```

4.1.1.3　memory 类型

Verilog HDL 通过对 reg 型变量建立数组来对存储器建模，可以用来描述 RAM 型存储器、ROM 存储器和寄存器文件。数组中的每一个单元通过一个数组索引进行寻址。在 Verilog HDL 中没有多维数组存在。memory 类型数据是通过扩展 reg 类型数据的地址范围来生成的。其格式如下：

```
reg [n-1:0] 存储器名[m-1:0];
或
reg [n-1:0] 存储器名[m:1];
```

在这里，reg[n-1:0]定义了存储器中每一个存储单元的大小，即该存储单元是一个 n 位的寄存器。存储器名后的[m-1:0]或[m:1]则定义了该存储器中有多少个这样的寄存器。最后用分号结束定义语句。下面举例说明：

```
reg [7:0]  mema[255: 0];
```

这个例子定义了一个名为 mema 的存储器，该存储器有 256 个 8 位的存储器，该存储器的地址范围是 0 到 255。对存储器进行地址索引的表达式必须是常数表达式。另外，在同一个数据类型声明语句里，可以同时定义存储器型数据和 reg 类型数据。参见以下范例：

```
parameter  wordsize=16,       //定义两个参数
memsize=256;
reg [wordsize-1:0] mem[memsize-1:0],writereg, readreg;
```

memory 类型数据和 reg 类型数据的定义格式很相似，读者需要注意它们不同之处，一个由 n 个 1 位寄存器构成的存储器组不同于一个 n 位的寄存器。参见以下范例：

```
reg [n-1:0] rega;          //一个n位的寄存器
reg mema [n-1:0];          //一个由n个1位寄存器构成的存储器组
```

一个 n 位的寄存器可以在一条赋值语句里进行赋值，而一个完整的存储器则不行。参见以下范例：

```
rega =0;       //合法赋值语句
mema =0;       //非法赋值语句
```

如果想对 memory 中的存储单元进行读写操作，则必须指定该单元在存储器中的地址。下面是正确的写法。

```
mema[3]=0;     //给memory中的第3个存储单元赋值为0
```

进行寻址的地址索引可以是表达式，这样就可以对存储器中的不同单元进行操作。表达式的值可以取决于电路中其他寄存器的值。

⊙ 4.1.2　数据表示

4.1.2.1　数字的表达
整数的表达方式

● <位宽><进制> <数字>，这是比较全面的描述方式。
● <进制><数字>，在这种描述方式中，数字的位宽采用默认位宽。
● <数字>，在这种描述方式中，采用默认的十进制。

对于<进制>的表示：二进制整数用 b 或 B 表示，十进制整数用 d 或 D 表示，十六进制整数用 h 或 H 表示，八进制整数用 o 或 O 表示。具体用法示例如下：

```
8'b10101111        //位宽为8的数的二进制表示，'b 表示二进制
4'ha               //位宽为4的数的十六进制，'h表示十六进制
```

下划线可以用来分隔开数的表达，以提高程序可读性，但不可以用在位宽和进制处，只能用在具体的数字之间。参见以下范例：

```
16'b1010_ 1011 1111 1010    //合法格式
8'b_ 0011 1010              //非法格式
```

x 和 z 值

在数字电路中，x 代表不定值，z 代表高阻值。一个 x 可以用来定义十六进制数的四位二进制数的状态，八进制数的三位，二进制数的一位。z 的表示方式与 x 类似。z 还有一种表达方式是可以写作?。在使用 case 表达式时建议使用这种写法，以提高程序的可读性。参见以下范例：

```
4'b10x0      //位宽为4的二进制数从低位数起第二位为不定值
4'b101z      //位宽为4的二进制数从低位数起第一位为高阻值
12'dz        //位宽为12的十进制数其值为高阻值（第一种表达方式）
12'd?        //位宽为12的十进制数其值为高阻值（第二种表达方式）
8'h4x        //位宽为8的十六进制数其低四位值为不定值
```

负数

一个数字可以被定义为负数，只需在位宽表达式前加一个减号。减号必须写在数字定义表达式的最前面。读者需要注意，减号不可以放在位宽和进制之间，也不可以放在进制和具体的数之间。参见以下范例：

```
-8'd5        //这个表达式代表5的补数（用八位二进制数表示）
8'd-5        //非法格式
```

4.1.2.2　parameter 定义常量

`parameter` 可用来定义一个标识符代表一个常量，称为符号常量，即标识符形式的常量。采用标识符代表一个常量可提高程序的可读性和可维护性。parameter 型数据是一种常数型的数据，其说明格式如下：

```
        parameter参数名1=表达式, 参数名2=表达式, …;
```

parameter 是参数型数据的确认符, 确认符后接着一个用逗号分隔开的赋值语句表。在每一个赋值语句的右边必须是一个常数表达式。也就是说该表达式只能包含数字, 或是先前已定义过的参数, 用法范例如下。参数型常数经常用于定义延迟时间和变量宽度, 在模块或实例引用时可通过参数传递改变在被引用模块或实例中已定义的参数。

```
    parameter DW = 32;              //定义参数DM为常量32
    parameter e=25, f= 29;          //定义二个常数参数
    parameter r=5.7;                //声明r为一个实型参数
```

4.1.2.3 宏定义'define

用一个指定的标识符（即名字）来代表一个字符串, 它的一般形式如下:

```
    'define标识符（宏名）字符串（宏内容）
```

其作用是用指定的宏名来代替后面的宏内容, 宏名一般使用大写字母以区别变量名, 用法范例如下:

```
    'define E203_ ADDR SIZE 16    //用E203_ADDR_SIZE 来代替16
    'define E203_ PC_ SIZE  16    //用E203_PC_SIZE来代替16
```

在引用已定义的宏名时, 必须在宏名的前面加上符号 ""', 表示该名字是一个经过宏定义的名字, 用法范例如下:

```
    output [ 'E203_ PC SIZE- 1:0] inspect. Pc
```

⊙ 4.1.3 运算符及表达式

Verilog HDL 的运算符范围很广, 其运算符按其功能可分为以下几类。

4.1.3.1 算术运算符（+, –, *, /, %）

- +: 加法运算符, 或正值运算符, 如 rega+regb, +3。
- –: 减法运算符, 或负值运算符, 如 rega-3, -3。
- *: 乘法运算符, 如 rega* 3。
- /: 除法运算符, 如 5/3。
- %: 模运算符或称为求余运算符, 要求%两侧均为整型数据, 如 7%3 的值为 1。

4.1.3.2 赋值运算符（=, <=）

阻塞赋值与非阻塞赋值

信号有两种赋值方式, 即阻塞赋值方式和非阻塞赋值方式。

（1）非阻塞（Non Blocking）赋值方式（<=）

- 块结束后才完成赋值操作。

- 值并不是立刻就改变的。
- 这是一种比较常用的赋值方法，绝大多数情况下使用非阻塞赋值。

（2）阻塞（Blocking）赋值方式（=）

- 赋值语句执行完后，块才结束。
- 值在赋值语句执行完后立刻改变。
- 可能会取得意想不到的结果。

非阻塞赋值方式和阻塞赋值方式的区别常给设计人员带来问题，主要是 always 块内的 reg 型信号的赋值方式不易把握。到目前为止，always 模块内的 reg 型信号都是采用下面的这种赋值方式。这种方式的赋值并不是马上执行的，也就是说 always 块内的下一条语句执行后，b 并不等于 a，而是保持原来的值。always 块结束后，才进行赋值。

```
b <= a;
```

而另一种赋值方式阻塞赋值方式如下所示，这种赋值方式是马上执行的。也就是说执行下一条语句时，b 已等于 a。

```
b = a;
```

虽然这种方式看起来很直观，但是可能引起麻烦，见代码清单 4-1 说明。代码清单 4-1 中的 always 块中用了非阻塞赋值方式，定义了两个 reg 型信号 b 和 c。clk 信号的上升沿到来时，b 就等于 a，c 就等于 b，这里用到了两个触发器。

代码清单 4-1

```
always @( posedge clk )
    begin
        b<=a;
        c<=b;
    end
```

读者需要注意，赋值是在 always 块结束后执行的，c 应为原来 b 的值。见代码清单 4-2 说明，代码清单 4-2 中的 always 块用了阻塞赋值方式。clk 信号的上升沿到来时，将发生如下的变化：b 马上取 a 的值，c 马上取 b 的值（即等于 a）。生成的电路只用了一个触发器来触发寄存器 a 的值，并且输出给 b 和 c。这不是设计者的初衷，如果采用代码清单 4-1 所示的非阻塞赋值方式，就可以避免这种错误。

代码清单 4-2

```
always @(posedge clk)
    begin
        b=a;
```

097◀◀◀

```
        c=b;
    end
```

时序逻辑中的阻塞与非阻塞

　　首先来看一个用阻塞赋值语句实现的简单时序逻辑的 D 触发器，见代码清单 4-3。代码清单 4-3 执行后的结果并不能得到所期望的逻辑电路。根据阻塞赋值语句的执行过程可以得到执行后的结果是 q1=d，q2=q1。如何才能得到所需要的电路呢？如果把 always 块中的两个赋值语句的次序颠倒后再进行分析：先把 q1 的值赋予 q2，再把 d 赋予 q1，这样，q1 和 q2 的值就不再都是 d 了，满足了设计的要求。

代码清单 4-3　使用 Verilog 实现 D 触发器

```verilog
module ex2 (clk,d,q1,q2)
    input clk,d;
    output q1,q2;
    reg q1,q2;
 always @ (posedge clk) begin
    q1=d;
    q2=q1;
    end
endmodule
```

　　如果用非阻塞赋值来实现，就会发现，不管两条语句的次序如何，都能满足要求。如果把寄存器从 2 个变为 3，4，…，n 个，语句的次序会更多。不同的次序对阻塞赋值会有不同的结果，但非阻塞赋值语句的结果都是一样的。所以，好的编程风格是对时序逻辑建模采用非阻塞式赋值，遵循以下好的编码风格，可以大大减少设计中的错误，并有效提高设计效率。

- 对组合逻辑建模采用阻塞式赋值。
- 对时序逻辑建模采用非阻塞式赋值。
- 用多个 always 块分别对组合和时序逻辑建模。
- 尽量不要在同一个 always 块里面混合使用阻塞赋值和非阻塞赋值。如果在同一个 always 块里面既为组合逻辑建模又为时序逻辑建模，应该使用非阻塞赋值。

4.1.3.3　关系运算符（<，>，<=，>=）

　　关系运算符共有四种。在进行关系运算时，如果声明的关系是假的（flase），则返回值是 0；如果声明的关系是真的（true），则返回值是 1；如果某个操作数的值不定，则关系是模糊的，返回值是不定值。

- a < b   a 小于 b
- a > b   a 大于 b
- a <= b   a 小于或等于 b
- a >= b   a 大于或等于 b

所有的关系运算符有相同的优先级别。关系运算符的优先级别低于算术运算符的优先级别。从以下说明可以看出这两种不同运算符的优先级别。计算表达式 size-（1<a）时，关系表达式先被运算，然后返回结果值 0 或 1 被 size 减去。而计算表达式 size-1<a 时，size 先被减去 1，然后再同 a 相比。

```
a < size-1           //这种表达方式等同于下面
a < (size-1)
size - ( 1 < a )     //这种表达方式不等同于下面
size - 1 < a
```

4.1.3.4 逻辑运算符（&&，||，!）

- &&逻辑与
- ||逻辑或
- !逻辑非

&&和||是双目运算符，它要求有两个操作数，如（a>b）&&（b>c）或（a<b）||（b<c）。!是单目运算符，只要求一个操作数，如!（a>b）。

逻辑与和逻辑或是双目运算符，逻辑非是单目运算符。如果操作数是多位的，则将操作数看作整体，若操作数中每一位都是 0 值，则为逻辑 0 值；若操作数当中有 1，则为逻辑 1 值。

4.1.3.5 条件运算符（?:）

条件运算符的格式如下：

```
y=x? a: b;
```

条件运算符有 3 个操作数，若第一个操作数 y=x 是 true，则算子返回第二个操作数 a，否则返回第三个操作数 b。

```
wire y:
assign y= (s1== 1)? a; b;
```

嵌套的条件运算符可以实现多路选择。

```
wire[1:0]s;
assign s=(a> =2)? 1: (a<0)? 2: 0;
//当a> =2时，s=1；当a<0时，s=2；在其余情况下，s=0。
```

4.1.3.6 位运算符（~，|，^，&，^~）

- "取反"运算符~：这是一个单目运算符，用来对一个操作数进行按位取反运算。
- "按位与"运算符&：按位与运算就是将两个操作数的相应位进行与运算。
- "按位或"运算符|：按位或运算就是将两个操作数的相应位进行或运算。
- "按位异或"运算符^（也称为 XOR 运算符）：按位异或运算就是将两个操作数的相应位进行异或运算。
- "按位同或"运算符^~：按位同或运算就是将两个操作数的相应位先进行异或运算再进行非运算。
- 不同长度的数据进行位运算：两个长度不同的数据进行位运算时，系统会自动将两者按右端对齐。位数少的操作数会在相应的高位用 0 填满，以使两个操作数按位进行操作。

4.1.3.7 移位运算符（<<，>>）

<<（左移位运算符）和>>（右移位运算符）的使用方法如下。a 代表要进行移位的操作数，n 代表要移几位。

```
a>> n或a<<n
```

这两种移位运算都用 0 来填补移出的空位。

```
4'b1001 <<2 = 6'b100100;
4'b1011 <<2 = 6'b101100;
4'b1101>> 1 = 4'b0110
```

4.1.3.8 拼接运算符（{ }）

这个运算符可以把两个或多个信号的某些位拼接起来进行运算操作。其使用方法为：

```
{信号1的某几位，信号2的某几位，…，…，信号n的某几位}
```

即把某些信号的某些位详细地列出来，中间用逗号分开，最后用大括号括起来表示一个整体信号。参见以下范例：

```
{a,b[3:0],w,3'b101}
```

也可以写成为如下表示方式。

```
{a,b[3],b[2],b[1],b[0],w,1'b1,1'b0,1'b1}
```

在位拼接表达式中不允许存在没有指明位数的信号。这是因为在计算拼接信号的位宽的大小时，必须知道其中每个信号的位宽。位拼接还可以用重复法来简化表达式。参见以下范例：

```
{4{w}}          //这等同于{w,w,w,w}
```

位拼接还可以用嵌套的方式来表达。参见以下范例：

```
{b,{3{a,b}}}        //这等同于{b,a,b,a,b,a,b}
```

用于表示重复的表达式中，如以上范例中的 4 和 3，必须是常数表达式。

4.1.3.9 一元约简运算符

一元约简运算符是单目运算符，其运算规则类似于位运算符中的与、或、非，但其运算过程不同。约简运算符对单个操作数进行运算，最后返回一位数，其运算过程为：首先将操作数的第一位和第二位进行与、或、非运算，然后将运算结果和第三位进行与、或、非运算，依次类推，直至最后一位。常用的约简运算符的关键字和位操作符关键字一样，仅仅有单目运算和双目运算的区别。代码清单 4-4 给出一元简约运算符的 Verilog HDL 范例。

代码清单 4-4　一元简约运算符的 Verilog HDL 范例

```
reg [3;0] s1;
reg s2;
s2=&s1;          //&即为一元约简运算符"与"
```

4.1.3.10 运算符优先级别

图 4-1 所示是 Verilog HDL 中的运算符优先级别。

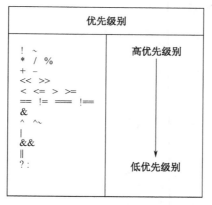

图 4-1　运算符优先级别

⊚ 4.1.4　Verilog HDL 常用语法

4.1.4.1 条件判断语句

if 语句

if 语句是用来判断所给定的条件是否满足，根据判定的结果来决定执行何种操作。常用格式有三种：

- if(表达式)语句序列 1;
- if(表达式)语句序列 1;
    else　　　语句序列 2;

- if(表达式 1)语句序列 1;
      else if(表达式 2)   语句序列 2;
          …
              else if(表达式 n)语句序列 n;
      else 语句序列 n+1;

示例见代码清单 4-5 与代码清单 4-6。

代码清单 4-5

```
always@(* ) begin
 if (!clk in)
     en=(clock en I test. mode);
 end
assign clk_out=enb&clk_ in;
```

代码清单 4-6

```
if(DEEP = 0)
 o_vld=i_vld1;
else if(DEEP == 1)
 o_vld = i_vld2;
else
 o_vld = 0;
```

case 语句

case 语句是一种多分支选择语句。当实际问题中需要多分支选择时，可使用如下 case 语句直接处理多分支选择。

```
case(表达式)
     值1:语句序列1;
     值2:语句序列2;
     …
     值n:语句序列n;
     default:          语句序列 n+1;
endcase
```

示例见代码清单 4-7。

代码清单 4-7

```
case(type)
     1'bl:   out<=a+ b;
     1'b0:   out<= a - b;
     default: out<= 0;
```

```
        endcase
```

与 case 语句中的控制表达式和多分支表达式这种比较结构相比，if_else_if 结构中的条件表达式更直观一些。

当那些分支表达式中存在不定值 x 和高阻值 z 位时，case 语句提供了处理这种情况的方法。代码清单 4-8 与代码清单 4-9 中的示例介绍了处理 x 和 z 值位的 case 语句。Verilog HDL 针对电路的特性提供了 case 语句的其他两种形式用来处理 case 语句比较过程中的不必考虑情况（Don't care condition）。其中，casez 语句用来处理不考虑高阻值 z 的比较过程，casex 语句则将高阻值 z 和不定值都视为不必考虑的情况。所谓不必考虑的情况，是指在表达式进行比较时，不需要将该位的状态考虑在内。这样在 case 语句表达式进行比较时，就可以灵活地设置以对信号的某些位进行比较。

代码清单 4-8

```
casex ( select[1:2] )
    2 'b00:  result = 0;
    2 'b01:  result = flaga;
    2 'b0x,
    2 'b0z:  result = flaga? 'bx : 0;
    2 'b10:  result = flagb;
    2 'bx0,
    2 'bz0:  result = flagb? 'bx : 0;
    default: result = 'bx;
endcase
```

代码清单 4-9

```
casez(sig)
    1 'bz:    $display("信号是浮动的");
    1 'bx:    $display("信号未知");
    default:  $display("信号是 %b", sig);
endcase
```

if 语句指定了一个有优先级的编码逻辑，而 case 语句生成的逻辑是并行的，不具有优先级。if 语句可以包含一系列不同的表达式，而 case 语句比较的是一个公共的控制表达式。通常，if-else 结构速度较慢，但占用的面积小，如果对速度没有特殊要求而对面积有较高要求，可用 if-else 语句完成编解码。case 结构速度较快，但占用面积较大，所以可以用 case 语句实现对速度要求较高的编解码电路。如果嵌套的 if 语句使用不当，则会导致设计有更长的延时。为了避免出现较大的路径延时，最好不要使用特别长的嵌套 if 结构。如想利用 if 语句来实现对延时要求苛刻的路径，应将最高优先级给最迟到达的关键信号。为了兼顾面积和速度，有时可以将 if 和 case 语句合用。

4.1.4.2 循环语句

for 语句是循环语句，一般形式为：

```
for(表达式1;表达式2;表达式3)
```

其最简单的应用如下所示：

```
for(循环变量赋初值;循环结束条件;循环变量增值)
```

它的执行步骤为：

（1）先求解表达式 1，再求解表达式 2。若其值为真（非 0），则执行 for 语句中指定的内嵌语句，然后执行下面的语句。若为假（0），则结束循环。

（2）若表达式为真，在执行指定的语句后，求解表达式 3。

（3）转回上面的第（2）步骤继续执行 for 语句下面的语句。

for 语句最简单的应用形式是很易理解的，其形式如下：

```
for(循环变量赋初值;循环结束条件;循环变量增值)
执行语句
```

for 循环语句实际上相当于采用 while 循环语句建立以下的循环结构：

```
begin     循环变量赋初值;
while(循环结束条件)
    begin
        执行语句
        循环变量增值;
    end
end
```

这样对于需要 8 条语句才能完成的一个循环控制，for 循环语句只需两条即可。示例见代码清单 4-10。

代码清单 4-10

```
begin: count1s
reg[7:0] tempreg;
count=0;
for( tempreg=rega; tempreg; tempreg=tempreg>>1 )
    if(tempreg[0])
        count=count+1;
end
```

4.1.4.3 结构说明语句

Verilog HDL 中的任何过程模块都从属于以下四种结构的说明语句，即 initial 说明语句、always 说明语句、task 说明语句和 function 说明语句。initial 和 always 说明语句在仿真的一开始就开始执行。initial 语句只执行一次，always 语句则是不断地重复执行，直到仿真过程结束。在一个模块中使用 initial 和 always 语句的次数不受限制。task 和 function 语句可以在程序模块中的一处或多处调用。这里只对 initial 和 always 语句加以介绍。

initial 语句

initial 语句的格式如下。

```
initial
begin
     语句1;
     语句2;
     ......
     语句n;
end
```

示例见代码清单 4-11。

代码清单 4-11

```
initial
begin
     areg=0;                           //初始化寄存器areg
     for(index=0;index<size;index=index+1)
         memory[index]=0;              //初始化一个memory
end
```

在代码清单 4-12 中,用 initial 语句在仿真开始时对各变量进行初始化。从代码清单 4-12 可以看到, 用 initial 语句来生成激励波形作为电路的测试仿真信号。一个模块中可以有多个 initial 块, 它们都是并行运行的。initial 块常用于测试文件和虚拟模块的编写,用来产生仿真测试信号和设置信号记录等仿真环境。

代码清单 4-12

```
initial
begin
    inputs = 'b000000;                //初始时刻为0
    #10 inputs = 'b011001;
    #10 inputs = 'b011011;
    #10 inputs = 'b011000;
    #10 inputs = 'b001000;
end
```

always 语句

always 语句在仿真过程中是不断重复执行的。always 语句由于其具有不断重复执行的特性,只有和一定的时序控制结合在一起才有用,其声明格式如下。

```
always  <时序控制>  <语句>
```

如果一个 always 语句没有时序控制,则这个 always 语句将会发生一个仿真死锁,即生成一个 0 延迟的无限循环跳变过程。

```
always  areg = ~areg;
```

如果加上时序控制，则这个 always 语句将变为一条非常有用的描述语句。下面这个例子生成了一个周期为 period（=2 * half_period）的无限延续的信号波形，常用这种方法来描述时钟信号，作为激励信号来测试所设计的电路。

```
always #half_period areg = ~areg;
```

代码清单 4-13 是 always 语句最常用的时间控制范例。每当 areg 信号的上升沿出现时，把 tick 信号反相，并且把 counter 增加 1。

代码清单 4-13

```
reg[7:0] counter;
reg tick;
always @(posedge areg)
    begin
        tick = ~tick;
        counter = counter + 1;
    end
```

always 的时间控制既可以是沿触发也可以是电平触发，可以是单个信号也可以是多个信号，中间需要用关键字 or 连接，如代码清单 4-14 所示。沿触发的 always 块常常描述时序逻辑，如果符合可综合风格要求，则可用综合工具自动转换为表示时序逻辑的寄存器组和门级逻辑；而电平触发的 always 块常常用来描述组合逻辑和带锁存器的组合逻辑，如果符合可综合风格要求，则可转换为表示组合逻辑的门级逻辑或带锁存器的组合逻辑。一个模块中可以有多个 always 块，它们都是并行运行的。

代码清单 4-14

```
always @(posedge clock or posedge reset)   //由两个沿触发的always块
    begin
    ......
    end
always @( a or b or c )                      //由多个电平触发的always块
        begin
        ......
        end
```

⊙ 4.1.5 系统函数和任务

Verilog HDL 中有以下的系统函数和任务。在 Verilog HDL 中，每个系统函数和任务前面都用一个标识符$来加以确认。这些系统函数和任务提供了强大的功能，下面介绍一些常用的系统函数和任务。

- $bitstoreal, $rtoi, $display, $setup, $finish, $skew, $hold

- $setuphold, $itor, $strobe, $period, $time, $printtimescale
- $timefoemat, $realtime, $width, $real tobits, $write, $recovery

4.1.5.1 $display 和$write 任务

$display 和$write 任务的格式如下。

```
$display(p1,p2,…,pn);
$write(p1,p2,…,pn);
```

这两个函数和系统任务的作用是用来将参数 p2 到 pn 按参数 p1 给定的格式输出，这两个任务的作用基本相同。$display 自动地在输出后进行换行，如果想在一行里输出多个信息，可以使用$write。

在$display 和$write 中，其输出格式控制是用双引号括起来的字符串，它包括两种信息：

- 格式说明，由 "%" 和格式字符组成。它的作用是将输出的数据转换成指定的格式输出。格式说明总是由 "%" 字符开始。对于不同类型的数据，用不同的格式输出。
- 普通字符，即需要原样输出的字符。其中一些特殊的字符可以通过转换序列来输出。

在$display 中，输出列表中数据的显示宽度是自动按照输出格式进行调整的。这样在显示输出数据时，在经过格式转换以后，总是用表达式的最大可能值所占的位数来显示表达式的当前值。在用十进制数格式输出时，输出结果前面的 0 值用空格来代替。对于其他进制，输出结果前面的 0 仍然要显示出来。例如，对于一个值的位宽为 12 位的表达式，如按照十六进制数输出，则输出结果占 3 个字符的位置；如按照十进制数输出，则输出结果占 4 个字符的位置。这是因为这个表达式的最大可能值为 FFF（十六进制）、4095（十进制）。可以通过在%和表示进制的字符中间插入一个 0，以自动调整显示输出数据宽度的方式。参见以下范例。

```
$display("d=%0h a=%0h",data,addr);
```

这样在显示输出数据时，在经过格式转换以后，总是用最少的位数来显示表达式的当前值，如代码清单 4-15 所示。

代码清单 4-15

```
module printval;
reg[11:0]r1;
initial
 begin
    r1=10;
    $display("Printing with maximum size=%d=%h",r1,r1);
    $display("Printing with minimum size=%0d=%0h",r1,r1);
 end
```

```
enmodule
```
代码清单 4-15 的输出结果为:
```
printing with maximum size=10=00a;
printing with minimum size=10=a;
```
对于二进制输出格式,表达式值的每一位的输出结果为 0、1、x、z。因为 $write 在输出时不换行,读者需要注意它的使用,可以在 $write 中加入换行符\n,以确保明确的输出显示格式。下面举例说明语句的输出结果。
```
$display("%d", 1'bx);
```
输出结果为: x
```
$display("%h", 14'bx0_1010);
```
输出结果为: xxXa
```
$display("%h %o",12'b001x_xx10_1x01,12'b001_xxx_101_x01);
```
输出结果为: XXX 1x5X

4.1.5.2　系统任务$monitor

系统任务 $monitor 的格式如下。
```
$monitor(p1,p2,....., pn);
$monitor;
$monitoron;
$monitoroff;
```

任务 $monitor 提供了监控和输出参数列表中的表达式或变量值的功能。其参数列表中的输出控制格式字符串和输出表列的规则与 $display 中的一样。当启动一个带有一个或多个参数的 $monitor 任务时,仿真器建立一个处理机制,使每当参数列表中变量或表达式的值发生变化时,整个参数列表中的变量或表达式的值都将输出显示。如果同一时刻有两个或多个参数的值发生变化,则在该时刻只输出显示一次。

$monitoron 和 $monitoroff 任务的作用是通过打开和关闭监控标志来控制监控任务 $monitor 的启动和停止,这样使程序员可以很容易控制 $monitor 何时发生。其中,$monitoroff 任务用于关闭监控标志,停止监控任务 $monitor;$monitoron 则用于打开监控标志,启动监控任务 $monitor。通常在通过调用 $monitoron 启动 $monitor 时,不管 $monitor 参数列表中的值是否发生变化,总是立刻输出显示当前时刻参数列表中的值,这用于在监控的初始时刻设定初始比较值。在默认情况下,控制标志在仿真的起始时刻就已经打开了。在多模块调试的情况下,许多模块中都调用了 $monitor,因为任何时刻只能有一个 $monitor 起作用,因此需配合 $monitoron 与 $monitoroff 使用,把需要监视的模块用 $monitoron 打开,在监视完毕后及时用 $monitoroff 关闭,以便把 $monitor 让给其他模块使用。$monitor 与 $display 的不同处还在于 $monitor 往往在 initial 块中调用,只要不调用 $monitoroff,$monitor 便不间断地对所设定的信号进行监视。

但在 $monitor 中,参数可以是 $time 系统函数。这样参数列表中的变量或表达式的值在同时发生变化时，可以通过标明同一时刻的多行输出来显示，如下所示。在$display 中也可以这样使用。注意在语句中，","代表一个空参数，空参数在输出时显示为空格。

```
$monitor($time,,"rxd=%b txd=%b",rxd,txd);
```

4.1.5.3 时间度量系统函数$time

在 Verilog HDL 中有两种类型的时间系统函数：$time 和$realtime。用这两个时间系统函数可以得到当前的仿真时刻。$time 可以返回一个 64 比特的整数来表示的当前仿真时刻值。该时刻是以模块的仿真时间尺度为基准的，如代码清单 4-16 所示。

代码清单 4-16

```
`timescale  10ns/1ns
module  test;
reg  set;
parameter  p=1.6;
initial
begin
    $monitor($time,,"set=",set);
    #p set=0;
    #p set=1;
end
endmodule
```

代码清单 4-16 的输出结果为：

```
0 set=x
2 set=0
3 set=1
```

代码清单 4-16 中的模块 test 想在时刻为 16ns 时设置寄存器 set 为 0，在时刻为 32ns 时设置寄存器 set 为 1。但是由$time 记录的 set 变化时刻却和预想的不一样，这是由下面两个原因引起的。

- $time 显示时刻受时间尺度比例的影响。在代码清单 4-16 中的时间尺度是 10ns，因为$time 输出的时刻总是时间尺度的倍数，这样将 16ns 和 32ns 输出为 1.6 和 3.2。
- 因为$time 总是输出整数，所以在将经过尺度比例变换的数字输出时，要先进行取整。在代码清单 4-16 中，1.6 和 3.2 经取整后变为 2 和 3 输出。读者需要注意到时间的精确度并不影响数字的取整。

4.1.5.4 系统任务$finish

系统任务$finish 的作用是结束仿真过程，退出仿真器返回主操作系统。系统任务$finish 的格式如下。

```
$finish;
```

```
$finish(n);
```

任务$finish 可以带参数，根据参数的值输出不同的特征信息。如果不带参数，默认$finish 的参数值为1。下面给出了对于不同的参数值，系统输出的特征信息。

- 0：不输出任何信息。
- 1：输出当前仿真时刻和位置。
- 2：输出当前仿真时刻、位置和在仿真过程中统计所用的 CPU 时间及 memory 大小。

4.1.5.5 系统任务$stop

$stop 任务的作用是把仿真器工具设置为暂停模式，在仿真环境下给出一个交互式的命令提示符，将控制权交给用户。这个任务可以带有参数表达式。根据参数值（0、1 或 2）的不同，输出不同的信息，参数值越大，则输出的信息越多。系统任务$stop 的格式如下。

```
$stop;
$stop(n);
```

4.1.5.6 系统任务$readmemb 和$readmemh

在 Verilog HDL 程序中，有两个系统任务$readmemb 和$readmemh 用来从文件中读取数据到存储器中。这两个系统任务可以在仿真的任何时刻被执行使用，其使用格式共有以下六种。

```
$readmemb("<数据文件名>",<存储器名>);
$readmemb("<数据文件名>",<存储器名>,<起始地址>);
$readmemb("<数据文件名>",<存储器名>,<起始地址>,<结束地址>);
$readmemh("<数据文件名>",<存储器名>);
$readmemh("<数据文件名>",<存储器名>,<起始地址>);
$readmemh("<数据文件名>",<存储器名>,<起始地址>,<结束地址>);
```

在这两个系统任务中，被读取的数据文件的内容只能包含空格、换行、制表格（tab）、注释行（//形式和/*...*/形式）、二进制或十六进制的数字。数字中不能包含位宽说明和格式说明。对于$readmemb 系统任务，每个数字必须是二进制数字，对于$readmemh 系统任务，每个数字必须是十六进制数字。数字中的不定值 x 或 X、高阻值 z 或 Z 和下划线（_）的使用方法及代表的意义与一般 Verilog HDL 程序中是一样的。另外，数字必须用空白位置或注释行来分隔开。

4.1.5.7 系统任务 $random

系统任务$random 函数提供了一个产生随机数的手段。当函数被调用时返回一个 32 位的随机数，它是一个带符号的整型数。$random 一般的用法是$ramdom % b，其中 b>0，它给出了一个范围在(-b+1):(b-1)中的随机数。下面给出一个产生随机数的范例，这个范例给出了一个范围在-59 到 59 之间的随机数。

```
reg[23:0] rand;
```

```
rand = $random % 60;
```

下面的范例通过位并接操作产生一个值在 0 到 59 之间的数。利用这个系统函数，可以产生随机脉冲序列或宽度随机的脉冲序列，以用于电路的测试。

```
reg[23:0] rand;
rand = {$random} % 60;
```

代码清单4-17中的 Verilog HDL 模块可以产生宽度随机的随机脉冲序列的测试信号源，在电路模块的设计仿真时非常有用。读者可以根据测试的需要模仿代码清单 4-17，使用 $random 系统函数制造出与实际情况类似的随机脉冲序列。

代码清单 4-17

```verilog
`timescale 1ns/1ns
module random_pulse( dout );
 output [9:0] dout;
 reg dout;
 integer delay1,delay2,k;
 initial
 begin
     #10 dout=0;
     for (k=0; k< 100; k=k+1)
         begin
             delay1 = 20 * ( {$random} % 6);
// delay1 在0到100ns间变化
             delay2 = 20 * ( 1 + {$random} % 3);
// delay2 在20到60ns间变化
             #delay1  dout = 1 << ({$random} %10);
// dout的0~9位中随机出现1,并出现的时间在0~100ns间变化
             #delay2  dout = 0;
// 脉冲的宽度在在20到60ns间变化
         end
     end
endmodule
```

⊚ 4.1.6 Verilog HDL 规范

4.1.6.1 Verilog HDL 在 FPGA 系统设计的几个原则
减少关键信号通道的逻辑层次

信号每通过一个逻辑门都会对信号产生一定的延迟，因此尽量减少关键通道所需通过的逻辑门的数量，可以确保在时序上要求较高的设计中满足系统对时序的要求。这时应采

用 Verilog HDL 的优先级编码方法进行设计，减少关键信号的延迟，以提高性能。

提高硬件资源的利用率

资源共享可以在逻辑综合和实现时使用较少的逻辑单元实现特定的逻辑功能。因为逻辑方程的实现可以有多种途径，应该尽量减少占用资源多的模块产生。如果设计不当，则会用更多的资源来实现同样的功能。模块复用可以减少硬件资源的浪费。

避免出现不必要的锁存器

在 Verilog HDL 中，当使用 case 语句和 if 语句时，如果这类语句不能覆盖所有的输入范围，则在进行逻辑综合后将会出现不必要的锁存器，使系统的性能大大降低。因此，在使用这类语句进行设计时，需要让条件覆盖所有的输入范围。

在描述状态时采用独热码

在描述状态机时，采用独热码比采用格雷码或者二进制码更能获得较好的性能。尽管采用独热码将会占用更多的寄存器资源，但它可以节省许多组合逻辑电路，因为其他编码方式需要进行译码操作。而在 FPGA 中有丰富的寄存器资源可以满足需求。在系统的描述中，采用独热码编码的方式可能会产生不被系统使用的状态。当系统处于多余状态时，必须要采取一定的方法回到一个确定的状态，例如，在 case 语句中增加 default 项。

适当地划分设计的模块

尽管 HDL 可以描述任意复杂的设计，但是一般的逻辑综合工具对大约 2000～5000 门规模的设计可以综合出最好的结果。因此，应该将一个较大的复杂系统划分为规模适当的模块，并且在模块的边缘使用寄存器来解决信号在输入和输出上的时序问题。

4.1.6.2 可综合性设计

综合的概念

逻辑综合带来了数字设计行业的革命，有效地提高了生产率，减少了设计周期时间。自动逻辑综合工具的出现，突破了手动转换设计的种种限制，设计者能把更多的时间用于验证和优化。综合就是在给定标准元件库和一定设计约束条件下，把用语言描述的电路模型转换成门级网表的过程。综合是一个中间步骤，生成的网表是由导线相互连接的寄存器传输级功能块如触发器、算数逻辑单元和多路选择器组成的。要完成一次综合过程，必须包含以下三要素：RTL 级描述、约束条件和工艺库。

（1）RTL 级描述：以规定设计中采用各种寄存器形式，在寄存器之间插入组合逻辑。

（2）约束条件：控制优化输出和映射工艺，为优化和映射试图满足的工艺约束提供了条件。目前综合工具中可用的约束包括面积、速度、功耗和可测试行约束，最普遍的是按面积约束和按时间约束。时钟限制条件规定了时钟的工作频率，面积限制条件规定了该设计将花费的最大面积。综合工具将试图用各种可能的规则和算法尽可能地满足限制条件。

（3）工艺库：含有允许综合进程为建立设计做正确选择的全部信息，包括 ASIC 单元的逻辑功能及该单元的面积、单元输入到输出的定时关系、单元扇出的限制和对单元的定时检查。

综合过程是逻辑综合工具将 RTL 级描述转换成门级描述的过程，如图 4-2 所示，该过程的步骤为：

（1）将 RTL 级描述转换成未优化的门级布尔描述，通常为原型门。如与门、或门、触发器和锁存器，这一步称为展平。

（2）执行优化算法，化简布尔方程，产生一个优化的布尔方程描述，这一步称为优化。

（3）按半导体工艺要求，采用相应的工艺库，把优化的布尔描述映射成实际的逻辑电路，这一步称为设计实现。

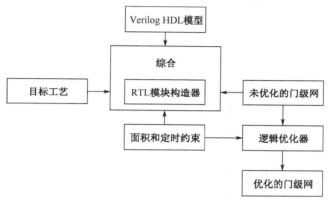

图 4-2 综合过程

综合涉及 Verilog HDL 和硬件两个领域，如图 4-3 所示，从 Verilog HDL 到硬件的翻译是通过综合工具内部的映射机制实现的。不同综合工具的映射机制可能不同，所以相同的硬件描述程序在不同综合工具下可能得到不同的电路。

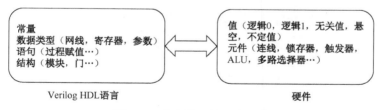

图 4-3 综合涉及的两个领域

标准的高级程序设计语言适合描述过程和算法，但不能描述硬件电路。只要语句符合语法规则，经过编译后即可运行，这是高级语言区别于硬件描述语言的一个明显特点。

如要最终实现硬件设计，必须保证程序的可综合性，即所编写的程序能被综合器转化为相应的电路结构。在硬件描述语言中，许多基于仿真的语句虽然符合语法规则，但不能映射到硬件逻辑电路单元。Verilog HDL 允许用户在不同的抽象层次上对电路进行建模，因此同一个电路可以有多种不同的描述方式，但不是每一种描述都可以综合。不可综合的

HDL 语句在综合过程中将发生未知的错误。

不同的综合系统所支持的 Verilog HDL 综合子集不同，各种综合系统都定义了自己的 Verilog HDL 可综合子集及建模方式。

- 所有综合工具都支持的结构：always，assign，begin，end，case，wire，tri，aupply0，supply1，reg，integer，default，for，function，and，nand，or，nor，xor，xnor，buf，not，bufif0，bufif1，notif0，notif1，if，inout，input，instantitation，module，negedge，posedge，operators，output，parameter。
- 所有综合工具都不支持的结构：time，defparam，$finish，fork，join，initial，delays，UDP，wait。
- 部分工具支持的结构：casex，casez，wand，triand，wor，trior，real，disable，forever，arrays，memories，repeat，task，while。

要编写出可综合的模型，应尽量采用所有综合工具都支持的结构来描述，这样才能保证设计的正确性，并缩短设计周期。

建立可综合模型的原则

要保证 Verilog HDL 赋值语句的可综合性，应注意以下要点。

- 不使用初始化语句。
- 不使用带有延时的描述。
- 不使用循环次数不确定的循环语句，如 forever、while 等。
- 不使用用户自定义原语（UDP 元件）。
- 尽量使用同步方式设计电路。
- 除非是关键路径的设计，一般不采用调用门级元件来描述设计的方法，建议采用行为语句来完成设计。
- 用 always 过程块描述组合逻辑，应在敏感信号列表中列出所有的输入信号。
- 所有的内部寄存器都应该能够被复位，在使用 FPGA 实现设计时，应尽量使用器件的全局复位端作为系统总的复位。
- 对时序逻辑描述和建模，应尽量使用非阻塞赋值方式。对组合逻辑描述和建模，既可以用阻塞赋值，也可以用非阻塞赋值。但在同一个过程块中，最好不要同时用阻塞赋值和非阻塞赋值。
- 不能在一个以上的 always 过程块中对同一个变量赋值。对同一个赋值对象不能既使用阻塞式赋值，又使用非阻塞式赋值。
- 如果不打算把变量推导成锁存器，那么必须在 if 语句或 case 语句的所有条件分支中都对变量进行明确赋值。

- 避免混合使用上升沿和下降沿触发的触发器。
- 同一个变量的赋值不能受多个时钟控制，也不能受两种不同的时钟条件或者不同的时钟沿的控制。

4.1.6.3 阻塞和非阻塞赋值

建议在时序逻辑建模时使用非阻塞式赋值。因为对于阻塞式赋值来说，赋值语句的顺序对最后的综合结果有直接的影响，设计者稍不留意就会使综合结果与设计本意大相径庭。而如果采用非阻塞式赋值可以不考虑赋值语句的排列顺序，只需将其连接关系描述清楚即可。

4.1.6.4 有限状态机的设计

状态机

所谓状态机，就是用来控制数字系统，根据它的输出，逐步地进行相应操作和运算的电路。大部分数字系统都可以划分为控制单元和数据单元。通常，控制单元的主体是一个有限状态机，用于接收外部信号以及数据单元产生的状态信息，并产生控制信号序列。有限状态机设计的关键是如何把一个实际的时序逻辑关系抽象成一个时序逻辑函数。

一个完备的状态机具有初始状态和默认状态。当芯片加电或者复位后，状态机能够自动将所有的判断条件复位，并进入初始状态；当转移条件不满足，或者状态发生突变时，状态机进入一个默认状态，能保证逻辑不会陷入死循环，这是对状态机稳健性的一个重要要求。

状态机的参数定义一般用 parameter 定义，不建议使用 define 宏定义的方式。因为前者仅定义模块内部的参数，定义的参数不会与模块外的其他状态机混淆；后者在编译时则会自动替换整个设计中所定义的宏。

状态机设计的一般步骤

（1）逻辑抽象得出状态转移图，即把给出的一个实际逻辑关系表示为时序逻辑关系，进而表示为时序逻辑函数。既可以用状态转换表来描述，也可以用状态转移图来描述。

- 分析给定的逻辑问题，确定输入变量、输出变量及电路的状态数。通常取原因或条件为输入变量，取结果为输出变量。
- 定义输入、输出逻辑状态关系的含义，并将电路状态顺序编号。
- 按要求列出电路的状态转移表或画出状态转移图。

（2）状态简化。如果在状态转移图中出现这样两个状态：它们在相同的输入下转换到同一个状态去，并得到相同的输出，则称它们为等价态。等价态是重复的，可以合并为一个状态，电路的状态数越少，存储电路就越简单。

（3）状态分配，也称状态编码。编码的方案选择得当，设计的电路就简单，反之就复杂。在实际设计中主要考虑电路的复杂度和电路的性能这两个因素。在触发器资源丰富的FPGA 或 ASIC 设计中，采用独热编码既可以保障电路性能，又可以充分发挥触发器数量多的优点，提高状态机的运行速度。

（4）选定触发器的类型并求出状态方程、驱动方程和输出方程。

（5）按照方框图得出逻辑图。

always 块编写原则

（1）每个 always 块只能由一个事件@（event—expression）控制，而且要紧跟在 always 关键字的后面。

（2）always 块可以表示时序逻辑或者组合逻辑，也可以用 always 块既表示电平敏感的透明锁存器又同时表示组合逻辑，但不建议使用这种描述方法，因为这容易产生错误和多余的电平敏感的透明锁存器。

（3）有 posedge 或 negedge 关键字的事件表达式表示沿触发的时序逻辑；没有 posedge 或 negedge 关键字的表示为组合逻辑或电平敏感的锁存器。在表示时序和组合逻辑的事件控制表达式中，如有多个沿和多个电平，其间必须用关键字 or 连接。

（4）一个表示时序 always 块只能由一个时钟跳变沿触发，复位或置位最好也由该时钟跳变沿触发。

（5）每一个在 always 块中赋值的信号都必须定义成 reg 型或整数型。整数型默认为 32 位，使用 Verilog 操作符可以对其进行二进制求补的算术运算。

（6）always 块中应该避免组合反馈回路。每一次执行 always 块时，在生成组合逻辑的 always 块中赋值的所有信号必须有明确的值，否则需要设计者在设计中加入电平敏感的锁存器来保持赋值前的最后一个值。

异步状态机

异步状态机是没有确定时钟的状态机，状态转移不是由唯一的时钟跳变沿所触发。不能用异步状态机来综合的原因是异步状态机不容易规范触发器的瞬间，不容易判别是正常的触发脉冲还是冒险竞争的脉冲。目前大多数的综合工具不能综合采用 Verilog HDL 描述的异步状态机。

4.1.6.5　同步电路的设计原则

同步电路和异步电路的区别在于电路触发是否与驱动时钟同步。常用于区分二者的典型电路就是同步复位电路和异步复位电路，见代码清单 4-18。在同步复位的代码中，always 语句只有 posedge clk 一个触发条件，但是异步复位代码中的 always 语句有 posedge clk 和 posedge reset 两个触发条件。如果外部来了低电平的复位信号 reset，同步电路必须要等到 clk 的上升沿才能接收外部信号，而异步复位电路能立刻触发。在实际系统中常存在多时钟的情况，应该延伸同步电路的理念，使设计做到局部同步，即同一时钟驱动的电路要同步于其同一上升或下降时钟沿。

代码清单 4-18　同步复位电路和异步复位电路的代码比较

同步复位代码	异步复位代码
| ```
module test(clk,reset,s);
input clk;
input reset ;
output s;
reg s;

always@ (posedge clk) begin
  if( !reset)
     s< =0;
  else
     s<=s+1;
end

endmodule
``` | ```
module test(clk,reset,s);
input clk;
input reset ;
output s;
reg s;

always@ (posedge clk or posedge reset)
begin
  if( !reset)
     s< =0;
  else
     s<=s+1;
end

endmodule
``` |

同步电路的准则

● 单时钟策略。尽量在设计中使用单时钟，且走全局时钟网络。在单时钟设计中，很容易将整个设计同步于驱动时钟，使设计得到简化。全局时钟网络的时钟是性能最优、最便于预测的时钟。它有最强的驱动能力，不仅能保证驱动每个寄存器，而且时钟漂移可以忽略。在多时钟应用中，要做到局部时钟同步。在实际工程中，应将时钟信号和复位信号通过 FPGA 芯片的专用全局时钟管脚送入，以获得更高质量的时钟信号。

● 单时钟沿策略。尽量避免使用混合时钟沿来采样数据或驱动电路。使用混合时钟沿将会使静态时序分析复杂，并导致电路工作频率降低。

4.1.6.6　模块划分的设计原则

在自顶向下的层次化设计方法中，最为关键的工作就是模块划分，即将一个很大的工程合理地划分为一系列功能独立的部分，且具备良好的协同设计能力，以便快速地实现整个设计。此外，模块划分直接影响所需的逻辑资源、时序要求及实现效率。模块划分的基本原则如下所述。

● 信息隐蔽、抽象原则。上一层模块只负责为下一层模块的工作提供原则和依据，并不规定下层模块的具体行为，以保证各个模块的相对独立性和内部结构的合理性，使得模块之间层次分明，易于理解、实施和维护。

● 明确性原则。每个模块必须功能明确，接口含义明确，禁止多重功能和无用接口，在整个设计过程中应具统一的命名规范。

● 模块时钟域区分原则。在设计中，经常采用多时钟设计必然存在亚稳态，如果处理不当将会给设计的可靠性带来极大的隐患，需要通过异步 FIFO 及双口 RAM 来建立接口，尽量避免让信号直接跨越不同的时钟域。此外，由于时钟频率不同，其时序约束需求也不同，可以将低频率时钟域划分到同一模块，如多时钟路径等，让综合工具尽量节约面积。

● 资源复用原则。在 HDL 设计中，要将可以复用的逻辑或者相关逻辑尽量放在同一模块中，这不仅节省硬件资源，还有利于优化关键路径。但在实际中，不能为了资源复用而将存储器逻辑混用。因为 FPGA 芯片生产商提供了各类存储器的硬件原语，尽量使用原语，而不是使用查找表和寄存器来实现原语的功能，才能将设计所需资源最小化。从概念上讲，模块越大越利于资源共享和复用，但庞大的模块在仿真验证时需要较长的时间和较高的服务器配置，不利于修改，也无法使用增量设计模式。

● 同步时序模块的寄存器划分原则。在设计时，应尽量将模块中的同步时序逻辑输出信号以寄存器的形式送出，以便于综合工具区分时序和组合逻辑。并且时序输出的寄存器应符合流水线设计思想，能以更高的频率工作，以极大地提高模块吞吐量。

⊚ 4.1.7 用于 Verilog HDL 设计的 Xilinx 7 系列 FPGA 原语使用方法

原语（Primitive）是 Xilinx 针对其器件特征开发的一系列常用模块名，用户可以将其看成 Xilinx 公司为用户提供的库函数，类似于 C++中的 cout 等关键字。它们是芯片中的基本元件，代表 FPGA 中实际拥有的硬件逻辑单元，如 LUT、D 触发器和 RAM 等，相当于软件中的机器语言。在实现过程中的翻译阶段，需要将所有的设计单元都转译为目标器件中的基本元件，否则是不可实现的。原语在设计中可以直接例化使用，是最直接的代码输入方式，它和 HDL 的关系类似于汇编语言和 C 语言的关系。

Xilinx 公司提供的原语涵盖了 FPGA 开发的常用领域，但只有相应配置的硬件才能执行相应的原语，并不是所有的原语都可以在任何一款芯片上运行。在 Verilog 中使用原语非常简单，将其作为模块名直接例化即可。Xilinx 公司的 7 系列器件原语按照功能分为 8 类，包括高级组件、算术函数组件、时钟组件、配置/BSCAN 组件、I/O 端口组件、RAM/ROM 组件、寄存器/锁存器组件及 Slice/CLB 组件，我们选择 Xilinx 7 系列器件里的几个基本的组件进行介绍。

4.1.7.1 算术函数组件

算术函数组件指的就是 DSP48E1 设计单元，也有人将其称为硬件乘法器，功能描述见

表 4-1。DSP48E1 设计单元是一个通用的、可扩展的 Xilinx 7 系列器件内的硬 IP 块，允许创建高速算法密集型的操作，如许多数字信号处理器算法。块内的一些功能包括乘法、加法、减法、累加、移位、逻辑运算和模式检测。DSP48E1 设计单元由一个 18bit 的乘法器后面级联一个 48bit 的加法器构成，乘法器和加法器的位宽分别可以在 18bit 和 48bit 内任意调整。它在乘加模块中有广泛应用，特别是可以用于各类滤波器系统中，不仅可以提高系统稳定性，还能够节省逻辑资源且工作在高速模式下。

表 4-1 计算组件清单

原语名	描述
DSP48E1	48 位多功能算术块，其结构为一个 25×18bit 的有符号乘法器，且在后面级联了一个带有可配置流水线的 3 输入加法器

4.1.7.2 时钟组件

时钟组件包括各种全局时钟缓冲器、全局时钟复用器、普通 I/O 本地的时钟缓冲器及高级数字时钟管理模块。而 Xilinx 7 系列器件相较 Virtex-4/5 器件还增加了一些原语，如 BUFH、BUFHCE、BUFMRCE、BUFR 等，见表 4-2。

表 4-2 时钟组件的清单

原语名	描述
BUFG	高扇出全局时钟缓冲器
BUFGCE	全局时钟缓冲器，附带时钟使能信号和 0 状态输出
BUFGCE_1	全局时钟复用缓冲器，附带时钟使能信号和 1 状态输出
BUFGCTRL	全局时钟复用缓冲器
BUFGMUX	全局时钟复用缓冲器，附带时钟使能信号和 0 状态输出
BUFGMUX_1	全局时钟复用器，附带 0 状态输出
BUFGMUX_CTRL	Xilinx 7 系列器件特有的原语，全局时钟控制缓冲器
BUFH	Xilinx 7 系列器件特有的原语，HROW 单时钟区的时钟缓冲器
BUFHCE	Xilinx 7 系列器件特有的原语，HROW 时钟使能时单个时钟区域的时钟缓冲器
BUFIO	I/O 端口本地时钟缓冲器
BUFMR	I/O 端口和 CLB 的本地时钟缓冲器
BUFMRCE	Xilinx 7 系列器件特有的原语，多区域时钟缓冲器的时钟使能
BUFR	用于时钟区域内 I/O 和逻辑资源的区域时钟缓冲器
MMCME2_ADV	高级混合信号模式时钟管理器模块
MMCME2_BASE	基本混合信号模式时钟管理模块
PLLE2_ADV	高级锁相环
PLLE2_BASE	基本锁相环

下面对几个常用时钟组件进行简单介绍，其余组件的使用方法是类似的。

BUFG

BUFG 是具有高扇出的全局时钟缓冲器，一般由综合器自动推断并使用。全局时钟是具有高扇出驱动能力的缓冲器，将信号连接到全局路由资源，可以将信号连到时钟抖动可以忽略不计的全局时钟网络，以实现信号的低偏斜分布。BUFG 组件通常用于时钟网络及其他高扇出网络，如复位信号和时钟使能信号。如果要对全局时钟实现 PLL 或 DCM 等时钟管理，需要手动例化该缓冲器，例化代码清单 4-19 如下所示。

代码清单 4-19

```
// BUFG: 全局时钟缓冲,只能以内部信号驱动
BUFG BUFG_inst (
.O(O),          // 1位时钟输出信号
.I(I)           // 1位时钟输入信号
);              //结束BUFG_ins模块的例化过程
```

BUFGMUX

BUFGMUX 是一个多路复用的全局时钟缓冲器，可以选择两个输入时钟 I0 和 I1 中的一个作为全局时钟。当选择信号 S 为低时，选择 I0；当选择输入高时，选择 I1 上的信号进行输出。BUFGMUX 原语和 BUFGMUX_1 原语的功能一样，区别在于选择逻辑不同。对于 BUFGMUX_1，当选择信号 S 为低时，选择 I1；否则输出 I0。需要注意的是，BUFGMUX 保证在切换 S 时，输出的状态保持在非活动状态，直到下一个活动时钟边缘（I0 或 I1）出现。BUFGMUX 原语的例化代码清单 4-20 如下所示。

代码清单 4-20

```
// BUFGMUX:全局时钟的2到1复用器
BUFGMUX #(
)
BUFGMUX BUFGMUX_inst (
.O(O),           //1位时钟复用器的时钟输出信号
.I0(I0),         //1位S=0时钟输入信号
.I1(I1),         //1位S=1时钟输入信号
.S(S)            //1位时钟选择信号
);
//结束BUFGHUX_inst模块的例化过程
```

BUFIO

BUFIO 是本地 I/O 时钟缓冲器，非常简单，只有一个时钟输入与时钟输出。BUFIO 使用独立于全局时钟网络的专用时钟网络来驱动纵向 I/O 管脚，非常适合于源同步数据采集（转发/接收时钟分布）。BUFIO 可以由位于同一时钟区域的专用 MRCC I/O 或能够对多个时钟区域进行时钟的 BUFMRCE/BUFMR 组件驱动。需要注意的是，由于 BUFIO 引出的时钟

只到达了 I/O 列，所以不能用来直接驱动逻辑资源，如 CLB 和 RAM 块。BUFIO 的例化代码清单 4-21 如下所示。

代码清单 4-21

```
// BUFIO:本地I/O时钟缓冲器
BUFIO BUFIO_inst (
.O(O),          //本地I/O时钟缓冲器的1位时钟输出信号，连接到I/O时钟负载。
.I(I)           //本地I/O时钟缓冲器的1位时钟输入信号，连接到IBUFG或BUFMR。
);
//结束BUFIO模块的例化过程
```

BUFR

BUFR 是用于 7 系列器件的本地 I/O 时钟缓冲器。BUFR 和 BUFIO 都是将驱动时钟引入某一时钟区域的专用时钟网络，而独立于全局时钟网络。每个 BUFR 可以驱动其所在区域的区域时钟网。与 BUFIOs 不同的是，BUFR 可以驱动现有时钟区域中的 I/O 逻辑和逻辑资源（如 CLB、RAM 块等）。BUFR 可以由 IBUFG、BUFMRCE、MMCM 或本地互连的输出驱动。此外，BUFR 能够产生关于时钟输入的分割时钟输出。除数是一到八之间的整数。BUFR 非常适合于需要时钟域交叉或串并转换的源同步应用。BUFIO 的输出和本地内部互连都能驱动 BUFR 组件。此外 BUFR 能完成输入时钟 1~8 的整数分频。因此，BUFR 是同步设计中实现跨时钟域及串/并转换的最佳方式。BUFR 的例化代码清单 4-22 如下所示。

代码清单 4-22

```
//BUFR; 用于时钟区域内I/O和逻辑资源的区域时钟缓冲器
BUFR # (
.BUFR_DIVIDE( " BYPASS" ),  //分割比值："旁路, 1, 2, 3, 4, 5, 6, 7, 8"
. SIM_DEVICE( "7SERIES ")    //必须设置为"7系列"
//指定目标芯片,"VIRTEX4" 或者"VIRTEX5"
) BUFR_inst (
. O(O),                      //1位时钟缓存输出信号
.CE(CE),                     //1位时钟使能输入信号
. CLR(CLR),                  //1位时钟缓存清空, 高有效复位输入信号
.I(I)                        //由IBUFG、MMCM或本地互连驱动的1位时钟缓冲器输入信号
);
//结束BUFR模块的例化过程
```

MMCME2_BASE

MMCME2 是一个混合信号模块，用于支持频率合成、时钟网络反作图和减少抖动，常用于 FPGA 系统中复杂的时钟管理。时钟输出可以基于相同的 VCO 频率，分别具有分频、相移和占空比。此外，MMCME2 支持动态相移和分数除法。MMCME2 模块接口信号的说明见表 4-3。

表 4-3　MMCME2_BASE 原语的信号描述列表

端口名	方向	位宽	简要描述
CLKFBIN	输入信号	1	MMCM 的反馈时钟引脚
CLKFBOUT	输出信号	1	专用 MMCM 反馈时钟输出
CLKFBOUTB	输出信号	1	反向 CLKFBOUT 输出
CLKOUT0	输出信号	1	CLKOUT0 输出
CLKOUT0B	输出信号	1	反向 CLKOUT0 输出
CLKOUT1	输出信号	1	CLKOUT1 输出
CLKOUT1B	输出信号	1	反向 CLKOUT1 输出
CLKOUT2	输出信号	1	CLKOUT2 输出
CLKOUT2B	输出信号	1	反向 CLKOUT2 输出
……			
CLKIN1	输入信号	1	一般时钟输入
PWRDWN	输入信号	1	关闭实例化但未使用的 MMCM
RST	输入信号	1	异步复位信号。当释放此信号时，MMCM 将同步重新使用自身（即 MMCM 重新使用）；当输入时钟条件改变（例如频率）时，需要复位
LOCKED	输出信号	1	MMCM 的一种输出，它指示 MMCM 何时在预定的窗口内实现了相位对准，何时在预定的 PPM 范围内实现了频率匹配。上电后，MMCM 自动锁定，无须额外复位。如果输入时钟停止或违反相位对齐（例如，输入时钟相移），将解除锁定。解除锁定后，MMCM 自动重新获取锁

4.1.7.3　I/O 端口组件

I/O 组件提供了本地时钟缓存、标准单端 I/O 缓存、差分 I/O 信号缓存、DDR 专用 I/O 信号缓存可变抽头延迟链、上拉、下拉及单端信号和差分信号之间的相互转换，具体包括 21 个原语，见表 4-4。

表 4-4　I/O 端口组件

原语	描述
DCIRESET	数字控制阻抗复位元件
IBUF	输入缓冲器
IBUFDS	带可选择端口的差分信号输入缓冲器
IBUFG	带可选择端口的专用输入缓冲器
IBUFGDS	带可选择端口的专用差分信号输入缓冲器
IDELAYCTRL	IDELAYE2/ODELAYE2 抽头延时值控制
IDELAY2	输入固定或可变延迟元件

续表

原语	描述
IN_FIFO	输入先进先出（FIFO）
IOBUF	带可选择端口的双向缓冲器
IOBUFDS	低有效输出使能的三态差分信号输入/输出缓冲器
ISERDESE2	输入串行/解串器
KEEPER	KEEPER 符号
OBUF	单端输出端口缓冲器
OBUFT	带可选择端口的低有效输出的三态输出缓冲器
OBUFDS	带可选择端口的差分信号输出缓冲器
OBUFTDS	带可选择端口的低有效输出的三态差分输出缓冲器
OSERDESE2	输出串行/解串器
OUT_FIFO	输出先进先出（FIFO）缓冲器
PULLDOWN	输入、开漏和三态输出的接地电阻
PULLUP	用于输入、开漏和三态输出的 VCC 上拉电阻器

下面对几个常用 I/O 组件进行简单介绍，其余组件的使用方法是类似的。

IBUFDS

IBUFDS 原语用于将低压差分输入信号转化成标准单端信号，且可加入可选延时。在 IBUFDS 原语中，两个不同的输入信号分别为 I 和 IB，一个是主端口，另一个是从端口，主端口和从端口是同一逻辑信号的相反相位（如 MYNET_P 和 MYNET_N）。可编程差分终端功能可帮助改善信号完整性和减少外部组件。IBUFDS 的逻辑真值表见表 4-5，其中 "-*" 表示输出维持上一次的输出值，保持不变。

表 4-5　IBUFDS 原语的输入、输出真值表

输入		输出
I	IB	O
0	0	_*
0	1	0
1	0	1
1	1	_*

IBUFDS 原语的例化代码清单 4-23 如下所示。

代码清单 4-23

```
// IBUFDS:差分输入缓冲器
IBUFDS # (
```

```
  .DIFF_TERM("FALSE"),              //差分终端
  .IBUF_LOW_PWR("TRUE")            //低功耗="TRUE"，最高性能="FALSE"
  .IOSTANDARD("DEFAULT")           //指定输入I/O标准
  //指定输入端口的电平标准，如果不确定，可设为DEFAULT
  ) IBUPDS_inst (
  .O(O),                           //缓冲输出
  .I(I),                           //差分时钟的正端输入，需要和顶层模块的端口直接连接
  .IB(IB)                          //差分时钟的负端输入，需要和顶层模块的端口直接连接
  );
  //结束IBUFDS模块的例化过程
```

IDELAYE2

每个用户 I/O 管脚的输入通路都有一个 IDELAYE2 的可编程绝对延迟元件，可用于数据信号或时钟信号，以使二者同步，准确采集输入数据。IDELAYE2 是一个 31 抽头延迟线，具有校准抽头分辨率，且与进程、电压和温度特性无关。IDELAYE2 允许延迟传入信号。IDELAYE2 原语的信号说明见表 4-6。

表 4-6 IDELAYE2 原语的信号描述列表

端口名	方向	位宽	简要描述
C	输入信号	1	IDELAYE2 原语（RST、CE 和 INC）的所有控制输入与时钟输入（C）同步。当 IDELAYE2 配置为变量、变量加载或变量加载管道模式时，时钟必须连接至此端口。C 可以是局部倒转的，并且必须由全局或区域时钟缓冲区提供。这个时钟应该连接到 SelectIO 逻辑资源中的同一个时钟（当使用 iserdes2 和 OSERDESE2 时，C 连接到 CLKDIV）
CE	输入信号	1	高有效使能增量/减量的功能
CINVCTRL	输入信号	1	CINVCTRL 引脚用于动态切换 C 引脚的极性，这是在应用程序中使用时，故障不是一个问题。切换极性时，请勿在两个时钟周期内使用 IDELAYE2 控制引脚
CNTVALUEIN<4:0>	输入信号	5	可动态加载的抽头值输入的来自 FPGA 逻辑的计数器值
CNTVALUEOUT<4:0>	输出信号	5	CNTVALUEOUT 管脚用于报告延迟元件的动态开关值，只有当 IDELAYE2 处于 VAR_LOAD 或 VAR_LOAD_PIPE 模式时，CNTVALUEOUT 才可用
DATAIN	输入信号	1	数据输入由提供逻辑可访问延迟线的 FPGA 逻辑直接驱动。数据通过数据输出端口被驱动回 FPGA 逻辑，延迟由 IDELAY 值设置。DATAIN 可以在本地反转，无法将数据驱动到 I/O
DATAOUT	输出信号	1	来自 IDATAIN 或输入路径中数据的延迟数据。数据输出连接到 ISERDESE2、输入寄存器或 FPGA 逻辑

续表

端口名	方向	位宽	简要描述
IDATAIN	输入信号	1	IDATAIN 输入由其相关的 I/O 驱动。数据可以通过 IDELAY 值设置的延迟通过数据输出端口直接驱动到 ISEDESE1 或输入寄存器块，或直接驱动到 FPGA 逻辑，或同时驱动到两者
INC	输入信号	1	抽头用于增加或减少延迟
LD	输入信号	1	将 IDELAY_VALUE 加载到计数器
LDPIPEEN	输入信号	1	使能 PIPELINE 寄存器以从 LD 管脚加载数据
REGRST	输入信号	1	当处于变量模式时，将延迟元素复位为 IDELAY_VALUE 设置的值。如果未指定此属性，则假定值为零。RST 信号是高有效复位信号，与输入时钟信号（C）同步。当处于 VAR_LOAD 或 VAR_LOAD_PIPE 模式时，IDELAYE2 复位信号将延迟元素复位为 CNTVALUEIN 设置的值。CNTVALUEIN 中的值将是新的抽头值。作为此功能的结果，将忽略 IDELAY_VALUE

IDELAYE2 原语的例化代码清单 4-24 如下所示。

代码清单 4-24

```
// IDELAYE2:输入固定或可变的延迟单元
.CINVCTRL_SEL("FALSE"),          //使能动态时钟反转(FALSE, TRUE)
.DELAY_SRC("IDATAIN"),           //输入延迟 (IDATAIN, DATAIN)
.HIGH_PERFORMANCE_MODE("FALSE"), //减少抖动("TRUE"), 降低功耗 ("FALSE")
.IDELAY_TYPE("FIXED"),    // FIXED, VARIABLE, VAR_LOAD, VAR_LOAD_PIPE
.IDELAY_VALUE(0),                //输入延时抽头设置(0-31)
.PIPE_SEL("FALSE"),              //选择流水线模式, FALSE, TRUE
.REFCLK_FREQUENCY(200.0),        // IDELAYCTRL时钟输入频率（190-210 MHz）
.SIGNAL_PATTERN("DATA")          // DATA, CLOCK输入信号
)
IDELAYE2_inst (
.CNTVALUEOUT(CNTVALUEOUT),   // 5位计数器值输出
.DATAOUT(DATAOUT),           // 1位延迟数据输出
.C(C),                       // 1位时钟输入
.CE(CE),                     // 1位高有效增量/减量输入
.CINVCTRL(CINVCTRL),         // 1位动态时钟反转输入
.CNTVALUEIN(CNTVALUEIN),     // 5位计数器值输入
.DATAIN(DATAIN),             // 1位内部延迟数据输入
.IDATAIN(IDATAIN),           // 1位从I/O输入的数据
.INC(INC),                   // 1位递增/递减抽头延迟输入
.LD(LD),                     // 1位加载IDELAY_VALUE输入
.LDPIPEEN(LDPIPEEN),         // 1位使能PIPELINE寄存器加载数据输入
```

125◄◄◄

```
        .REGRST(REGRST)                    // 1位高有效复位抽头延迟输入
    );
    //结束IDELAYE2_inst的例化过程
```

OBUFDS

OBUFDS 支持低电压差分信号的单输出缓冲器，将标准单端信号转换成差分信号，输出端口为两个不同的端口（O 和 OB），一个是主端口，另一个是从端口。主端口和从端口是同一逻辑信号的相对相位（如 MYNET 和 MYNETB），需要直接对应到顶层模块的输出信号，和 IBUFDS 为一对互逆操作。OBUFDS 原语的真值表见表 4-7。

表 4-7　OBUFDS 原语的真值表

输入	输出	
I	O	OB
0	0	1
1	1	0

OBUFDS 原语的例化代码清单 4-25 如下所示。

代码清单 4-25

```
// OBUEDS:差分输出缓冲器
OBUFDS # (
. IOSTANDARD( "DEFAULT" )        //指定输出I/O标准
.SLEW("SLOW")                    //指定输出端口的压摆率
) OBUFDS_inst (
.O(O),                           //差分正端输出，直接连接到顶层模块端口
.OB(OB),                         //差分负端输出，直接连接到顶层模块端口
.I(I)                            //缓冲器输入
);
//结束OBUFDS模块的例化过程
```

IOBUF

IOBUF 原语是单端双向缓冲器，用于将内部逻辑连接到外部双向管脚，其 I/O 接口必须与指定的电平标准相对应，支持 LVTTL、LVCMOS15、LVCMOS18、LVCMOS25 及 LVCMOS33 等信号标准，同时可通过 DRIVE.FAST 以及 SLOW 等约束来满足不同驱动和抖动速率的需求。默认的驱动能力为 12mA，低抖动。IOBUF 由 IBUF 和 OBUFT 两个基本组件构成，当 I/O 端口为高阻时，其输出端口 O 为不定态。IOBUF 原语的功能也可以通过其组成组件的互连来实现。IOBUF 原语的输入、输出真值表见表 4-8。

表4-8　IOBUF 原语的真值表

输入		双向	输出
T	I	I/O	O
1	X	Z	I/O
0	1	1	1
0	0	0	0

IOBUF 原语的例化代码清单 4-26 如下所示。

代码清单 4-26

```
// IOBUF:单端双向缓冲器
IOBUF # (
.DRIVE(12),                   //指定输出驱动的强度
.IBUF_LOW_PWR("TRUE"),        //低功耗 = "TRUE", 高性能 = "FALSE"
.IOSTANDARD( "DEFAULT" ),     //指定I/O电平的标准, 不同的芯片支持的接口电平可能不同
.SLEW("SLOW " )               //指定输出压摆率
) IOBUF_inst (
.O(O),                        //缓冲器的单向输出
.I/O(I/O),                    //缓冲器的双向端口（直接连接到顶层端口）
.I(I),                        //缓冲器的输入
.T(T)                         //三态使能输入信号, 高=输入, 低=输出
);
//结束IOBUF_inst模块的例化过程
```

PULLDOWN 和 PULLUP

数字电路有 3 种状态：高电平、低电平和高阻状态。有些应用场合不希望出现高阻状态，可以通过上拉电阻或下拉电阻的方式使其处于稳定状态。FPGA 的 I/O 端口可以通过外接电阻上拉、下拉，也可以在芯片内部通过配置完成上拉、下拉。上拉电阻是用来解决总线驱动能力不足时提供电流的，而下拉电阻用来吸收电流。通过 FPGA 内部配置完成上拉、下拉，能有效节约电路板面积，是设计的首选方案。上拉、下拉的原语分别为 PULLUP 和 PULLDOWN。

PULLUP 原语的例化代码清单 4-27 如下所示。

代码清单 4-27

```
// PILLUP: I/ O缓冲弱上拉
PULLUP PULLUP_inst (
.O(O),          //上拉输出，需要直接连接到设计的顶层模块端口上
//结束PULLUP模块的例化过程
```

PULLDOWN 原语的例化代码清单 4-28 如下所示。

代码清单 4-28

```
// PULLDOWN: I/ O缓冲弱下拉
PULLDOWN PULLDONN_inst (
.O(O),          //下拉输出，需要直接连接到设计的顶层模块端口上
);
//结束PULLIDOWN模块的例化过程
```

4.1.7.4 配置/BSCAN 组件

配置和检测组件提供了 FPGA 内部逻辑和 JTAG 扫描电路之间的数据交换及控制功能，Xilinx 7 系列器件主要由 8 个原语组成，见表 4-9。

表 4-9 配置/BSCAN 原语列表

原语	描述
BSCANE2	允许 JTAG 边界扫描逻辑控制器访问内部逻辑
CAPTURE2	提供对何时及如何请求捕获寄存器（触发器和锁存器）信息任务的用户控制和同步
DNA_PORT	Xilinx 7 系列器件特有的原语，允许访问专用移位寄存器，该寄存器可加载给定 7 系列器件的 Device DNA 数据位（工厂编程，只读唯一 ID）
EFUSE_USR	Xilinx 7 系列器件特有的原语，提供对 32 个非易失性、用户可编程 eFUSE 位的内部访问
FRAME ECCE2	为 FPGA 的配置存储器使能专用的内置纠错码（ECC）。读入一帧 Xilinx 7 系列器件所配置数据，能完成汉明单错误纠正和双错误检测
ICAPE2	Xilinx 7 系列器件内部配置接入端口，允许从 FPGA 结构访问 FPGA 的配置功能
STARTUPE2	Xilinx 7 系列器件配置时钟、全局复位、全局三态控制和其他配置信号的用户接口，用于将器件管脚和逻辑连接到全局异步设置/重置（GSR）信号、全局 3 状态（GTS）专用路由或内部配置信号或少数专用配置管脚
USR_ACCESSE2	带有 32 位数据总线和有效数据指示端口的 32bit 寄存器，能够访问配置逻辑中的 32 位寄存器

⊛ 4.1.8 小结

本节简要介绍了 Verilog HDL 的基本语法，这是进行后续 FPGA 实验设计所必须掌握的基础知识。读者如果想要了解 Verilog HDL 更多的细节，可参考关于 Verilog HDL 的专著。本章也给出了可综合的概念，指出优良的代码风格及设计时应遵循的原则，希望读者从中体会到 Verilog 的开发技巧，初步具备 Verilog 设计和开发的能力。接着介绍基于 Xilinx 芯片的 Verilog 开发技术，Xilinx 公司 FPGA 器件的硬件原语，以及典型原语的使用方法。特别需要强调的一点是对原语的全面掌握是对高级 Xilinx FPGA 开发人员的一项基本要求，让读者能在快速了解后应用于后续的实验中。

4.2　Chisel HCL 简介

数字系统设计是一个充满了创造性的领域，但 RTL 设计是一个被历史遗留代码占据的领域，充满了意义不明的 Perl 脚本及不敢随意改动的 Verilog 黑盒。由于 Dennard Scaling 的终结和摩尔定律（Moore's Law）的放慢，以及非重复性工程费用（Non-Recurring Engineering，NRE）占据了芯片设计公司的主要成本，从没有像现在这样迫切需要一种新的方法学和语言替代传统 RTL 设计。

在以 RISC-V 为例的 CPU 设计中，对处理器微架构的探索占据了架构师的主要精力。但是这些传统的 HDL 缺乏元编程（Meta-Programming）功能，不适用于支持全面的微架构探索所需高度参数化的模块生成器。即使 SystemVerilog 改进了类型系统和参数化生成工具，但仍缺少许多强大的编程语言功能。

工业界和学界为了弥补传统 HDL 的缺陷，主要采取以下两种途径：

- 使用一种语言作为基础 HDL 的宏处理语言，使用元编程产生 HDL。例如，基于 Perl 的 Genesis2、基于 Scheme 的 Verischemelog、基于 Java 的 JHDL。此类语言依旧基于 HDL 作为基础模块，如同胶水一样将基础模块粘贴起来。
- 使用一种语言直接生成电路。例如，基于 Haskell 的 Bluespec 和 Clash。此类语言使用内部中间表示（Intermediate Representation）表示硬件电路，在电路设计完成后使用专用的编译期将电路产生出来。

本节所介绍的 Chisel 语言使用了第二种方法，基于 Scala 构建出一种领域专用语言（Domain Specific Language，DSL）。Scala 是一种支持常见编程范式的语言，具有以下的优点。

- 它可以很好地作为 DSL 的宿主语言。
- 它有强大而优雅的函数库，用于处理各和数据集合。
- 它具有严格的类型系统，有助于在开发周期的早期编译时捕获大部分错误。
- 它具有强大的能力去表达和传递函数。

Chisel 语言包含 Chisel 前端及 FIRRTL 后端，在 Chisel 前端中包含了对数字系统设计的抽象。使用 class 表示电路模块，使用 class 的实例化表示电路组件，如模块、寄存器、IO、线等的实例化。对于可连接的组件如 Wire、IO、Reg 等可以使用特定的方法，例如，:= 表示电路的连接关系。

虽然 Verilog HDL 包含一些用于编程式硬件设计的特性，但是它们缺乏现代编程语言中存在的强大功能，如缺乏面向对象编程、类型推断、对函数式编程的支持。Chisel 语言与传统 Verilog HDL 不同主要有以下几方面。

- Chisel 提供了完整的类型系统安全设计电路。
- Chisel 使用高度利用了 Scala 参数化功能，将数字电路设计升华到了数字电路生成器设计的高度。
- Chisel 具有 FIRRTL 后端，在 FIRRTL 层面上可以自己设计很多 Transform 对已经产生的电路进行修改。

读者需要注意的是，Chisel 语言并非 Verilog HDL 的替代品。在设计完成后，Chisel 将被自动转化为 Verilog 语言，再经过传统的数字 IC 设计方法变为逻辑电路。因此，用 Chisel 语言编写的程序可以理解为高效的 Verilog 生成器。

⊚ 4.2.1　环境安装

4.2.1.1　macos

可以通过 `brew` 包管理器安装 OpenJDK 11 作为 Java 环境。

安装 brew 包管理器。

```
/bin/bash -c "$(curl -fsSL https://raw.githubusercontent.com/Homebrew/install/master/install.sh)"
```

安装 OpenJDK 11，可以换成兼容性更强的 adoptopenjdk8。

```
brew tap adoptopenjdk/openjdk
brew cask install adoptopenjdk11
```

安装 ammonite mill。

```
brew install ammonite-repl
brew install mill
```

4.2.1.2　linux

基于 Arch Linux 的 pacman，我们可以直接用包管理器安装，其他发行版也可以通过对应的包管理器进行安装。

```
pacman -Sy mill ammonite
```

在安装过程中，需要安装 OpenJDK 环境，用户可以自主选择，也可以手动安装。

```
pacman -Sy jdk8-openjdk jdk11-openjdk
```

安装后，可以使用如下的帮助脚本查询和修改 OpenJDK 的版本。

```
archlinux-java
```

4.2.1.3　使用 ammonite 产生第一个电路

首先在终端打开 amm（Ammonite）运行。注意本节中所有带有@的代码都是可以被 ammonite 运行的。

```
@ import $ivy.`edu.berkeley.cs::Chisel3:latest.integration`
import $ivy.$

@ import $ivy.`edu.berkeley.cs::Chiseltest:latest.integration`
import $ivy.$

@ import Chisel3._
import Chisel3._

@ import Chisel3.tester._
import Chisel3.tester._
```

这将会下载 Chisel 的运行环境。我们首先定义一个简易 Chisel 模块，代码清单 4-29 如下所示。

代码清单 4-29

```
@ class MyBundle extends Bundle {
    val in = Input(UInt(4.W))
    val out = Output(UInt(4.W))
  }
defined class MyBundle

@ class Passthrough extends Module {
    val io = IO(new MyBundle)
    io.out := io.in
  }
defined class Passthrough
```

然后运行它可以得到对应的 Verilog 代码，代码清单 4-30 如下所示。

代码清单 4-30

```
@ (new Chisel3.stage.ChiselStage).emitVerilog(new Passthrough)
[info] [0.001] Elaborating design...
[info] [0.001] Done elaborating.
Computed transform order in: 100.0 ms
Total FIRRTL Compile Time: 100 ms
res0: String = """module Passthrough(
  input       clock,
  input       reset,
  input [3:0] io_in,
  output [3:0] io_out
);
  assign io_out = io_in; // @[cmd0.sc 3:12]
```

```
    endmodule
    """
```

现在就完成了 ammonite 环境的配置。

➤ 4.2.2 Scala 编程语言快训

再次打开 ammonite。我们将简单地了解基础 Scala 语法。以下介绍简易语法。

4.2.2.1 变量和常量（-var, val）

可以通过 val 声明常量，请注意，不能对常量重复赋值。

```
@ val kittensPerHouse = 101
kittensPerHouse: Int = 101

@ kittensPerHouse = kittensPerHouse * 2              // 不会被编译
cmd.sc:1: reassignment to val
val res0 = kittensPerHouse = kittensPerHouse * 2     // 不会被编译
                            ^
Compilation Failed

@ val alphabet = "abcdefghijklmnopqrstuvwxyz"
alphabet: String = "abcdefghijklmnopqrstuvwxyz"
```

可以用 var 声明变量，变量可以被重复赋值。

```
@ var numberOfKittens = 6
numberOfKittens: Int = 6

@ var done = false
done: Boolean = false
```

Scala 的一大特色是函数式编程，程序员像数学家一样设计具有高度逻辑性的程序，通过声明一系列命题（Proposition）来构造整个程序。

命令式编程（Java/C 等）数据和行为都是可变的，即同样的输入会产生不同的结果。我们推荐非必要时只使用 val 进行程序设计，摒弃命令式编程的风险。

需要注意的是，与 Java 和 C 不同的地方在于，Scala 每行通常不需要分号结尾。当有换行符时，Scala 会推断分号。例如，当行末需要额外代码的操作符时，它通常可以判断单个语句是否分布在多行中。需要分号的唯一情况是希望将多个语句放在一行上。

4.2.2.2 条件语句（-if, else, else if）

Scala 像其他编程语言一样拥有条件语句。这是一个简单的条件语句例子。

```
@ if (numberOfKittens > kittensPerHouse) {
    println("太多 kittens 了！！！")
  }
```

当括号里只有一行的时候，不需要括号。但是 Scala 样式指南仅在包含 else 子句时才更喜欢大括号。即使它可以编译也最好不要这样做。

```
@ if (numberOfKittens > kittensPerHouse)
    println("太多 kittens 了！！！")
```

当然也有 else 关键词，甚至可以省略到一行。

```
@ if (done) println("我们搞定了") else numberOfKittens += 1
```

还有 else if 语法，为了良好的 Scala style，要保证每一个分支都有括号，因为不是每个分支都只有一行。

```
@ if (done) {
    println("我们搞定了")
  } else if (numberOfKittens < kittensPerHouse) {
    println("更多的 Kitten! ")
    numberOfKittens += 1
  } else {
    done = true
  }
```

我们搞定了。但在 Scala 中，if 条件会返回一个值，这个值由所选分支的最后一行给出。Scala 非常强大，特别是在用于初始化函数和类中的值时，它长得像这样：

```
@ val likelyCharactersSet = if (alphabet.length == 26) "英语" else "不
是英语"
likelyCharactersSet: String = "\u82f1\u8bed"
@ println(likelyCharactersSet)
英语
```

我们创建了一个在运行时由 alphabet 的长度决定的 possibleCharactersSet 常量。

4.2.2.3 方法

方法在于使用关键词 def 进行定义。在此，我们将使用一些记号用于函数名。函数的参数列表使用逗号作为分隔符，该列表指定了参数的名称、类型及可选的默认值。为清楚起见，函数应指定返回类型。没有任何参数的 Scala 函数不需要空括号。在类的成员是一个函数的情况下，使得引用它的一些相关计算变得更加简单，通常这符合开发者们的喜好。按照惯例，没有副作用（即调用它们不会改变任何东西，它们只是返回一个值）的无参数函数将不使用括号，而有副作用（也许它们会改变类的变量或有输出相关信息）的函数应该要求包含空括号。

以下是提供缩放功能的简单函数，例如，times2(3)返回 6。

```
@ def times2(x: Int): Int = 2 * x
defined function times2
```

对于单行函数，大括号可以被省略。一个复杂一些的函数如下。

```
@ def distance(x: Int, y: Int, returnPositive: Boolean): Int = {
```

```
        val xy = x * y
        if (returnPositive) xy.abs else -xy.abs
    }
defined function distance
```

如果 returnPositive 是 true，它将返回 x 乘 y 的绝对值，否则返回绝对值的相反数。

同时，一个函数名可以被多次使用，因为函数通过函数名加上参数列表才能确定一个函数签名，这允许编译器通过比对参数类型来确定应该调用哪个版本的函数。但是应当注意的是，我们应该使用避免函数重载的功能。

```
@ def times2(x: String): Int = 2 * x.toInt
defined function times2
```

我们又定义了一个针对 String 类型的 times2。

对于函数我们可以进行递归操作，使用大括号定义代码作用域。在函数作用域内可能调用其他函数或递归本身。在某个作用域内定义的函数只能在该作用域内进行访问。

```
@ def asciiTriangle(rows: Int) {
    //机智的做法：一个 Int 乘以 "X" 产生包含 columns 个 "X" 的 String
    def printRow(columns: Int): Unit = println("X" * columns)
    if(rows > 0) {
        printRow(rows)
        asciiTriangle(rows - 1) // 这是一个递归函数
    }
}
defined function asciiTriangle

@ asciiTriangle(10)
XXXXXXXXXX
XXXXXXXXX
XXXXXXXX
XXXXXXX
XXXXXX
XXXXX
XXXX
XXX
XX
X
```

4.2.2.4 模块及引入模块

对于如下声明的模块。

```
package mytools
class Tool1 { ... }
```

当外部引用包含上述行的文件中定义的代码时，应使用：

```
import mytools.Tool1
```

需要注意，包名称应该与目录层次结构匹配。这虽然不是强制性的，但如果不遵守，可能会产生一些不寻常且难以诊断的问题。包名称是小写的，不包含下划线之类的分隔符，但这有时会使描述性名称变得困难。一种解决方案是添加一层层次结构，如 package good.tools。但 Chisel 语言没有遵循这些规则而是用了一些包名称的小技巧。

在 Chisel 语言中编程时使用的一些常见库是：

```
import Chisel3._
import Chisel3.utils._
```

4.2.2.5　面向对象的 Scala 编程语言

Scala 编程语言是面向对象的，为了获得 Scala 和 Chisel 的最大优势，了解这一点很重要。而且毫无疑问，不止一种方式可以来描述这一切。

- 变量是对象。
- 通过 val 申明的常量，在 Scala 内部也是对象。
- 即使是字面值也是对象。
- 甚至函数本身也是对象。
- 对象是类的实例。
- 事实上，在 Scala 中几乎所有方面中，面向对象中的对象都将被称为实例。

在定义类时，程序员指定：

- 使用(val, var)定义的数据与类关联。
- 类的实例可以执行的操作，称为方法或函数。
- 类可以继承其他类。
- 被继承的类是父类，继承的类是子类。
- 在此情况下，子类可以继承父类中的数据和方法。
- 有许多有用而且可控的途径使类可以扩展或覆盖父类的属性。
- 类可以继承特征。可以将特征视为轻量级的类，允许从多个特征中继承特定的函数。
- 单例对象是一个特殊的 Scala 的类。
- 它们不是上面所描述的对象。请注意，我们把它们叫实例。

下面是一个简单的 Scala 类的例子，见代码清单 4-31。

代码清单 4-31

```
@ class WrapCounter(counterBits: Int) {
    val max: Long = (1 << counterBits) - 1
```

```
    var counter = 0L
    def inc(): Long = {
      counter = counter + 1
      if (counter > max) {
        counter = 0
      }
      counter
    }
    println(s"创建了位宽是 $max 的计数器")
  }
defined class WrapCounter
```

以下对上述代码的 `WrapCounter` 进行分析。

- class WrapCounter 是对 WrapCounter 的定义。
- (counterBits: Int)创建 WrapCounter 需要一个 Int 参数，这个参数的命名很不错，暗示了它是计数器的位宽。
- 大括号{}分隔代码块。大多数类使用代码块来定义变量、常量和方法（函数）。
- val max: Long = —— 该类包含一个成员变量 max，声明为 Long 类型，并在创建该类时进行初始化。
- (1 << counterBits) – 1 计算可以包含在 counterBits 位中的最大值。由于 max 是用 val 创建的，因此无法更改。
- 创建变量 counter 并将其初始化为 0L。L 表示 0 是一个 Long 类型，因此，counter 被 Scala 推断为 Long。
- max and counter 通常称为该类的成员变量。
- 定义了一个返回 Long 类型不带任何参数的类方法 inc。
- inc 函数是一个代码块，包含：
  - counter = counter + 1 对 counter 进行自增。
  - if (counter > max) { counter = 0 }确定 counter 是否大于 max，如果是的话将其赋值为 0。
  - counter 代码块的最后一行十分重要。
- 表示为代码块最后一行的任何值均视为该代码块的返回值。返回值可以被调用语句使用或忽略。
- 这个做法很普遍。例如，由于 if else 语句使用代码块定义了它的 true 和 false 子句，因此它可以返回一个值，即 val result = if(10 * 10 > 90) "greater" else "lesser"。将创建一个值为 greater 的变量。
  - 因此，在这种情况下，函数 inc 返回 counter 的值。

● println（s "创建了位宽是$max 的计数器"）将字符串输出到标准输出。因为 println 直接位于定义代码块中，所以它是类初始化代码的一部分并运行，即每次创建该类实例时都会打印出字符串。

● 在这种情况下打印的字符串是插值字符串。

‒ 第一个双引号前面的前缀 s 将其标识为插值字符串。

‒ 插值的字符串在运行时处理。

‒ $max 将被替换为 max 的值。

‒ 如果${...}使用大括号包含一个代码块，则该代码块中可以包含任意 Scala 代码。

● 举个例子，println(s"双倍的 max 是${max + max}")。

● 该代码块的返回值将代替${...}。

● 如果返回值不是字符串，则将其转换为字符串。实际上，Scala 中的每个类或类型都有对定义的字符串的隐式转换方法。

除非在调试的时候，应避免在每次创建类实例时都打印某些内容，以免淹没标准输出。使用上面的范例创建一个类。Scala 的实例是通过内置的关键字 new 创建的。

```
@ val x = new WrapCounter(2)
x: WrapCounter = ammonite.$sess.cmd$WrapCounter0@12345678
```

实例创建时没有关键字 new，即 val y = WrapCounter(6)。这种情况经常发生，需要引起特别注意。但是需要使用伴随对象，稍后将详细描述。接下来介绍调用刚刚创建实例的方法。

```
@ x.inc()
res0: Long = 1L

@ x.inc()
res0: Long = 2L

@ x.inc()
res0: Long = 3L

@ x.inc()
res0: Long = 0L

@ x.inc()
res0: Long = 1L
```

4.2.2.6 代码块

代码块由花括号分隔。一个块可以包含零个或更多行的 Scala 代码。Scala 代码的最后一行成为代码块的返回值（可以忽略）。没有代码行的代码块将返回一个特殊的类似 null 的对象，称为 Unit。代码块在整个 Scala 中普遍被使用：它可以类定义的主体，定义函数和方法，它也是 if 语句的子句，是 for 和其他许多 Scala 运算符的主体。

代码块可以被参数化，代码块可以带有参数。对于类和方法定义，这些参数看起来像大多数常规编程语言中的参数。在下面的范例中，c 和 s 是代码块的参数，单行的代码块可以不被 {} 包裹。

```
@ def add1(c: Int): Int = c + 1
defined function add1
@ class RepeatString(s: String) {
    val repeatedString = s + s
  }
defined class RepeatString
```

还有另一种方式可以对代码块进行参数化。以下是一个例子。

```
@ val intList = List(1, 2, 3)
intList: List[Int] = List(1, 2, 3)

@ val stringList = intList.map { i =>
    i.toString
  }
stringList: List[String] = List("1", "2", "3")
```

该代码块被传递到 List 类的方法 map 中。map 方法要求其代码块具有一个参数。map 将为列表中的每个成员调用该代码块，并且该代码块将转换为 String 后返回。Scala 几乎偏执地接受此类语法的变体。你可能会在多种不同的情况下看到此内容。这种类型的代码块被称为匿名函数，在后面的模块中提供了有关匿名函数的更多详细信息。

这里的目标是帮助你在遇到不同的表示方法时识别它们。当使用 Scala 时，这些方法看起来会更加舒适和熟悉。不同设计者倾向于使用特定的样式，并且在个别句法情况下，某种表示方法看起来更自然。One-liners 倾向于使用更简洁的形式。复杂的块通常有更直观的表达方式。为了简化协作，应该考虑参考 Scala 指南中的最佳做法。

⊗ 4.2.3 Chisel 硬件构造语言快训

现在，读者已经熟悉了 Scala，让我们开始开发一些硬件单元。嵌入在 Scala 中的构造硬件语言（Constructing Hardware In a Scala Embedded Language，Chisel）意味着 Chisel 是 Scala 中的 DSL，可以在同一套代码中利用 Scala 和 Chisel 编程。了解哪些代码属于 Scala，哪些代码属于 Chisel 是很重要的，我们将在后面讨论。这一节展示了 Chisel 模块和其测试框架。读者需要了解它的要点，稍后将看到更多范例。

4.2.3.1 语法入门

基本数据结构

在 Chisel 中，位（Bits）的基本集合由位类型（Bits Type）表示。有符号整数和无符号整数被认为 FixedPoint 的子类，分别由类型 SInt 和 UInt 表示。有符号的定点数（包括整数）使用二的补码（Two's-complement）格式表示。布尔值表示为 Bool 类型。

这些类都继承自 Data 超类。这个超类并不定义具体的电路结构，但所有的数据元素（Element）与聚合体（Aggregate）都派生于此超类。

类似于 Verilog 语言，Chisel 支持位宽的自动推断。我们将在后面部分介绍这些内容，下面请先看一些 Chisel 支持的数据类型的示例。

```
1.U                  // 1位十进制无符号整数
"ha".U               // 4位十六进制无符号字符串
"o12".U              // 4位八进制无符号字符串
"b1010".U            // 4位二进制无符号字符串
5.S                  // 4位十进制有符号整数
-8.S                 // 4位十进制有符号整数
5.U                  // 3位十进制无符号整数
8.U(4.W)             // 4位十进制无符号整数（显式定义位宽）
-152.S(32.W)         // 32位十进制有符号整数（显式定义位宽）
```

我们可以利用下划线进行字符的分割，这并不影响对数值的解释。

```
"h_dead_beef".U   // 32位无符号整数
```

数据类型转换

在 Chisel 中，我们可以利用 asSInt/asUInt 方法进行数据类型的转换。

```
val sint = 3.S(4.W)              // 4位有符号整数
val uint = sint.asUInt           // 将有符号整数转换为无符号整数
uint.asSInt                      // 将无符号整数转换为有符号整数
```

需要注意的是，这两个方法不能带有参数。Chisel 将在原有数据类型的位宽上进行截断。也可以在时钟上进行数据类型转换。

可以通过 GCD 先了解 Chisel 的大致功能，然后再做详细介绍。

```
@ import $ivy.`edu.berkeley.cs::Chisel3:latest.integration`
import $ivy.$

@ import $ivy.`edu.berkeley.cs::Chiseltest:latest.integration`
import $ivy.$

@ import Chisel3._
import Chisel3._
```

```
@ import Chisel3.util._
import Chisel3.util._

@ import Chisel3.experimental._
import Chisel3.experimental._

@ import Chisel3.experimental.BundleLiterals._
import Chisel3.experimental.BundleLiterals._

@ import Chisel3.tester._
import Chisel3.tester._

@ import Chisel3.tester.RawTester.test
import Chisel3.tester.RawTester.test
```

这些动作会帮助读者下载最新的 Chisel3 和 Chiseltest 库，并引入到环境中。在下载完成之后，输入代码清单 4-32，则产生求最大公约数的电路。

代码清单 4-32

```
@ class GCDIO extends Bundle {
    val a = Input(UInt(32.W))
    val b = Input(UInt(32.W))
    val e = Input(Bool())
    val z = Output(UInt(32.W))
    val v = Output(Bool())
  }
defined class GCDIO

@ class GCD extends Module {
    val io = IO(new GCDIO)
    val x = Reg(UInt(32.W))
    val y = Reg(UInt(32.W))
    io.z := x
    io.v := y === 0.U
    when (x > y)   { x := x -% y }
    .otherwise     { y := y -% x }
    when (io.e) { x := io.a; y := io.b }
  }
defined class GCD

@ (new Chisel3.stage.ChiselStage).emitVerilog(new GCD)
[info] [0.004] Elaborating design...
```

```
[info] [0.108] Done elaborating.
Computed transform order in: 100.0 ms
Total FIRRTL Compile Time: 100.0 ms
res0: String = """module GCD(
  input         clock,
  input         reset,
  input  [31:0] io_a,
  input  [31:0] io_b,
  input         io_e,
  output [31:0] io_z,
  output        io_v
);
  reg [31:0] x;                      // @[cmd.sc 3:14]
  reg [31:0] _RAND_0;
  reg [31:0] y;                      // @[cmd.sc 4:14]
  reg [31:0] _RAND_1;
  wire  _T_1;                        // @[cmd.sc 7:11]
  wire [31:0] _T_3;                  // @[cmd.sc 7:27]
  wire [31:0] _T_5;                  // @[cmd.sc 8:27]
  assign _T_1 = x > y;               // @[cmd.sc 7:11]
  assign _T_3 = x - y;               // @[cmd.sc 7:27]
  assign _T_5 = y - x;               // @[cmd.sc 8:27]
  assign io_z = x;                   // @[cmd.sc 5:8]
  assign io_v = y == 32'h0;          // @[cmd.sc 6:8]
`ifdef RANDOMIZE_GARBAGE_ASSIGN
`define RANDOMIZE
`endif
`ifdef RANDOMIZE_INVALID_ASSIGN
`define RANDOMIZE
`endif
`ifdef RANDOMIZE_REG_INIT
`define RANDOMIZE
`endif
`ifdef RANDOMIZE_MEM_INIT
`define RANDOMIZE
`endif
`ifndef RANDOM
`define RANDOM $random
`endif
`ifdef RANDOMIZE_MEM_INIT
  integer initvar;
```

```
`endif
`ifndef SYNTHESIS
initial begin
  `ifdef RANDOMIZE
    `ifdef INIT_RANDOM
      `INIT_RANDOM
    `endif
    `ifndef VERILATOR
      `ifdef RANDOMIZE_DELAY
        #`RANDOMIZE_DELAY begin end
      `else
        #0.002 begin end
      `endif
    `endif
  `ifdef RANDOMIZE_REG_INIT
  _RAND_0 = {1{`RANDOM}};
  x = _RAND_0[31:0];
  `endif                       // RANDOMIZE_REG_INIT
  `ifdef RANDOMIZE_REG_INIT
  _RAND_1 = {1{`RANDOM}};
  y = _RAND_1[31:0];
  `endif                       // RANDOMIZE_REG_INIT
  `endif                       // RANDOMIZE
end                            // initial
`endif                         // SYNTHESIS
  always @(posedge clock) begin
    if (io_e) begin
      x <= io_a;
    end else if (_T_1) begin
      x <= _T_3;
    end
    if (io_e) begin
      y <= io_b;
    end else if (!(_T_1)) begin
      y <= _T_5;
    end
  end
endmodule
"""
```

可以看到 GCD 继承自 Module 的 Scala 类。如果一个类型继承自 Module 类，表示这个类代表了一个电路模块，类似于 module 在 Verilog 中的作用。

`val io = IO(???)` 表示将 IO 后的类型声明成 IO 存储在 `io` 的变量中，声明在 IO 中的变量可以在模块内进行访问，其代表了电路的输入输出。

在 `new Bundle {???}` 中，Chisel 将多个基础类型 UInt 和 Bool 集合起来放到一个聚合类型 Bundle 中组成不同类型信号，并且可以对聚合类型进行自由操作，类似于 SystemVerilog 中的 Interface，这种定义可以便于模块间连接的重用。

`val a = Input(UInt(32.W))` 中的 Input 表示了将 a 作为模块的输入，其类型是一个位宽为 32 的无符号整型。

在定义模块的 IO 后，即可开始构建电路。

```
val x = Reg(UInt(32.W))
val y = Reg(UInt(32.W))
```

Chisel 可以通过 Reg、Wire 定义电路基本单元：寄存器和线。其中又包含了 RegInit，RegNext，WireDefault 赋予这些基本单元不同的性质。

对于 IO、Reg、Wire 之间的连线，我们可以通过 := 进行单向连接，例如，把某一个寄存器赋值到另一个寄存器。请注意，Chisel 具有的一个特性是隐含时钟域，除了通过 `withClockAndReset(clock, reset) {???}` 进行跨时钟的处理，所有的赋值都是在默认时钟域进行处理的，这样保证不会出现 CDC 违例的风险。

另外通过 when 声明的语法块。

```
when (x > y) { x := x -% y }
.otherwise { y := y -% x }
```

隐含地产生了两个 Mux，如果 x>y 为真，那么 {x := x -% y} 的电路就被激活，否则 otherelse 中的电路会被激活，即产生：

```
x := Mux(x > y, x -% y, x)
y := Mux(x > y, y, y -% x)
```

需要注意的是，Chisel 的位宽是自动推断的，+% 不会进行位宽扩展，然而 +& 会进行扩展，对于减法也同理。

现在让我们一步步开始学习 Chisel。

4.2.3.2　模块

本节将介绍第一个硬件模块（Module），一个测试用例及运行它的方法。在生成电路时，Chisel 模块与 Verilog 模块一样，将定义层次化的结构。在下游工具中可以访问分层模块名称空间，以帮助调试和物理布局。一个用户定义的模块被定义为一个包含以下特征的类：

- 继承自 Module。
- 包含封装在模块 IO() 方法中的接口，并存储在名为 IO 的端口字段中。
- 在其构造器中将子电路连接在一起。

我们可以在 Chisel 语言中声明模块定义，以下代码清单 4-33 范例是 Chisel 模块 Passthrough，具有一个 4 位输入 in 和一个 4 位输出 out。该模块组合连接 in 和 out，因此 in 直接驱动 out。

代码清单4-33

```
@ class Passthrough extends MultiIOModule {
    val in = IO(Input(UInt(4.W)))
    val out = IO(Output(UInt(4.W)))
    out := in
  }
defined class Passthrough

@ (new Chisel3.stage.ChiselStage).emitVerilog(new Passthrough)
[info] [0.000] Elaborating design...
[info] [0.005] Done elaborating.
Computed transform order in: 100.0 ms
Total FIRRTL Compile Time: 100.0 ms
res0: String = """module Passthrough(
  input         clock,
  input         reset,
  input  [3:0]  in,
  output [3:0]  out
);
  assign out = in; // @[cmd.sc 4:7]
endmodule
"""
```

对每行代码给出如下注解。

通过 MultiIOModule 定义一个模块，顾名思义，和 Module 不同的是，MultiIOModule 可以声明多个 IO。

```
class Passthrough extends MultiIOModule
```

对于 IO 可通过以下方式定义。

```
val in = Input(UInt(4.W))
val out = Output(UInt(4.W))
```

定义 in 为位宽为 4 的无符号整型作为输入，out 为位宽为 4 的无符号整型作为输出。将输入端口连接到输出端口。

```
out := in
```

使用 in 驱动 out。需要注意的是，:=是 Chisel 操作符，它表示右侧信号驱动左侧信号，它是有向操作符。

如果将对 Scala 的了解应用于本范例，则可以看到 Chisel 模块是作为 Scala 类实现的。

与其他 Scala 类一样，我们可以使 Chisel 模块采用一些构造参数。在这种情况下，我们创建一个新的类 PassthroughGenerator，该类将接受一个整型参数 width，该宽度定义了其输入和输出端口的宽度，该参数默认宽度是 4。

```
@ class PassthroughGenerator(width: Int = 4) extends MultiIOModule {
    val in = IO(Input(UInt(width.W)))
    val out = IO(Output(UInt(width.W)))
    out := in
  }
defined class PassthroughGenerator
```

我们可以通过向 PassthroughGenerator 传参（或不传参使用默认参数 4）产生对应的电路，见代码清单 4-34。

代码清单 4-34

```
@ (new Chisel3.stage.ChiselStage).emitVerilog(new
PassthroughGenerator())
    [info] [0.000] Elaborating design...
    [info] [0.002] Done elaborating.
    Computed transform order in: 100.0 ms
    Total FIRRTL Compile Time: 100.0 ms
    res0: String = """module PassthroughGenerator(
      input        clock,
      input        reset,
      input  [3:0] in,
      output [3:0] out
    );
      assign out = in; // @[cmd.sc 4:9]
    endmodule


@ (new Chisel3.stage.ChiselStage).emitVerilog(new
PassthroughGenerator(10))
    [info] [0.000] Elaborating design...
    [info] [0.002] Done elaborating.
    Computed transform order in: 100.0 ms
    Total FIRRTL Compile Time: 100.0 ms
    module PassthroughGenerator(
      input        clock,
      input        reset,
      input  [9:0] in,
      output [9:0] out
    );
```

```
    assign out = in; // @[cmd.sc 4:9]
    endmodule

    @ (new Chisel3.stage.ChiselStage).emitVerilog(new
PassthroughGenerator(100)
    [info] [0.001] Elaborating design...
    [info] [0.002] Done elaborating.
    Computed transform order in: 100.0 ms
    Total FIRRTL Compile Time: 100.0 ms
    module PassthroughGenerator(
      input         clock,
      input         reset,
      input  [99:0] in,
      output [99:0] out
    );
      assign out = in; // @[cmd.sc 4:9]
    endmodule
    """
```

根据分配给 width 参数的值，可以对生成的 Verilog 的输入和输出使用不同的位宽。让我们研究一下它是如何工作的。因为 Chisel 模块是普通的 Scala 类，所以可以使用 Scala 的类构造函数的功能来参数化设计的细节。

读者可能会注意到，此参数化是来自于 Scala 而非 Chisel；Chisel 没有其他用于参数化的 API，但可以简单地利用 Scala 的特性进行参数化。

由于 PassthroughGenerator 不再描述单个模块，而是描述了由 width 参数化的一系列模块，因此我们将 Passthrough 称为 Generator，即生成器。

4.2.3.3 测试电路

没有测试的硬件模块或生成器都不是完善的。测试硬件设计一般称为 testbench。这些 testbench 初始化被测试的设计（DUT），驱动输入端口，观察输出端口，与它们和期待值比较。Chisel 语言具有内置的测试功能，这将在本练习中进行探索。利用 Chisel 可以直接对小型电路进行测试；而对于大型电路，这里推荐将 Chisel 语言转为 Verilog 语言，利用 EDA 工具进行测试。

以下代码清单 4-35 是 Chisel 测试工具，它是将值传递到 PassthroughGenerator 输入端口 in 的实例，并检查在输出端口 out 上是否有相同的值。

代码清单 4-35

```
@test(new PassthroughGenerator()){dut =>
    dut.in.poke(2.U)
    dut.out.expect(2.U)
```

```
    }
[info] [0.000] Elaborating design...
[info] [0.002] Done elaborating.
Computed transform order in: 100.0 ms
Total FIRRTL Compile Time: 37.5 ms
file 100 i0 0.001513055 seconds, 5 symbols, 2 statements
test PassthroughGenerator Success: 0 tests passed in 1 cycles in 1.591897
seconds 0.63 Hz
```

以上测试接受一个 `PassthroughGenerator` 模块，对模块的输入给值，并检查其输出。要设置输入，可被称为 `poke`。为了检查输出，调用 `expect`。如果不想将输出与期望值进行比较（无断言），则可以 `peek` 输出。

4.2.3.4 组合逻辑

在本节中，将介绍如何使用 Chisel 组件来实现组合逻辑，基本上所有的组合电路都能通过布尔算式被编写。将演示 Chisel 的三种基本类型：UInt -无符号整型、SInt -有符号整型和 Bool -布尔类型可以进行连接和操作。注意如何将所有 Chisel 变量声明为 Scala 的 `val`。切勿将 Scala 中的 `var` 用于硬件构造，因为一旦定义，硬件本身就永远不会改变。只有运行硬件时，只有其电路代表的值可能会更改。

在 Chisel 中，电路使用节点图描绘的。每个节点都是具有零个或多个输入，驱动一个输出的硬件运算符。例如，我们可以用下面的表达式来表示一个简单的组合逻辑电路。

```
(a & b) | (~c & d)
```

其中，&和|分别表示按位与（bitwise-AND）和按位或（bitwise-OR），而～表示按位取反（bitwise-NOT）。可以用一些标识符来命名从 a 到 b 的连线，这些连线是不需要指定宽度的。

利用这个方法创建的电路是树状的，每一个硬件运算符都是树中的一个节点，而最终的输出结构可以从树状电路的根节点中获得。上面例子中的根节点就是最后执行的按位或的运算。

通过声明一个 Scala 中的 `val` 变量来给一条线命名。例如，考虑 select 表达式，它在下面的多路复用器描述中使用了两次。

```
val sel = a | b
val out = (sel & in1) | (~sel & in0)
```

这里使用它来命名第一个或运算符的输出，这个输出就可以在第二个表达式中被多次使用。

了解了 Module 的构造方式，可以对数据执行的不同操作。首先定义一个模块见代码清单 4-36 所示，它将打印 two 和 utwo 的值。

代码清单 4-36

```
@ class MyModule extends MultiIOModule {
```

```
    val in = IO(Input(UInt(4.W)))
    val out = IO(Output(UInt(4.W)))
    val two = 1 + 1
    println(s"val two = $two ")
    val utwo = 1.U + 1.U
    println(s"val utwo = $utwo ")
    out := in
  }
defined class MyModule

@ (new Chisel3.stage.ChiselStage).emitVerilog(new MyModule)
[info] [0.000] Elaborating design...
val two = 2
val utwo = UInt<1>(OpResult in MyModule)
[info] [0.003] Done elaborating.
Computed transform order in: 100.0 ms
Total FIRRTL Compile Time: 100.0 ms
res0: String = """
module MyModule(
  input        clock,
  input        reset,
  input [3:0] in,
  output [3:0] out
);
  assign out = in; // @[cmd.sc 8:7]
endmodule
"""
```

我们创建两个 vals。第一个将两个 Int（Scala 类型）相加，所以 println 打印出整数 2。第二个 val 将两个 UInt（Chisel 类型）相加，所以 println 将其视为硬件组件并打印出类型名称 UInt<1>(OpResult in MyModule)。需要注意，1.U 是从 1（Scala 的 Int 类型）转换为 Chisel 的 UInt 类型的硬件常数。

如果不小心将 1.U 和 1 进行相加会怎样？由于前者是值为 1 的硬件导线，而后者是值为 1 的 Scala 值。因此，Chisel 将产生类型不匹配的错误信息。

```
@ class MyModule extends MultiIOModule {
    val in = IO(Input(UInt(4.W)))
    val out = IO(Output(UInt(4.W)))
    val two = 1 + 1.U
    out := in
  }
cmd.sc:4: overloaded method value + with alternatives:
```

```
        (x: Double)Double <and>
        (x: Float)Float <and>
        (x: Long)Long <and>
        (x: Int)Int <and>
        (x: Char)Int <and>
        (x: Short)Int <and>
        (x: Byte)Int <and>
        (x: String)String
   cannot be applied to (Chisel3.UInt)
      val two = 1 + 1.U
               ^
Compilation Failed
```

运算符

其他常见的运算是减法和乘法。代码清单 4-37 是对无符号整数进行处理。我们展示了 Verilog HDL，有些底层的 Chisel 操作将所期望的简单代码复杂化以至于难以理解。

代码清单 4-37

```
@ class MyOperators extends MultiIOModule {
     val in = IO(Input(UInt(4.W)))
     val out_add = IO(Output(UInt(4.W)))
     val out_sub = IO(Output(UInt(4.W)))
     val out_mul = IO(Output(UInt(4.W)))
     out_add := 1.U + 4.U
     out_sub := 2.U - 1.U
     out_mul := 4.U * 2.U
   }
defined class MyOperators

@ (new Chisel3.stage.ChiselStage).emitVerilog(new MyOperators)
[info] [0.000] Elaborating design...
[info] [0.005] Done elaborating.
Computed transform order in: 100.0 ms
Total FIRRTL Compile Time: 100.0 ms
res0: String = """
module MyOperators(
  input        clock,
  input        reset,
  input  [3:0] in,
  output [3:0] out_add,
  output [3:0] out_sub,
  output [3:0] out_mul
```

```
);
  wire [1:0] _T_3;                         // @[cmd.sc 7:18]
  wire [4:0] _T_4;                         // @[cmd.sc 8:18]
  assign _T_3 = 2'h2 - 2'h1;               // @[cmd.sc 7:18]
  assign _T_4 = 3'h4 * 3'h2;               // @[cmd.sc 8:18]
  assign out_add = 4'h5;                   // @[cmd.sc 6:11]
  assign out_sub = {{2'd0}, _T_3};         // @[cmd.sc 7:11]
  assign out_mul = _T_4[3:0];              // @[cmd.sc 8:11]
endmodule
"""
```

代码清单 4-38 是上述操作的测试模块。

代码清单 4-38

```
  @ test(new MyOperators){dut =>
  dut.out_add.expect(5.U)
  dut.out_sub.expect(1.U)
  dut.out_mul.expect(8.U)
 }
[info] [0.000] Elaborating design...
[info] [0.003] Done elaborating.
Computed transform order in: 100.0 ms
Total FIRRTL Compile Time: 62.9 ms
file 100 i0 0.010106448 seconds, 9 symbols, 4 statements
test MyOperators Success: 0 tests passed in 1 cycles in 2.870104 seconds
0.35 Hz
```

除了加法、减法和乘法，Chisel 还具有复用器和连接算符。这些如代码清单 4-39 所示。Mux 的操作类似于传统的三元运算符，具有顺序（选择信号，值（如果为 true），值（如果为 false））。

读者需要注意，true.B 和 false.B 是创建 Chisel Bool 的首选方式。cat 的顺序是左边是 MSB，右边是 LSB，并且只接受两个自变量。如何确定连接两个以上的值需要多个 cat 调用，在稍后部分中我们将接触高级 Chisel/Scala 功能。

代码清单 4-39

```
  class MyOperatorsTwo extends MultiIOModule {
  val in = IO(Input(UInt(4.W)))
  val out_mux = IO(Output(UInt(4.W)))
  val out_cat = IO(Output(UInt(4.W)))
  val s = true.B
  // 应该返回 3.U, 因为 s 是 true.B
  out_mux := Mux(s, 3.U, 0.U)
```

```
    // 连接 2(b10) 和 1(b1) 得到 5(b101)
    out_cat := Cat(2.U, 1.U)
}
test(new MyOperatorsTwo){dut =>
    dut.out_mux.expect(3.U)
    dut.out_cat.expect(5.U)
}
[info] [0.000] Elaborating design...
[info] [0.011] Done elaborating.
Computed transform order in: 100.0 ms
Total FIRRTL Compile Time: 44.2 ms
file 100 i0 0.001104201 seconds, 6 symbols, 3 statements
test MyOperatorsTwo Success: 0 tests passed in 1 cycles in 1.043946 seconds
0.96 Hz
```

想了解更多的运算符，请参考 https://github.com/freechipsproject/Chisel3/wiki/Builtin-Operators。

控制流

Chisel 中的软件和硬件之间有着很强的对应关系。在控制流中，对两者的看法之间会有更大的分歧。该模块在生成器的软件和硬件部分中都引入了控制流。如果重新连接 Chisel 的 Wire 会怎样？如何使用两个以上的输入制作多路复用器？这在硬件电路中都是需要考虑的逻辑。

语义：最后连接

如前所述，Chisel 允许使用 := 运算符连接电路组件。由于各种原因，可以向同一组件发出多个连接语句。出现这种情况时，只有 Scala 运行时最后一条语句将有效。如以代码清单 4-40 所示。

代码清单 4-40

```
@ class LastConnect extends MultiIOModule {
    val out = IO(Output(UInt(4.W)))
    out := 1.U
    out := 2.U
    out := 3.U
    out := 4.U
}
defined class LastConnect

@ test(new LastConnect){dut =>
    dut.out.expect(4.U)
}
```

```
[info] [0.000] Elaborating design...
[info] [0.002] Done elaborating.
Computed transform order in: 100.0 ms
Total FIRRTL Compile Time: 30.1 ms
file loaded in 6.52197E-4 seconds, 4 1000 2 statements
test LastConnect Success: 0 tests passed in 1 cycles in 0.425165 seconds
2.35 Hz
```

when, elsewhen 及 otherwise

Chisel 条件逻辑的主要实现是通过 when, elsewhen 和 otherwise 构造。这通常看起来像以下形式。

```
when(someBooleanCondition) {
  // someBooleanCondition 为 true.B 时要做的事情
}.elsewhen(someOtherBooleanCondition) {
  // someOtherBooleanCondition 为 true.B 时要做的事情
}.otherwise {
  // 如果所有布尔条件都不成立，该怎么办
}
```

它们必须按上述顺序出现，尽管后者（elsewhen, otherwise）可以省略，毕竟所需的 elsewhen 子句数目可以很多。在这三个主体中采取的动作可能是复杂的块，并且可能包含嵌套 when 和其相关代码。不同于 Scala 的 if，与 when 相关的块不返回值。不能如代码清单 4-41 这样定义。

代码清单 4-41

```
// 这是错误的
val result = when(squareIt) { x * x }.otherwise { x }
    以下是使用 when 构建模块的一个例子：
@ class Max3 extends MultiIOModule {
val in1 = IO(Input(UInt(16.W)))
val in2 = IO(Input(UInt(16.W)))
val in3 = IO(Input(UInt(16.W)))
val out = IO(Output(UInt(16.W)))

when(in1 > in2 && in1 > in3) {
  out := in1
}.elsewhen(in2 > in1 && in2 > in3) {
  out := in2
}.otherwise {
  out := in3
}
}
```

```
defined class Max3

@ test(new Max3){dut =>
    dut.in1.poke(4.U)
    dut.in2.poke(3.U)
    dut.in3.poke(5.U)
    dut.out.expect(5.U)
  }
[info] [0.000] Elaborating design...
[info] [0.010] Done elaborating.
Computed transform order in: 100.0 ms
Total FIRRTL Compile Time: 69.3 ms
file 100 i0 0.007834675 seconds, 14 symbols, 9 statements
test Max3 Success: 0 tests passed in 1 cycles in 0.809525 seconds 1.24 Hz
```

Wire

回到对 when 不返回值的限制。Chisel 的连线（Wire）是解决此问题的方法之一。Wire 定义了一个电路组件作为硬件节点，如代码清单 4-42 可以被赋值或连接到其他节点，也可出现在:=运算符的右侧或左侧。

代码清单 4-42

```
val myNode = Wire(UInt(8.W))
when (isReady) {
  myNode := 255.U              // 对连线进行赋值
} .otherwise {
  myNode := 0.U                // 对连线进行赋值
}
val myNode = Wire(UInt(8.W))
when (input > 128.U) {
  myNode := 255.U              // 对连线进行赋值
} .elsewhen (input > 64.U) {
  myNode := 1.U                // 对连线进行赋值
} .otherwise {
  myNode := 0.U                // 对连线进行赋值
}
```

为了说明这一点，可以做一个小型的分类器，将其四个数字输入排序为四个数字输出。为了使事情更清楚，考虑根据以代码清单 4-43 的设计。当左边的值小于右边的值时，数据将在每一步中跟随红线；而当左边的值大于右边的值时，数据将跟随黑线（交换值）。

代码清单 4-43

```scala
@ class Sort4 extends MultiIOModule {
val in0 = IO(Input(UInt(16.W)))
val in1 = IO(Input(UInt(16.W)))
val in2 = IO(Input(UInt(16.W)))
val in3 = IO(Input(UInt(16.W)))
val out0 = IO(Output(UInt(16.W)))
val out1 = IO(Output(UInt(16.W)))
val out2 = IO(Output(UInt(16.W)))
val out3 = IO(Output(UInt(16.W)))
val row10 = Wire(UInt(16.W))
val row11 = Wire(UInt(16.W))
val row12 = Wire(UInt(16.W))
val row13 = Wire(UInt(16.W))
when(in0 < in1) {
  row10 := in0              // 保留前两个输入
  row11 := in1
}.otherwise {
  row10 := in1              // 交换前两个输入
  row11 := in0
}
when(in2 < in3) {
  row12 := in2              // 保留后两个输入
  row13 := in3
}.otherwise {
  row12 := in3              // 交换后两个输入
  row13 := in2
}
val row21 = Wire(UInt(16.W))
val row22 = Wire(UInt(16.W))
when(row11 < row12) {
  row21 := row11           // 保留中间两个输入
  row22 := row12
}.otherwise {
  row21 := row12           // 交换中间两个输入
  row22 := row11
}
val row20 = Wire(UInt(16.W))
val row23 = Wire(UInt(16.W))
when(row10 < row13) {
  row20 := row10           // 保留中间两个输入
```

```
      row23 := row13
    }.otherwise {
      row20 := row13                // 交换中间两个输入
      row23 := row10
    }
    when(row20 < row21) {
      out0 := row20                 // 保留前两个输入
      out1 := row21
    }.otherwise {
      out0 := row21                 // 交换前两个输入
      out1 := row20
    }
    when(row22 < row23) {
      out2 := row22                 // 保留前两个输入
      out3 := row23
    }.otherwise {
      out2 := row23                 // 交换前两个输入
      out3 := row22
    }
  }
defined class Sort4
```

这是使用一个 Scala List 排列功能的更完善的测试器。permutations 将列出 List(1, 2, 3, 4) 的所有可能性。

```
@ test(new Sort4){dut =>
List(1, 2, 3, 4).permutations.foreach { case i0 :: i1 :: i2 :: i3 ::
Nil =>
    println(s"Sorting $i0 $i1 $i2 $i3")
    dut.in0.poke(i0.U)
    dut.in1.poke(i1.U)
    dut.in2.poke(i2.U)
    dut.in3.poke(i3.U)
    dut.out0.expect(1.U)
    dut.out1.expect(2.U)
    dut.out2.expect(3.U)
    dut.out3.expect(4.U)
  }
}
```

内建操作符

Chisel 定义了一系列内建操作符，见表 4-10。

表 4-10　Chisel 中的内建操作符

操　作	解　释
位运算符	**有效类型：UInt、SInt、Bool**
val invertedX = ~ x	按位取反
val hiBits = x & "h_ffff_0000".U	按位与
val flagsOut = flagsIn | overflow	按位或
val flagsOut = flagsIn ^ toggle	按位异或
按位缩减（bitwise reductions）	**有效类型：UInt、Sint，返回 Bool**
val allSet = x.andR	与缩减
val anySet = x.orR	或缩减
val parity = x.xorR	异或缩减
相等比较	**有效类型：UInt、SInt、Bool，返回 Bool**
val equ = x === y	相等
val neq = x =/= y	不相等
移位	**有效类型：UInt，SInt**
val twoToTheX = 1.S << x	逻辑左移
val hiBits = x >> 16.U	右移(对 UInt 类型逻辑右移，对 SInt 类型算术右移)
位操作	**有效类型：UInt、SInt、Bool**
val xLSB = x(0)	提取最低位（最低位具有索引 0）
val xTopNibble = x(15, 12)	提取特定位域的位
val usDebt = Fill(3, "hA".U)	将位字符串复制多次
val float = Cat(sign, exponent, mantissa)	位域连接（第一个参数将被放在左侧）
逻辑运算符	**有效类型：Bool**
val sleep = !busy	逻辑非
val hit = tagMatch && valid	逻辑与
val stall = src1busy || src2busy	逻辑或
val out = Mux(sel, inTrue, inFalse)	双路选择器（选通信号 sel 为 Bool 类型）
算术运算符	**有效类型：UInt、SInt**
val sum = a + b or val sum = a +% b	加法（会产生截断）
val sum = a +& b	加法（自动位宽扩展）
val diff = a – b or val diff = a –% b	减法（会产生截断）
val diff = a –& b	减法（自动位宽扩展）
val prod = a * b	乘法
val div = a / b	除法
val mod = a % b	取模

续表

操　作	解　释
算术比较	有效类型：UInt、SInt，返回 Bool
val gt = a > b	大于
val gte = a >= b	大于或等于
val lt = a < b	小于
val lte = a <= b	小于或等于

4.2.3.5　时序逻辑

没有状态就不能编写任何有意义的数字逻辑，因为如果不存储中间结果，移位寄存器将无所适从，这必须牢记。

本节将描述如何在 Chisel 中表达常见的顺序模式。在模块结束时，读者应该能够在 Chisel 中实现和测试移位寄存器。

需要强调的是，本节内容可能不会留下深刻的印象。Chisel 的功能不在于新的时序逻辑设计，而在于设计的参数化。在证明这种能力之前，我们必须了解这些时序逻辑设计是什么。因此，本节将向读者展示 Chisel 几乎可以做 Verilog 可以做的所有事情，而读者只需要学习 Chisel 语法即可。

寄存器

时序电路的输出取决于输入和前一个值。因为我们感兴趣的是同步设计，因此我们说的时序电路是同步时序电路。Chisel 中最基本的搭建时序电路的状态元素是寄存器，表示为 Reg。寄存器是 D 触发器的集合。D 触发器在时钟上升沿抓取它的输入，并把它作为输出储存起来。或者有另一种解释，寄存器 Reg 在时钟上升沿更新其输出，变为输入值。

默认情况下，每个 Chisel Module 都有一个隐式时钟，代码清单 4-44 设计中的每个寄存器都使用该时钟，这样可以避免在代码中始终指定相同的时钟。

代码清单 4-44

```
@ class RegisterModule extends MultiIOModule {
val in = IO(Input(UInt(12.W)))
val out = IO(Output(UInt(12.W)))
val register = Reg(UInt(12.W))
register := in + 1.U
out := register
}
defined class RegisterModule

@ test(new RegisterModule){dut =>
dut.in.poke(4.U)
```

```
      dut.clock.step(1)
      dut.out.expect(5.U)
    }
[info] [0.000] Elaborating design...
[info] [0.007] Done elaborating.
Computed transform order in: 100.0 ms
Total FIRRTL Compile Time: 30.8 ms
file 100 i0 0.007718633 seconds, 8 symbols, 5 statements
test RegisterModule Success: 0 tests passed in 1 cycles in 0.474694 seconds
2.11 Hz
```

RegNext 和 RegInit

针对简单的输入连接，Chisel 有一个方便的寄存器 API。上述 Module 可以简化为代码清单 4-45 中的 Module。请注意，这次不需要指定寄存器的位宽因为它是从寄存器的输出连接（在本例中为 out）推断出来的。

代码清单 4-45

```
@ class RegisterModule extends MultiIOModule {
   val in = IO(Input(UInt(12.W)))
   val out = IO(Output(UInt(12.W)))
   out := RegNext(in + 1.U)
}
defined class RegisterModule
```

RegisterModule 中的寄存器将初始化为随机数据以进行仿真。除非另有说明，否则寄存器不具有复位值。

创建一个复位为给定值的寄存器的方法是使用 RegInit。例如，可以使用以下代码创建一个初始化为零的 12 位寄存器。以下两个版本均有效，并且执行相同的操作。

```
   val myReg = RegInit(UInt(12.W), 0.U)
   val myReg = RegInit(0.U(12.W))
```

第一个版本有两个参数。第一个参数是指定数据类型及其宽度的类型，第二个参数是指定重置值的硬件节点，在上述情况为 0.U 的字符量。第二个版本有一个参数。它是一个硬件节点，它指定复位值，但通常为 0.U。

代码清单 4-46 演示了如何将 RegInit 初始化为零。

代码清单 4-46

```
@ class RegisterModule extends MultiIOModule {
   val in = IO(Input(UInt(12.W)))
   val out = IO(Output(UInt(12.W)))
   val outReg := RegInit(0.U)
   outReg := outReg + 1.U
```

```
     out := outReg
   }
defined class RegisterModule
```

控制流

就控制流而言，`Reg` 与 `Wrie` 非常相似，它们具有最后的连接语义，可以使用 `when`、`elsewhen` 和 `otherwise` 进行控制流编写。代码清单 4-47 使用条件寄存器在输入序列中找到了最大值。

代码清单 4-47

```
@ class FindMax extends MultiIOModule {
val in = IO(Input(UInt(10.W)))
val out = IO(Output(UInt(10.W)))

val max = RegInit(0.U(10.W))
when (in > max) {
  max := in
}
out := max
}
defined class FindMax
```

存储器

FPGA 上的存储器一般有一个读端口和一个写端口，或者可以切换方向的两个端口。但是 Chisel 只支持写端口。因此对于双端口寄存器，建议使用 BlackBox 进行封装专用的 Verilog 原语。所有的 ASIC 存储器编译器都支持单端口 SRAM，而在 Chisel 中定义，读写地址、写数据、写使能、读数据在设置地址后一个周期是可用的。

图 4-4 所示是一个双端口同步存储器的框图，具有一个读出端口和写入端口。这个读出端口有一个单一输入读出地址（rdAddr）和一个输出数据（rdData）。写入端口有三个输入，分别是地址（wrAddr）、写入的数据（wrData）和写入使能（wrEna）。为了支持片上存储，Chisel 提供了存储器构建器 SyncReadMem。代码清单 4-48 说明支持 1KB 的存储器具有字节位宽的输入和输出数据，以及一个写入使能的 Memory 组件与 Verilog 输出。

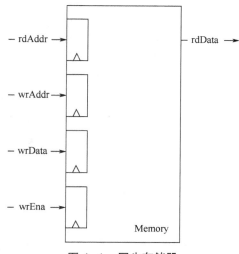

图 4-4   同步存储器

代码清单 4-48

```
@ class Memory() extends MultiIOModule {
    val rdAddr = IO(Input(UInt(10.W)))
    val rdData = IO(Output(UInt(8.W)))
    val wrEn = IO(Input(Bool()))
    val wrData = IO(Input(UInt(8.W)))
    val wrAddr = IO(Input(UInt(10.W)))

    val mem = SyncReadMem(1024, UInt(8.W))
    rdData := mem.read(rdAddr)
    when(wrEn) {
      mem.write(wrAddr , wrData)
    }
  }
defined class Memory

@ (new Chisel3.stage.ChiselStage).emitVerilog(new Memory())
[info] [0.000] Elaborating design...
[info] [0.003] Done elaborating.
Computed transform order in: 286.4 ms
Total FIRRTL Compile Time: 113.4 ms
res0: String = """module Memory(
  input         clock,
  input         reset,
  input  [9:0]  rdAddr,
  output [7:0]  rdData,
  input         wrEn,
  input  [7:0]  wrData,
  input  [9:0]  wrAddr
);
  reg [7:0] mem [0:1023];              // @[cmd5.sc 8:24]
  reg [31:0] _RAND_0;
  wire [7:0] mem__T_data;              // @[cmd5.sc 8:24]
  wire [9:0] mem__T_addr;              // @[cmd5.sc 8:24]
  wire [7:0] mem__T_1_data;            // @[cmd5.sc 8:24]
  wire [9:0] mem__T_1_addr;            // @[cmd5.sc 8:24]
  wire mem__T_1_mask;                  // @[cmd5.sc 8:24]
  wire mem__T_1_en;                    // @[cmd5.sc 8:24]
  reg mem__T_en_pipe_0;
  reg [31:0] _RAND_1;
  reg [9:0] mem__T_addr_pipe_0;
```

```
  reg [31:0] _RAND_2;
  assign mem__T_addr = mem__T_addr_pipe_0;
  assign mem__T_data = mem[mem__T_addr];      // @[cmd5.sc 8:24]
  assign mem__T_1_data = wrData;
  assign mem__T_1_addr = wrAddr;
  assign mem__T_1_mask = 1'h1;
  assign mem__T_1_en = wrEn;
  assign rdData = mem__T_data;                // @[cmd5.sc 9:10]
`ifdef RANDOMIZE_GARBAGE_ASSIGN
`define RANDOMIZE
`endif
`ifdef RANDOMIZE_INVALID_ASSIGN
`define RANDOMIZE
`endif
`ifdef RANDOMIZE_REG_INIT
`define RANDOMIZE
`endif
`ifdef RANDOMIZE_MEM_INIT
`define RANDOMIZE
`endif
`ifndef RANDOM
`define RANDOM $random
`endif
`ifdef RANDOMIZE_MEM_INIT
  integer initvar;
`endif
`ifndef SYNTHESIS
initial begin
  `ifdef RANDOMIZE
    `ifdef INIT_RANDOM
      `INIT_RANDOM
    `endif
    `ifndef VERILATOR
      `ifdef RANDOMIZE_DELAY
        #`RANDOMIZE_DELAY begin end
      `else
        #0.002 begin end
      `endif
    `endif
  _RAND_0 = {1{`RANDOM}};
  `ifdef RANDOMIZE_MEM_INIT
```

```
    for (initvar = 0; initvar < 1024; initvar = initvar+1)
      mem[initvar] = _RAND_0[7:0];
    `endif                               // RANDOMIZE_MEM_INIT
    `ifdef RANDOMIZE_REG_INIT
    _RAND_1 = {1{`RANDOM}};
    mem__T_en_pipe_0 = _RAND_1[0:0];
    `endif                               // RANDOMIZE_REG_INIT
    `ifdef RANDOMIZE_REG_INIT
    _RAND_2 = {1{`RANDOM}};
    mem__T_addr_pipe_0 = _RAND_2[9:0];
    `endif                               // RANDOMIZE_REG_INIT
    `endif                               // RANDOMIZE
  end                                    // initial
`endif                                   // SYNTHESIS
  always @(posedge clock) begin
    if(mem__T_1_en & mem__T_1_mask) begin
      mem[mem__T_1_addr] <= mem__T_1_data; // @[cmd5.sc 8:24]
    end
    mem__T_en_pipe_0 <= 1'h0;
    mem__T_addr_pipe_0 <= mem__T_addr_pipe_0;
  end
endmodule
"""
```

⊙ 4.2.4   小结

本节对 Chisel 语言做了基本介绍。Scala 语言赋予了 Chisel 语言极强的可扩展性，以此来设计电路，SiFive 公司内部通过基于 Chisel 的 Diplomacy 库进行 SoC 的自动构建，这里仅仅只是带领读者 Chisel 入门。如果想更加深入的学习，读者可以通过网页链接进行学习，参见 http://github.com/freechipsproject/Chisel-bootcamp/。总而言之，Chisel 语言赋予了数字设计新的生命，传统 Verilog HDL 在迅速发展的数字系统设计开发中会被逐步淘汰，敏捷的数字系统设计会变成后摩尔时代的未来。

4.3   SiFive Freedom E300 平台架构介绍

E300 平台是 SiFive Freedom Everywhere 系列的第一个成员。通过将高度可配置的底层平台与用户指定的硬件扩展相结合，Freedom Everywhere 系列为性能、成本、低功耗的嵌入式和物联网市场提供了低工程费用和产品快速上市的解决方案。

每个 E300 SoC 包括 SiFive E3 系列的 RISC-V 内核及相应集成指令和数据存储器，一个平台级中断控制器，片上调试单元，以及可供广泛选择的外设。E300 底层平台的各方面都可以灵活配置。此外，该平台可通过用户指定的指令集扩展，自定义协处理器、加速器、I/O 口和始终上电域（Always-on Domain，AON）模块。在应用方面，特定优化后的 E300 SoC 采用台积电 180nm 工艺制造，通过 SiFive 封装测试后交付芯片。

图 4-5 为 SiFive E300 平台的顶层框图。目前 E300 平台的内核是 E31 RISC-V 处理器、指令和数据存储器、平台级中断控制器（PLIC）、中央 DMA 控制器和调试模块。

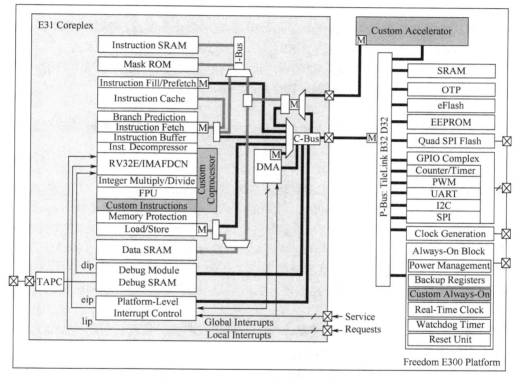

图 4-5　SiFive E300 平台的顶层框图

可配置的 E31 RISC-V 内核

可配置的 E31 RISC-V 内核提供了高性能的 32 位单发射有序流水线，其峰值持续执行率为每个时钟周期一条指令。Freedom E300 平台支持 E31 内核的大多数配置选项，但以下两项除外，一项是指令缓存线的大小为 32 字节另一个是不支持数据缓存。

E3 Coreplex 导出两个 TileLink 附件，一个 TileLink 主设备端口可用于连接自定义加速器，另一个 TileLink 从设备端口驱动平台的总线。这两个端口都支持通过 32 位数据通路的 32 字节突发访问。

片上存储器

片上存储系统可以灵活配置，以兼容不同位宽的 ROM、OTP、eFLASH、NVM/ EEPROM 和/或 SRAM。

现场执行（Execute-in-Place）四-SPI 闪存控制器

一个专用的四-SPI 闪存控制器可供添加内存映射的突发读取接口支持，协助从外部 SPI 闪存重新填充处理器指令缓存或数据缓存。该控制器不支持内存突发写入，外部 SPI 闪存有一组映射到 I/O 空间的控制寄存器，通过这些控制寄存器可在软件控制下写入外部闪存。

外设

外设可从大量的标准组件中选择，包括计数器/定时器、监视器、PWM、GPIO、UART、I2C、SPI、ADC、DAC、SD/eMMC、USB1.1/2.0 OTG 和 10/100/1000 以太网。可添加自主 Coreplex DMA 引擎，以减少为数据存储器之间 I/O 传输提供服务时的处理器开销。第三方外设 IP 可以通过工业标准 SoC 总线或 TileLink 连接。

平台级中断控制器

可配置的 PLIC 支持大量的输入及可编程的优先级。通过增加 N 扩展，还可支持嵌套的中断处理，以实现快速中断响应。

Always-On 模块与电源管理

E300 微控制器可以配置有源电源管理，以减少睡眠模式下的漏电。AON 模块支持低功耗睡眠，可以由内部实时时钟中断或外部 I/O 激励下唤醒，也可自定义 AON 线路。

调试支持

每个 E300 系统都包含大量平台级调试工具，包括硬件断点、观察点和通过行业标准 JTAG 接口访问的单步执行，并有全套开源调试工具的支持。系统中的所有组件，包括处理器、加速器、存储器、外设和中断控制器，都可通过调试端口进行控制和监视。

自定义加速器

可以通过添加自定义的自主加速器，为指定应用程序提供处理。自定义加速器可直接访问片上存储器和外围设备，并由 PLIC 生成和接收中断。

软件工具

SiFive 为 E300 微控制器提供完全开源的 RISC-V 嵌入式软件开发工具链，包括具有软浮点支持的现代 C 和 C++编译器、标准库、汇编器、连接器和 FreeRTOS 实时操作系统，以及驱动片上调试硬件的调试工具。

⊙ 4.3.1　E31 RISC-V内核概述

SiFive 的高性能 E31 内核实现 RISC-V RV32IMAC 架构，E31 内核确保与所有适用的 RISC-V 标准兼容。E31 内核的功能集见表 4-11。

表 4-11   E31 内核功能集

特征	描述
硬件线程（HART）数量	1 HART
E31 内核	1 个 E31 RISC-V 内核
本地中断	每个 HART 有 16 个本地中断信号，可以连接到非内核设备
PLIC 中断	PLIC 负责将全局中断源（通常都是 I/O 设备）链接到中断目标。127 个中断信号，可以将其连接到非内核设备
PLIC 优先等级	PLIC 支持 7 个优先级
硬件断点	4 个硬件断点
物理内存保护单元（PMP）	PMP 具有 8 个区域，最小粒度为 4 个字节

SiFive E31 内核框图如图 4-6 所示，该 RISC-V 内核 IP 包括一个 32 位 RISC-V 内核，支持本地和全局中断及物理内存保护。该存储系统由数据紧密集成内存和指令紧密集成内存组成。E31 内核还包括一个调试单元、一个输入端口和两个输出端口。

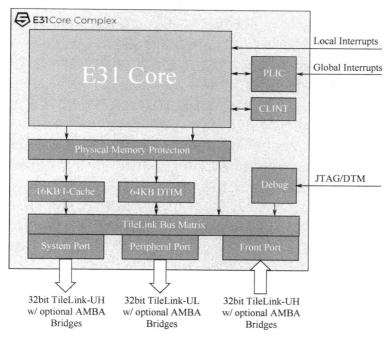

图 4-6   E31 内核框图

E31 内核包含一个 32 位 E31 RISC-V 内核，该内核具有一个高性能的单发射有序执行流水线，每个时钟周期的峰值可持续执行速率为一条指令。E31 内核支持机器和用户特权模式及标准的乘法，原子和压缩 RISC-V 扩展（RV32IMAC）。E31 处理器内核包括指令存储系统、指令获取单元、执行流水线、数据存储系统和对本地中断的支持。E31 内核存储系统具有针对高性能进行优化的一级存储系统。指令子系统包含一个 16 KB 2 路指令高速缓存，能够将单路重新配置为固定地址的紧密集成内存。数据子系统允许的最大 DTIM 大小为 64 KB。E31 功能集见表 4-12。

表 4-12　E31 功能集

特征	描述
指令集架构	RV32IMAC
指令缓存	16 KB 2 路指令缓存
指令紧密集成内存	E31 支持最大尺寸为 8 KB 的 ITIM
数据紧密集成内存	64 KB DTIM
E31 支持模式	机器模式，用户模式

4.3.1.1　指令存储系统

指令存储系统由专用的 16 KB 2 路组关联指令高速缓存组成，指令存储系统中所有块的访问等待时间为一个时钟周期。指令缓存与平台存储器系统的其余部分不能保持一致，对指令内存的写入必须通过执行 FENCE.I 指令与指令获取流同步。指令高速缓存的行大小为 64 字节，并且高速缓存行填充会触发 E31 内核外部的突发访问。内核缓存指令来自可执行的地址，但指令紧密集成内存（ITIM）除外。

指令高速缓存可以部分重新配置为 ITIM，该 ITIM 在内存映射中有据固定的地址范围。ITIM 提供高性能、可预测的指令交付。从 ITIM 提取指令的速度与命中指令高速缓存一样快，并且不会发生高速缓存未命中的情况。尽管从内核到其 ITIM 的加载和存储不像从其数据紧密集成内存（DTIM）的加载和存储那样，但 ITIM 可以保存数据和指令。

指令高速缓存可以通过所有方式配置为 ITIM，但以高速缓存行（64 字节）为单位除外。单一指令缓存方式必须保留指令缓存。只需通过存储将其分配给 ITIM。ITIM 内存映射的 n 字节的存储将指令高速缓存的前 $n+1$ 个字节重新分配为 ITIM，向上舍入到下一个高速缓存行。

通过将 0 存储到 ITIM 区域之后的第一个字节（即 ITIM 基址之后的 8 KB）来释放 ITIM，如在 4.3.1.10 内存映射所表明。释放的 ITIM 空间将自动返回到指令高速缓存。为了确定性，软件必须在分配 ITIM 之后清除其内容。在释放和分配之间是否保留 ITIM 内容是不可预测的。

4.3.1.2　指令获取单元

E31 指令获取单元包含分支预测硬件以提高处理器内核的性能。分支预测器包括一个 28 条目的分支目标缓冲区（BTB），它预测执行分支的目标；一个 512 条目的分支历史表（BHT），它预测条件分支的方向；一个 6 条目的返回地址堆栈（RAS），它预测过程返回的目标。分支预测器具有单周期延迟，因此正确预测的控制流指令不会导致任何损失，预测失误的控制流指令会导致 3 个周期的损失。

E31 对 RISC-V 体系架构实现了标准的压缩（C）扩展，该扩展允许使用 16 位 RISC-V 指令。

4.3.1.3　执行流水线

E31 执行单元是单发射的有序流水线。流水线包括指令获取，指令解码和寄存器获取，执行，数据存储器访问及寄存器写回五个阶段。流水线具有每个时钟周期 1 个指令的峰值执行率，并且被完全旁路，因此大多数指令具有 1 个周期的结果延迟。但有几种例外情况。

- 假设发生高速缓存命中，LW 具有 2 个周期的结果延迟。
- 假设发生缓存命中，LH、LHU、LB 和 LBU 具有 3 个周期的结果延迟。
- CSR 读取具有三个周期的结果延迟。
- MUL、MULH、MULHU 和 MULHSU 具有 1 个周期的结果延迟。
- DIV、DIVU、REM 和 REMU 的结果延迟介于 2 周期和 32 周期之间，具体取决于操作数的值。

流水线只在读后写（read-after-write）和写后写（write-after-write）危险时互锁，因此可以安排指令以避免流水线暂停。

E31 对 RISC-V 体系架构实现了标准的乘法（M）扩展，用于整数乘法和除法。E31 具有每周期 32 位的硬件乘法和每周期 1 位的硬件除法。乘法器一次只能执行一个操作，并且将阻塞直到上一个操作完成为止。HART 不会在运行中放弃除法指令。这意味着如果中断处理程序试图使用除法指令的目标寄存器，则流水线将暂停，直到除法完成。

分支和跳转指令从内存访问流水线阶段传输控制。正确预测的分支和跳跃不会导致损失，而预测失误的分支和跳跃会导致 3 个周期的损失。大多数 CSR 写入都会导致流水线刷新，并产生 5 个周期的损失。

4.3.1.4　数据存储器系统

E31 数据存储系统由 DTIM 接口组成，该接口最多支持 64 KB。对于全字从内核到自己 DTIM 的访问延迟是 2 个时钟周期，对于较小的数量是 3 个时钟周期硬件不支持未对齐的访问，这会导致出现允许软件模拟的陷阱。存储是流水线的，并在数据存储系统空闲的周期内提交。加载到当前存储流水线中的地址会导致 5 个周期的损失。

4.3.1.5　原子存储器操作

E31 内核在 DTIM 和外围端口上支持 RISC-V 标准原子（A）扩展。对不支持原子存储器操作的区域的会在内核位置生成一个访问异常。加载保留指令和存储条件指令仅在缓存区域上受支持，因此在 DTIM 和其他未缓存的存储器区域上生成访问异常。

4.3.1.6 本地中断

E31 最多支持 16 个本地中断源，这些中断源直接路由到内核。

4.3.1.7 支持模式

E31 支持 RISC-V 用户模式，提供机器（M）和用户（U）两种特权级别。U-模式提供了一种机制，可以将应用程序进程彼此隔离，并与 M-模式中运行的受信任代码隔离。

4.3.1.8 物理内存保护（PMP）

E31 包括一个物理内存保护（PMP）单元，PMP 可用于为指定的内存区域设置读、写、执行等内存访问特权。E31 的 PMP 单元支持 8 个区域，最小区域大小为 4 字节。PMP 单元可用于限制对内存的访问并相互隔离进程。PMP 单元具有 8 个区域，最小粒度为 4 字节，允许重叠区域。E31 的 PMP 单元实现了架构定义的 pmpcfgX CSR pmpcfg0 和 pmpcfg1，支持 8 个区域。已实现 pmpcfg2 和 pmpcfg3 但硬接线到零。PMP 寄存器只能在 M-模式下编程。通常 PMP 单元对 U-模式访问强制执行权限。但是，锁定的区域在 M-模式上额外强制其权限。

PMP 允许区域锁定，一旦区域被锁定，对配置和地址寄存器的进一步写入将被忽略。锁定的 PMP 条目只能通过系统重置来解锁。可以通过在 pmpicfg 寄存器中设置 L 位来锁定区域。除了锁定 PMP 条目，L 位还能指示是否在 M-模式访问上强制执行 R / W / X 权限。当 L 位清零时，R / W / X 权限仅适用于 U-模式。

4.3.1.9 硬件性能监控器

E31 内核支持符合 RISC-V 指令集的基本硬件性能监视功能。mcycle CSR 记录了从过去某个任意时间以来，HART 已执行的时钟周期数。minstret CSR 记录了自从过去任意时间以来 HART 失效的指令数，两者都是 64 位计数器。mcycle 和 minstret CSR 持有相应计数器的 32 个最低有效位，而 mcycleh CSR 和 minstreth CSR 持有最高有效的 32 位。

硬件性能监视器包括两个额外的事件计数器，mhpmcounter3 和 mhpmcounter4。事件选择器 CSR mhpmevent3 和 CSR mhpmevent4 是控制哪个事件导致相应计数器递增的寄存器。mhpmcounters 是 40 位计数器。mhpmcounter_i CSR 保留相应计数器的 32 个最低有效位，而 mhpmcounter_ih CSR 保留 8 个最高有效位。

事件选择器分为两个字段，见表 4-13。低 8 位选择事件类别，高 8 位构成该类别中事件的掩码。如果发生与任何设置掩码位对应的事件，计数器将递增。例如，如果将 mhpmevent3 设置为 0x4200，则当加载的指令或条件分支指令退出时，mhpmcounter3 将递增。事件选择器为 0 表示不计数。

注意，读取或写入性能计数器或写入事件选择器时，可能会反映正在运行的指令，也可能不会反映最近失效的指令。

表 4-13　mhpmevent 寄存器说明

指令提交事件，mhpmeventX [7：0] = 0	
位	含义
8	发生异常
9	失效的整数加载指令
10	失效的整数存储指令
11	失效的原子内存操作
12	失效的系统指令
13	失效的整数算术指令
14	失效的条件分支
15	失效的 JAL 指令
16	失效的 JALR 指令
17	失效的整数乘法指令
18	失效的整数除法指令
微体系架构事件，mhpmeventX [7：0] = 1	
位	含义
8	负载使用互锁
9	长时延互锁
10	CSR 读取互锁
11	指令缓存（ITIM）忙
12	数据缓存（DTIM）忙
13	分支方向预测错误
14	分支/跳转目标错误预测
15	从 CSR 写入的流水线刷新
16	来自其他事件的流水线冲洗
17	整数乘法互锁
内存系统事件，mhpmeventX [7：0] = 2	
位	含义
8	指令缓存未命中
9	内存映射的 I/O 访问

4.3.1.10　内存映射

E31 内核的内存映射见表 4-14，内存属性为：R—读取，W—写入，X—执行，C—可缓存，A—原子。

表 4-14　E31 内核内存映射

基地址	顶地址	属性	描述	说明
0x0000_0000	0x0000_0FFF	RWX A	调试	调试地址空间
0x0000_1000	0x01FF_FFFF		保留	
0x0200_0000	0x0200_FFFF	RW A	CLINT	在内核设备上
0x0201_0000	0x07FF_FFFF		保留	
0x0800_0000	0x0800_3FFF	RWX A	ITIM（16 KB）	
0x0800_4000	0x0BFF_FFFF		保留	
0x0C00_0000	0x0FFF_FFFF	RW A	PLIC	
0x1000_0000	0x1FFF_FFFF		保留	
0x2000_0000	0x3FFF_FFFF	RWX A	外设端口（512 MB）	外部 I/O 的核外地址空间
0x4000 0000	0x5FFF_FFFF	RWX	系统端口（512 MB）	
0x6000 0000	0x7FFF_FFFF		保留	
0x8000_0000	0x8000_FFFF	RWX A	数据紧密集成存储（DTIM）（64 KB）	在内核地址空间上
0x8001_0000	0xFFFF_FFFF		保留	

⊙ 4.3.2　中断架构

E31 内核每个容器支持 16 个高优先级、低延迟的本地向量中断。该内核包括 RISC-V 标准平台级中断控制器（PLIC），该控制器支持 127 个具有 7 个优先级的全局中断。该内核还通过内核本地中断器（CLINT）提供标准的 RISC-V 机器模式定时器和软件中断。

4.3.2.1　中断概念

E31 内核支持机器模式中断，还支持本地和全局类型的 RISC-V 中断。

本地中断会通过专用中断值直接发送信号到各个寄存器。由于不需要仲裁来确定哪个 HART 将满足给定请求，并且不需要额外的内存访问来确定中断原因，因此可以减少中断等待时间。软件和定时器中断是由 CLINT 生成的本地中断。

相比之下，全局中断通过 PLIC 进行路由，该控制器可以通过外部中断将中断定向到系统中的任何寄存器中。将全局中断与寄存器分离，可以根据平台定制 PLIC 的设计，从而允许广泛的属性，如中断数及优先级和路由方案。E31 内核中断体系架构如图 4-7 所示。

4.3.2.2　中断操作

如果全局中断使能 mstatus.MIE 被清除，就不会执行任何中断。如果设置了 mstatus.MIE，则处于较高中断级别的未决使能的中断将抢占当前执行并为较高的中断级别运行中断处理程序。当发生中断或同步异常时，将修改特权模式以反映新的特权模式。处理器特权模式的全局中断使能位被清除。

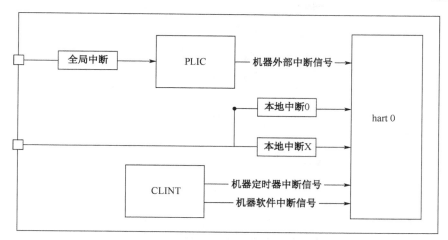

图 4-7　E31 内核中断体系架构框图

发生中断时：

- mstatus.MIE 的值被复制到 mcause.MPIE 中，然后 mstatus.MIE 被清除，从而可以有效地禁用中断。
- 中断前的特权模式用 mstatus.MPP 编码。
- 将当前 pc 复制到 mepc 寄存器中，然后将 pc 设置为 mtvec.MODE 定义的 mtvec 指定值。

此时，在禁用了中断的情况下，控制权移交给了中断处理程序中的软件。可以通过显式设置 mstatus.MIE 或通过执行 MRET 指令退出处理程序来重新使能中断。当执行 MRET 指令时，将发生以下情况：

- 特权模式设置为 mstatus.MPP 中编码的值。
- 全局中断使能 mstatus.MIE 设置为 mcause.MPIE 的值。
- pc 设置为 mepc 的值。

此时，控制权已移交给软件。

4.3.2.3　中断控制状态寄存器

下面说明中断 CSR 的 E31 内核特定实现。

机器状态（mstatus）寄存器

mstatus 寄存器跟踪并控制 HART 的当前操作状态，包括是否允许中断。有关 E31 内核中与中断相关的 mstatus 字段的摘要，请参见表 4-15。通过在 mstatus 中设置 MIE 位，和在

mie 寄存器中使能所需的单个中断来使能中断。

表4-15 E31 内核状态寄存器（部分）

机器状态寄存器			
CSR	mstatus		
位	字段名称	属性	描述
[2:0]	保留	WPRI	
3	MIE	RW	机器中断使能
[6:4]	保留	WPRI	
7	MPIE	RW	上一个机器中断使能
[10:8]	保留	WPRI	
[12:11]	MPP	RW	上一个机器特权模式

机器陷阱向量（mtvec）寄存器

mtvec 寄存器具有两个主要功能，即定义陷阱向量的基地址，以及设置 E31 内核处理中断的模式。mtvec 寄存器的具体说明见表 4-16。中断处理模式在 mtvec 寄存器的低两位 mtvec.MODE 字段定义见表 4-17。

表4-16 mtvec 寄存器

CSR	mtvec		
位	字段名称	属性	描述
[1:0]	模式（MODE）	WARL	模式设置中断处理模式。有关 E31 内核支持的模式的编码，参见表 4-17
[31:2]	BASE[31:2]	WARL	中断向量基地址。需要 64 字节对齐

表4-17 mtvec.MODE 字段定义

值	名称	描述
0x0	直接模式	所有异常都将 pc 设置为基地址
0x1	向量模式	异步中断将 pc 设置为基地址 + 4 × mcause.EXCCODE
≥2	保留	

对表 4-17 里的直接模式与向量模式说明如下。

在直接模式下运行时，所有同步异常和异步中断都会捕获到 mtvec.BASE 地址。在陷阱处理程序内部，软件必须读取 mcause 寄存器以确定触发陷阱的原因。

在向量模式下运行时，中断将 pc 设置为 mtvec.BASE + 4×异常代码。例如，如果发生了机器定时器中断，则将 pc 设置为 mtvec.BASE + 0x1C。通常，陷阱向量表中填充了跳转指令，以将控制权转移到特定于中断的陷阱处理程序。在向量中断模式下，BASE 必须对齐 64 字节。

所有机器外部中断（全局中断）都映射到异常代码 11。因此，使能中断向量后，对于任何全局中断，pc 都将设置为地址 mtvec.BASE + 0x2C。

机器中断使能（mie）寄存器

mie 寄存器内容见表 4-18，通过在 mie 寄存器中设置适当的位来使能单个中断。

表 4-18　mie 寄存器

CSR	mie		
位	字段名称	属性	描述
[2:0]	保留	WPRI	
3	MSIE	RW	机器软件中断使能
[6:4]	保留	WPRI	
7	MTIE	RW	机器定时器中断使能
[10:8]	保留	WPRI	
11	MEIE	RW	机器外部中断使能
[15:12]	保留	WPRI	
16	LIE0	RW	本地中断 0 使能
17	LIE1	RW	本地中断 1 使能
18	LIE2	RW	本地中断 2 使能
...			
31	LIE15	RW	本地中断 15 使能

机器中断未决（mip）寄存器

mip 寄存器内容见表 4-19，mip 寄存器指示当前正在等待的中断。

表 4-19　mip 寄存器

CSR	mip		
位	字段名称	属性	描述
[2:0]	保留	WIRI	
3	MSIP	RO	机器软件中断未决
[6:4]	保留	WIRI	
7	MTIP	RO	机器定时器中断未决
[10:8]	保留	WIRI	
11	MEIP	RO	机器外部中断未决中
[15:12]	保留	WIRI	
16	LIP0	RO	本地中断 0 未决
17	LIP1	RO	本地中断 1 未决

续表

CSR	mip		
位	字段名称	属性	描述
18	LIP2	RO	本地中断 2 未决
...			
31	LIP15	RO	本地中断 15 未决

机器原因（mcause）寄存器

在机器模式下捕获陷阱时，mcause 会用代码编写，该代码指示导致陷阱的事件。当引起陷阱的事件是中断时，mcause 的最高有效位被设置为 1，而最低有效位则表示中断号，使用与 mip 中的位位置相同的编码。例如，机器定时器中断导致 mcause 设置为 0x8000_0007。mcause 也用于指示同步异常的原因，在这种情况下，mcause 的最高有效位设置为 0。有关 mcause 寄存器的更多详细信息见表 4-20，有关中断异常代码见表 4-21。

表 4-20　mcause 寄存器

CSR	mcause		
位	字段名称	属性	描述
[9:0]	异常代码	WLRL	标识最后一个异常的代码
[30:10]	保留	WLRL	
31	中断	WARL	如果陷阱是由中断引起则为 1，否则为 0

表 4-21　mcause 异常代码

中断异常代码		
中断	异常代码	描述
1	0 - 2	保留
1	3	机器软件中断
1	4 - 6	保留
1	7	机器定时器中断
1	8 - 10	保留
1	11	机器外部中断
1	12 - 15	保留
1	16	本地中断 0
1	17	本地中断 1
1	18 - 30	本地终端 2-14
1	31	本地中断 15
1	≥ 32	保留
0	0	指令地址未对齐

中断异常代码		
中断	异常代码	描述
0	1	指令访问故障
0	2	非法指令
0	3	断点
0	4	加载地址未对齐
0	5	负载访问故障
0	6	存储/ AMO 地址未对齐
0	7	存储/ AMO 访问故障
0	8	来自 U–模式的环境调用
0	9 – 10	保留
0	11	来自 M–模式的环境调用
0	≥ 12	保留

4.3.2.4 中断优先级

本地中断的优先级高于全局中断。因此，如果本地中断和全局中断在同一个周期到达一个 HART，如果使能本地中断，则将采用本地中断。本地中断的优先级由本地中断 ID 决定，本地中断 15 是最高优先级。例如，如果本地中断 15 和本地中断 14 都在同一周期到达，则将采用本地中断 15，因为本地中断 15 是 E31 内核中优先级最高的中断。考虑到本地中断 15 的异常代码也是最高的，它占用中断向量表中的最后一个时隙。

向量表中的这个独特位置允许将本地中断 15 的陷阱处理程序置于行内，而不需要像在向量模式下操作时与其他中断一样的跳转指令。因此，对于给定的 HART，本地中断 15 应用于系统中对延迟最敏感的中断。

E31 内核中断按优先级从高到低的顺序排列为：本地中断 15，本地终端 14，…，本地中断 0，机器外部中断，机器软件中断，机器定时器中断。

4.3.2.5 中断延迟

E31 内核的中断延迟为 4 个周期，按从中断信号发送到 HART 到处理程序的第一个指令获取所需的周期数计算。

通过 PLIC 路由的全局中断会导致额外的 3 个周期的延迟，PLIC 按时钟计时。这意味着全局中断的总延迟（以周期为单位）为：$4 + 3 \times (\text{core\_clock\_0 Hz} \div \text{clock Hz})$。这是一个周期计数的案例，假设处理程序已缓存或位于 ITIM 中。它不考虑来自设部源的额外延迟。

⊙ 4.3.3 内核本地中断器（CLINT）

CLINT 模块保存与软件和定时器中断相关的内存映射控制和状态寄存器。表 4-22 显示了 SiFive E31 内核里的 CLINT 内存映射。

表 4-22　CLINT 寄存器映射

地址	宽度	属性	描述	说明
0x2000000	4B	RW	HART 0 的 msip	MSIP 寄存器（1 位宽）
0x2004008				
...			保留	
0x200bff7				
0x2004000	8B	RW	HART 0 的 mtimecmp	MTIMECMP 寄存器
0x2004008				
...			保留	
0x200bff7				
0x200bff8	8B	RW	mtime	定时器寄存器
0x200c000			保留	

4.3.3.1　MSIP 寄存器

通过写入内存映射的控制寄存器 msip 生成机器模式软件中断。每个 msip 寄存器都是一个 32 位宽的 WARL 寄存器，其中，高 31 位与 0。最低有效位反映在 mip CSR 的 MSIP 位中。msip 寄存器中的其他位硬接线为零。复位时，每个 msip 寄存器清零。

软件中断对多服务器系统中的处理器间通信最有用，因为服务器可能会相互写入对方的 msip 位以影响处理器间中断。

4.3.3.2　定时器寄存器

mtime 是一个 64 位读写寄存器，其中包含从 rtc_toggle 信号开始计数的周期数。只要 mtime 大于或等于 mtimecmp 寄存器中的值，定时器中断就会未决。定时器中断反映在表 4-19 描述机器中断未决寄存器（mip）的 mtip 位中。重置时，mtime 清除为零。mtimecmp 寄存器未重置。

⊛ 4.3.4　调试支持

E31 内核通过行业标准的 JTAG 端口提供外部调试器支持，每个端口包含 4 个硬件可编程断点。SiFive FE310-G003 微控制器支持 RISC-V 调试规范 0.13 之后的调试硬件的操作，仅支持交互式调试和硬件断点。

4.3.4.1　调试 CSR

本节描述每个 HART 跟踪和调试寄存器（Trace and Debug Register，TDR），这些寄存器映射到 CSR 空间，如表 4-23 所示。dcsr、dpc 和 dscratch 寄存器只能在调试模式下访问，而 tselect 和 tdata1-3 寄存器在调试模式或机器模式下均可访问。

表 4-23　调试控制和状态寄存器

名称	描述	允许的访问模式
tselect	选择 TDR	D, M
tdata1	所选 TDR 的第一个字段	D, M
tdata2	所选 TDR 的第二个字段	D, M
tdata3	所选 TDR 的第三个字段	D, M
dcsr	调试控制和状态寄存器	D
dpc	调试 PC	D
dscratch	调试暂存（scratch）寄存器	D

跟踪和调试寄存器选择（tselect）

为了支持用于跟踪和断点的大量可变 TDR，可以通过一种间接方式访问它们，其中 tselect 寄存器选择通过其他三个地址访问三个 tdata1-3 寄存器中的一块。tselect 寄存器的格式见表 4-24。索引字段是一个 WARL 字段，其中不包含未实现的 TDR 的索引。即使索引可以保存 TDR 索引，也不能保证 TDR 存在。必须检查 tdata1 的类型字段以确定 TDR 是否存在。

表 4-24　tselect 寄存器

跟踪和调试选择寄存器			
CSR	tselect		
位	字段名称	属性	描述
[31:0]	Index（索引）	WARL	选择 TDR 的索引

跟踪和调试数据（tdata1-3）寄存器

tdata1-3 寄存器是 XLEN-位读/写寄存器，由 tselect 寄存器从较大的 TDR 寄存器组中选择。tdata1-3 寄存器的格式见表 4-25 与表 4-26。

表 4-25　tdata1 寄存器

跟踪和调试数据寄存器 1			
CSR	tdata1		
位	字段名称	属性	描述
[27:0]	TDR 特定数据		
[31:28]	Type（类型）	RO	tselect 选择的 TDR 类型

表 4-26　tdata2 / 3 CSR

跟踪和调试数据寄存器 2 和 3			
CSR	tdata2/3		
位	字段名称	属性	描述
[31:0]	TDR 特定数据		

tdata1 的高半字节包含一个 4 位类型代码，该代码用于标识 tselect 选择的 TDR 类型。当前定义的类型见表 4-27。

表 4-27　tdata 类型

类型	描述
0	没有这样的 TDR 寄存器
1	保留
2	地址/数据匹配触发器
≥ 3	保留

dmode 位在寄存器的调试模式（dmode=1）和机器模式（dmode=1）视图之间进行选择，只有调试模式代码才能访问 TDR 的调试模式视图。当 dmode=1 时，任何尝试在机器模式下读/写 tdata1-3 寄存器会引发非法指令异常。

调试控制和状态（dcsr）寄存器
该寄存器提供有关调试功能和状态的信息。

调试 PC（dpc）寄存器
进入调试模式时，将当前 PC 复制到此处。退出调试模式后，将在此 PC 上恢复执行。

调试暂存（dscratch）寄存器
该寄存器通常保留供调试 ROM 使用，以便将代码所需的寄存器保存在调试 ROM 中。

4.3.4.2　断点

E31 内核每个 HART 支持 4 个硬件断点寄存器，可以在调试模式和机器模式之间共享。当使用 tselect 选择断点寄存器时，其他 CSR 会为所选断点访问表 4-28 的信息。

表 4-28　用作断点的 TDR CSR

CSR	断点别名	描述
tselect	tselect	断点选择索引
tdata1	mcontrol	断点匹配控制
tdata2	maddress	断点匹配地址
tdata3	没有	保留

断点匹配控制（mcontrol）寄存器
每个断点控制寄存器是一个读/写寄存器，见表 4-29。

类型字段是一个 4 位只读字段，其值为 2，指示这是包含地址匹配逻辑的断点。

bpaction 字段是 8 位可读写 WARL 字段，用于指定地址匹配成功时的可用操作。值为 0 会出现断点异常；值为 1 会进入调试模式。未执行其他操作。

表 4-29 测试和调试数据寄存器 3

断点控制寄存器（mcontrol）				
寄存器偏移		CSR		
位	字段名称	属性	Rst.	描述
0	R	WARL	X	LOAD 上的地址匹配
1	W	WARL	X	STORE 上的地址匹配
2	X	WARL	X	指令 FETCH 上的地址匹配
3	U	WARL	X	用户模式下的地址匹配
4	S	WARL	X	监督模式下的地址匹配
5	保留	WPRI	X	保留
6	M	WARL	X	机器模式下的地址匹配
[10:7]	match	WARL	X	断点地址匹配类型
11	chain	WARL	0	连锁相邻条件
[17:12]	action	WARL	0	采取断点操作，0 或 1
18	timing	WARL	0	断点的时序，始终为 0
19	select	WARL	0	对地址或数据进行匹配，始终为 0
20	保留	WPRI	X	保留
[26:21]	maskmax	RO	4	支持的最大 NAPOT 范围
27	dmode	RW	0	仅调试访问模式
[31:28]	typ	RO	2	地址/数据匹配类型，始终为 2

R / W / X 位是单独的 WARL 字段，如果置位，则表明地址匹配仅分别对装入/存储/指令提取成功，并且必须支持所有已实现位的组合。

M / S / U 位是单独的 WARL 字段，如果置位，则表明地址匹配仅分别在机器/监督/用户模式下成功，并且必须支持实现位的所有组合。

match 字段是一个 4 位可读写 WARL 字段，它编码用于断点地址匹配的地址范围的类型。当前支持三种不同的匹配设置：精确、NAPOT 和任意范围。单个断点寄存器既支持精确地址匹配，也支持与自然对齐 2 的幂数（Naturally Aligned Powers-Of-Two，NAPOT）的地址范围匹配。断点寄存器可以配对以指定任意的精确范围，低位断点寄存器给出范围底部的字节地址，高位断点寄存器给出断点范围上方的地址 1 字节，并使用 chain 位指示两者必须匹配才能执行操作。

NAPOT 范围利用关联的断点地址寄存器的低位来编码范围的大小，见表 4-30。

maskmax 字段是 6 位只读字段，用于指定支持的最大 NAPOT 范围。该值支持的最大 NAPOT 范围内的字节数的对数，以 2 为底。值为 0 表示仅支持精确的地址匹配（1 字节的范围）；值 31 对应于最大 NAPOT 范围，其大小为 2^{31} 个字节。最大范围以 maddress 编码，其中 30 个最低有效位设置为 1，第 30 位设置为 0，以及位 31 保持在地址比较中考虑的唯一地址位。

表4-30　NAPOT大小编码

maddress	匹配类型和大小
a…aaaaaa	确切1个字节
a…aaaaa0	2字节NAPOT范围
a…aaaa01	4字节NAPOT范围
a…aaa011	8字节NAPOT范围
a…aa0111	16字节NAPOT范围
a…a01111	32字节NAPOT范围
…	…
a01…1111	231字节NAPOT范围

为了在精确范围内提供断点，可以将两个相邻的断点与chain位组合。可以使用action大于或等于2，可将第一个断点设置为与某个地址匹配；可以使用action小于3，可将第二个断点设置为与地址匹配。将chain位设置在第一个断点上可防止触发第二个断点，除非它们都匹配。

断点匹配地址（maddress）寄存器

每个断点匹配地址寄存器都是一个XLEN位读/写寄存器，用于保存有效的地址位以进行地址匹配，以及用于NAPOT范围的一元编码地址掩码信息。

断点执行

断点陷阱被精确捕获。在软件中模拟未对齐访问的实现，将在一半模拟访问落在地址范围内时生成断点陷阱。如果访问的任何字节在匹配范围内，则支持硬件中未对齐访问的实现必须捕获。在不改变机器模式寄存器的情况下，调试模式断点陷阱跳转到调试陷阱向量。

机器模式断点陷阱跳转到异常向量，mcause寄存器中设置了断点，badaddr保存导致陷阱的指令或数据地址。

在调试和机器模式之间共享断点

当调试模式使用断点寄存器时，它在机器模式下不再可见（即tdrtype将为0）。通常，由于用户明确请求一个断点，或者因为该用户正在ROM中调试代码，调试器会一直保留断点直到需要断点为止。

4.3.4.3　调试内存映射

通过常规系统互连访问时调试模块的内存映射。调试模块只能访问在HART或通过调试传输模块上以调试模式运行调试代码。

调试 RAM 和程序缓冲区（0x300 - 0x3FF）

E31 内核具有 16 个 32 位字的程序缓冲区，以供调试器引导调试器执行任意 RISC-V 代码。可以通过执行 aiupc 指令并将结果存储到程序缓冲区中来确定其在内存中的位置。E31 内核具有一个 32 位字的调试数据 RAM，可以通过读取 DMHARTINFO 寄存器来确定其位置。RAM 空间用于传递访问寄存器抽象命令的数据。当停止挂起时，E31 内核仅支持通用寄存器访问。所有其他命令必须通过从调试程序缓冲区执行来实现。

在 E31 内核中，程序缓冲区和调试数据 RAM 都是通用 RAM，并且连续映射在内核的内存空间中。因此，可以在程序缓冲区中传递其他数据，并且可以在调试数据 RAM 中存储其他指令。

调试器不得执行访问已定义模块缓冲区和调试数据地址以外的任何调试模块内存的程序缓冲区程序。E31 内核不实现 DMSTATUS.anyhavereset 或 DMSTATUS.allhavereset 位。

调试 ROM（0x800 - 0xFFF）

此 ROM 区域保存 SiFive 系统上的调试例程。实际总的大小可能因实现而异。

调试标志（0x100 - 0x110, 0x400 - 0x7FF）

调试模块中的标志寄存器用于调试模块与每个 HART 通信。这些标志由调试 ROM 设置和读取，并且任何程序缓冲区代码都不应访问这些标志。这里不再进一步描述标志的具体行为。

安全零地址

在 E31 内核中，调试模块在内存映射中包含地址 0x0。对该地址的读取始终返回 0，而对该地址的写入则没有影响。此属性允许未编程部分的安全位置，因为默认 mtvec 位置为 0x0。

⊙ 4.3.5 SiFive TileLink 总线介绍

TileLink 是一个芯片级（Chip-Scale）的互连标准，允许多个主设备（Master），以支持一致性的存储器映射（Memory-mapped）方式访问存储器和其他从设备（Slave）。TileLink 的设计目标是为片上系统（System-on-Chip，SoC）提供一个具有低延迟和高吞吐率传输的高速、可扩展的片上互连方式，来连接通用多处理器（Multi-processors）、协处理器、加速器、DMA 及各类简单或复杂的设备。总结来说，TileLink 具有以下特点。

- 免费开放的紧耦合、低延迟的 SoC 总线。
- 为 RISC-V 设计，也支持其他 ISA。
- 提供物理寻址（Physically Addressed）、共享主存（Shared-Memory）的系统。
- 可用于建立可扩展的、层次化结构的和点对点的网络。
- 为任意数量的缓存或非缓存主设备提供一致性的访问。
- 支持从单一简单外设到高吞吐量的复杂多外设的所有通讯需求。

TileLink 还具备以下重要的特性。

- Cache 一致性的内存共享系统，支持兼容 MOESI 的缓存一致性协议。
- 对任何遵守该协议的 SoC 系统来说，可验证确保无死锁。
- 使用乱序的并发操作以提高吞吐率。
- 使用完全解耦的通信接口，有利于插入寄存器来优化时序。
- 总线宽度的透明自适应和突发传输序列的自动分割。
- 针对功耗优化的信号译码。

4.3.5.1 协议扩展级别

TileLink 支持多种类型的通讯代理模块，并定义了三个从简单到复杂的协议扩展级别。每个级别定义了兼容该级别的通讯代理模块需要支持的协议扩展子集，见表 4-31。最简单的是 TileLink 无缓存轻量级（Uncached Lightweight，TL-UL），只支持简单的单个字读写（Get/Put）的存储器操作。相对复杂的 TileLink 无缓存重量级（Uncached Heavyweight，TL-UH），添加了预处理（hints）、原子访问和突发访问支持，但不支持一致性的缓存访问。最后，缓存相关级别（TileLink Cached，TL-C）是最完整（复杂）的协议，支持使用一致性的缓存模块。

当一个处理器的 TL-C 通讯代理模块和一个外设的 TL-UL 通讯代理模块通信时，要么处理器代理需避免使用更高级的特性，要么两者之间必须使用一个 TL-C 到 TL-UL 的适配器。TileLink 中的各种代理（Agent）可以支持一些其他特性的组合，但本规范只包括上述三种扩展级别。

表 4-31　TileLink 协议扩展级别

	TL-UL	TL-UH	TL-C
缓存块传输			y
使用 BCE 通道			y
多包突发传输		y	y
原子访问		y	y
预处理（hint）访问		y	y
读/写（Get/Put）访问	y	y	y

4.3.5.2 架构

Tilelink 协议适用于在代理互联拓扑图中，完成消息（Message）的传递。共享地址空间的代理经由点对点通道（Channel）收发消息，来完成操作（Operation），该通道被称为链路（Link）。对以上提到的相关概念描述如下。

- 操作。在特定地址范围内，改动存储数据的内容、权限或是其在多级缓存中的存储位置。
- 代理。在协议中为完成操作负责接收、发送消息的有效参与者。
- 通道。一个用于在主设备接口和从设备接口之间，传递相同优先级消息的单向通信连接。
- 消息。经由通道传输的控制和数据信息。
- 链路。两个代理之间完成操作所需的通道组合。

拓扑

代理间通过链路互相连接。每条链路的一端连接一个代理的主设备接口，另一端则连接另一个代理的从设备接口。主设备接口一端的代理可以向另一端的代理发送请求，让其执行访存、获取权限以传输或缓存数据的操作。从设备接口端的代理是对应地址空间的访问和权限管理者，依据主设备接口发来的请求执行相应的访存操作。

图 4-8 所示为最基本的 TileLink 网络操作。两个模块（Module）通过链路相连。左侧模块内的代理包含一个主设备接口，右侧模块内的代理包含一个从设备接口。带有主设备接口的代理向带有从设备接口的代理发起请求。如果需要，从设备接口端的代理可以和更低层的存储器进行通信。在获取到请求的数据或权限之后，从设备接口端的代理则通过消息响应原始请求。图 4-8 也是 TileLink 网络中链路示例。该链路使用两条通道连接一对主从设备接口。当主设备接口需要在共享的存储器上执行某个操作时，它通过请求通道向从设备接口发送一个请求消息，然后在响应通道上等待从设备接口回复的确认消息。

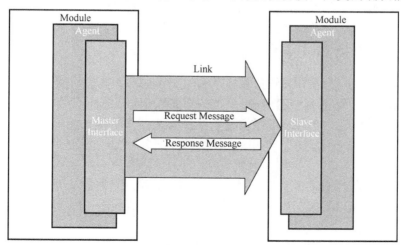

图 4-8 最基本的 TileLink 操作

TileLink 支持多种网络拓扑。具体来说，如果将代理抽象为图中的节点，而将链路抽象为从主设备接口指向从设备接口的有向边，那么任何有能被描述为有向无环图的拓扑结构都可以被支持。图 4-9 所示为一种更复杂的 TileLink 网络拓扑结构。该拓扑中的交换器（Crossbar）和缓存（Cache）模块都包含一个兼有主设备接口（右端）和从设备接口（左端）的代理节点。其中的两个模块都包含一个既有主设备接口和又有设备接口的代理。

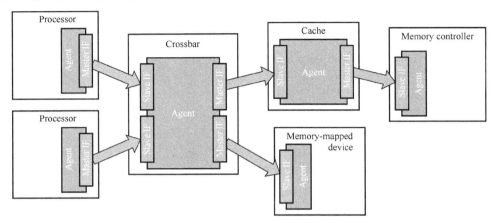

图 4-9　一个更复杂的 TileLink 网络拓扑

通道优先级

　　每个网络链路中，TileLink 协议定义了五个逻辑上相互独立的通道，代理可通过它们传递消息。为了避免死锁，TileLink 强制规定了这五个通道上传输消息的优先级。大部分通道包含控制传输的信号及实际数据的副本。通道上消息的传递是单向的，主设备向从设备接口传送消息，或从设备向主设备接口传送消息。图 4-10 标明了代理间 TileLink 链路五个通道的方向，任何访存操作都需要两个最基本的通道。

- 通道 A：传送一个请求，访问指定的地址范围或对数据进行缓存操作。
- 通道 D：向最初的请求者传送一个数据回复响应或是应答消息。最高协议兼容层 TL-C 额外包含另外三个通道，具备管理数据缓存块权限的能力。
- 通道 B：传输一个请求，对主代理已缓存的某个地址上的数据进行访问或是写回操作。
- 通道 C：响应通道 B 的请求，传送一个数据或是应答消息。
- 通道 E：传输来自最初请求者的缓存块传输的最终应答，用于序列化。

　　各个通道传递消息的优先级顺序是 A << B << C << D << E，设置优先级保证了消息在 TileLink 网络的传输过程中不会进入路由环路或是资源死锁。换句话说，代理间消息在所有通道上的传输过程仍然保持为有向无环图，这对 TileLink 保证无死锁来说是一个必要的特性。

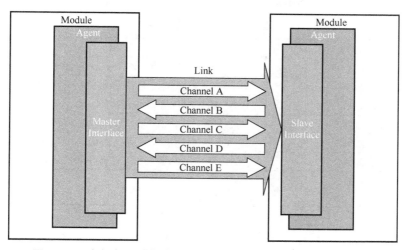

图 4-10　在任意一对代理之间构成一条 TileLink 链路的五个通道

地址空间属性

操作目标地址段的属性限制了哪些类型的消息可以在 TileLink 网络中传播。一段地址空间的属性包括 TileLink 兼容层（Conformance Level），存储一致性模型，是否可缓存（Cacheability），FIFO 顺序要求（Ordering Requirements），是否可执行（Executeability），特权层（Privelege）及服务质量保证（Quality-of-Service Guarantees）。依据这些属性，TileLink 将特定地址段可以执行哪种操作与消息内容本身分开。在代理发送最初的请求消息之前，就决定了一个操作是否合法，使 TileLink 可以避免许多错误。协议并不涉及哪些地址范围应具备哪些属性，以及这些属性反过来如何定义合法消息。

4.3.5.3　信号描述

TileLink 五个通道使用到的所有信号，见表 4-32。结合每个通道的方向，表 4-33 的信号类型决定了信号的方向。这些信号的宽度可根据表 4-34 描述的值进行参数化。

表 4-32　TileLink 通道汇总

通道	方向	目的
A	主设备到从设备	发送到一个地址的请求消息
B	从设备到主设备	发送到一个缓存块的请求消息
C	主设备到从设备	从一个缓存块发回的响应消息
D	从设备到主设备	从一个地址发回的响应消息
E	主设备到从设备	针对缓存块传输的最终握手消息

表 4-33 TileLink 信号类型

类型	方向	描述
X	输入	时钟或者复位信号,作为两边 TileLink 代理的输入
C	通道顺向	控制信号,在突发传输期间不会改变
D	通道顺向	数据信号,在每个传输周期(beat)都会改变
F	通道顺向	终结信号,只在最后的传输周期会改变 V 通道顺向
V	通道顺向	有效信号,表明 C/D/F 包含有效数据
R	通道顺向	就绪信号,表明已收到有效信号(V)

表 4-34 TileLink 每条链路参数

参数	描述
w	以字节为单位的数据总线宽度,必须是 2 的整次幂
a	地址的位宽,最小 32 位
z	大小(size)字段的位宽,最小 4 位
o	区分源(主)端所需的比特数
i	区分终(从)端所需的比特

时钟、复位和电源

TileLink 是一个同步总线协议。在 TileLink 链路上的主设备接口和从设备接口都必须共享相同的时钟、复位和电源。而在拓扑结构里的不同链路,可以是不同的时钟、复位和电源信号。其中,总线时钟在时钟上升沿时对输入进行采样,而总线复位高电平有效,可以异步设置为 1,必须跟时钟上升沿同步时才可以设置为 0。

- 时钟。每个通道在时钟的上升沿对信号进行采样。输出信号只有在时钟的上升沿之后才可发生改变。
- 复位。在将复位信号设置为 0 之前,主设备必须把 a_valid、c_valid 和 e_valid 信号置为低电平,而从设备必须把 b_valid 和 d_valid 信号设置为低电平。在复位信号设置为 1 时,有效信号必须保持低电平至少 100 个时钟周期。在复位期间,就绪、控制和数据信号可以取任意值。
- 电源或跨时钟(Clock Crossing)。禁止在 TileLink 一边还是上电状态时,对另一边进行下电操作。如果 TileLink 必须跨电源或是时钟域,需要一个 TileLink 到 TileLink 的适配器,在一个域用作为从设备接口,而在另一个域用作主设备接口。这个适配器的两个接口各自上下电,使用不同的时钟、复位信号而不相互造成影响。

我们应该让这样的跨越行为与 SoC 的其他部分协调一致,确保要跨越的是一边复位或是断电时尚未处理的 TileLink 请求。一旦 TileLink 消息丢失或重复,将会导致整个 TileLink

总线死锁。

通道 A（强制）

通道 A 的传输方向是从主设备接口到从设备接口，携带请求消息发送到一个特定的地址。所有 TileLink 兼容层都要强制使用这个通道。表 4-35 列出通道 A 的信号。

表 4-35　通道 A 信号

信号	类型	宽度	描述
a_opcode	C	3	操作码，识别该通道携带消息的类型
a_param	C	3	参数码，具体意义视 a_opcode 而定，可用来表明缓存操作许可的传递或者字操作码
a_size	C	z	操作大小的对数：2^n 个字节
a_source	C	o	唯一的，每条链路主设备来源（source）的 ID
a_address	C	a	操作的按字节寻址的地址目标，必须跟 a_size 对齐
a_mask	D	w	选择消息数据的哪个字节（Byte lane）
a_data	D	8w	包含数据消息的数据有效负载
a_valid	V	1	通道携带的数据是否有效
a_ready	R	1	通道数据是否已被接收

通道 B（TL-C 独有）

通道 B 的传输方向是从设备接口到主设备接口，用于向保存一个特定缓存块的主代理发送请求消息。该通道被用于 TL-C 兼容层，对于较低层是可选的。表 4-36 列出通道 B 的信号。

表 4-36　通道 B 信号

信号	类型	宽度	描述
b_opcode	C	3	操作码，识别该通道携带消息的类型
b_param	C	3	参数码，具体意义视 b_opcode 而定，可用来表明缓存操作许可的传递或者字操作码
b_size	C	z	操作大小的对数：2^n 个字节
b_source	C	o	唯一的，每条链路主设备来源（source）的 ID
b_address	C	a	操作的按字节寻址的地址目标，必须跟 b_size 对齐
b_mask	D	w	选择消息数据的哪个字节（Byte lane）
b_data	D	8w	包含数据消息的数据有效负载
b_valid	V	1	通道携带的数据是否有效
b_ready	R	1	通道数据是否已被接收

通道 C（TL-C 独有）

通道 C 的传输方向是从主设备接口到从设备接口。携带对通道 B 请求作为响应的消息发送给一个特定缓存数据块。也被用于自发地写回脏缓存数据（Dirtied Cached Data）。该通道被用于 TL-C 兼容层，对于较低层是可选的。表 4-37 列出通道 C 的信号。

表 4-37　通道 C 信号

信号	类型	宽度	描述
c_opcode	C	3	操作码，识别该通道携带消息的类型
c_param	C	3	参数码，具体意义视 c_opcode 而定，可用来表明缓存操作许可的传递或者字操作码
c_size	C	z	操作大小的对数：2^n 个字节
c_source	C	o	唯一的，每条链路主设备来源的 ID
c_address	C	a	操作的按字节寻址的地址目标，必须跟 c_size 对齐
c_data	D	8w	包含数据消息的数据有效负载
c_error	F	1	主代理不能服务该请求
c_valid	V	1	通道携带的数据是否有效
c_ready	R	1	通道数据是否已被接收

通道 D（强制的）

通道 D 的传输方向是由从设备接口到主设备接口。它既可以携带对通道 A 发送到特定地址请求做出响应的消息，还可以携带了对通道 C 自发写回（Writeback）的应答。该通道被用于所有 TileLink 兼容层并且是必选的。表 4-38 列出通道 D 的信号。

表 4-38　通道 D 信号

信号	类型	宽度	描述
d_opcode	C	3	操作码，识别该通道携带消息的类型
d_param	C	3	参数码，具体意义视 d_opcode 而定，可用来表明缓存操作许可的传递或者字操作码
d_size	C	z	操作大小的对数：2^n 个字节
d_source	C	o	唯一的，每条链路主设备来源的 ID
d_address	C	a	操作的按字节寻址的地址目标，必须跟 d_size 对齐
d_data	D	8w	包含数据消息的数据有效负载
d_error	F	1	主代理不能服务该请求
d_valid	V	1	通道携带的数据是否有效
d_ready	R	1	通道数据是否已被接收

通道 E（TL-C 独有）

通道 E 的传输方向是从主设备接口到从设备接口。它携带是否收到通道 D 响应消息的应答信号，这被用作操作序列化。该通道被用于 TL-C 兼容层而对于较低层是可选的。表 4-39 列出通道 D 的信号。

表 4-39 通道 E 信号

信号	类型	宽度	描述
e_sink	C	i	唯一，每个链路从设备 sink 的 ID
e_valid	V	1	通道携带的数据是否有效
e_ready	R	1	通道数据是否已被接收

4.3.5.4 序列化

TileLink 中的五个通道实现为五个物理隔离的单向并行总线。每个信道都有一个发送者和一个接收者。对于通道 A、C 和 E，具有主设备接口的代理是发送者，具有从设备接口的代理是接收者。对于通道 B 和通道 D，具有从设备接口的代理是发送者，具有主设备接口的代理是接收者。许多 TileLink 消息包含有效的数据负载，而根据消息和数据总线的大小，可能需要跨多个时钟周期发送。多时钟周期的消息则通常被称为突发（Burst）。没有数据载荷的 TileLink 消息总是在单周期中完成。TileLink 禁止在一个通道中插入来自不同消息的任何数据。一旦一个突发开始，发送方在突发的最后一个周期被接收方接收之前，都不得发送任何来自其他消息的任一个周期数据。突发的持续时间由通道的 size 字段决定。

流程控制规则

为了实现正确的 ready 和 valid 信号握手，需要遵守以下规则。

● 当 ready 信号为低时，接收者不能处理数据，并且发送者认为该周期内的数据未被处理。

● 当 valid 信号为低时，接收者应当认为该数据信号并不是一个正确的 TileLink 数据。

● valid 必须与 ready 信号独立，如果一个发送者希望发送一个周期数据，则必须使能一个 valid 信号，同时该 valid 信号是与接收者的 ready 信号独立的。

● 从 ready 到 valid 信号或者任何数据或控制信号之间不能存在任何组合逻辑路径。

任何不被禁止的事情都是允许的，特别是接收者可以驱动 ready 信号以作为 valid 或任何控制和数据信号的响应信号。例如，如果对一个繁忙的地址发出了 valid 请求，仲裁者可能会拉低 ready。然而只要有可能，我们建议独立地驱动 ready，以减少握手电路（handsharking circuit）的深度。

读者需要注意，既使消息在上一个周期中没有被接收，发送者也可能会先拉高 valid，然后在下一个周期拉低它。例如，发送者可能有其他更高优先级的任务要在下一个周期中执行，而不是试图再次发送被拒绝的消息。此外，发送者可以在一个消息没有被接收时更改控制信号和数据信号的内容。

无死锁

TileLink 是被设计为可以完全避免死锁的。为了保证一个 TileLink 拓扑网络永远不会死锁，SiFive 提出两个一致性系统必须遵守的规则。首先，定义一个规则用于管理接收端代理通过拉低 ready 来拒绝接收当前周期的信号。其次，定义一个有关 TileLink 中所允许的互联拓扑结构的规则。

将这两种规则与拓扑网络中通道严格的优先级规范相结合，我们可以保证正确实现的 TileLink 不会发生死锁的情况。

规则中使用的定义

所有的 TileLink 操作组成了在不同代理之间传输的有序消息序列。可使用如下的名 词来定义与死锁相关的规则，这个规则基于消息在整体顺序中的位置来确定。

- 请求（Request）消息：用于指定一个进行访存或权限转换的消息。
- 后续（Follow-up）消息：表示接收某消息后需发送的消息。
- 响应（Response）消息：一个与请求消息配对的必要的后续消息。
- 寄生（Recursive）消息：任何在请求和响应消息之间嵌入的后续消息。
- 转发（Forwarded）消息：也是一个寄生消息，与触发该消息的消息具有相同的优先级。

每个请求消息最终都必须得到一个响应消息的回复。一个响应消息总是比触发该消息的请求消息具有更高的优先级。一个消息可能既是请求又是响应，这样的消息会触发新的响应。

代理的转发规则

接收者并不需要在 valid 信号为低时，将 ready 信号设置为高。然而，当发送者的 valid 信号为高时，接收者的 ready 信号必须设置为高，除非接收者有拒绝该周期的合理理由。在 TileLink 中只有以下四种情况，接收者可以通过拉低 ready 信号来拒绝一个周期有效信号。

- 接收者可能选择进入一个有限的忙碌状态，在此期间不会将 ready 信号拉高。
- 当一条对请求消息响应消息在 X 通道上被拒绝，发送该响应的代理可以将所有优先级低于 X 通道的 ready 信号无限期地拉低。
- 当一条由通道 X 上的请求消息所引发的寄生消息被拒绝时，发送端代理可能会无限期拉低所有优先级低于 X 通道的 ready 信号。
- 当一条回复由通道 X 发送的响应消息没有被接收时，接收者可能会无限期地拉低所有优先级低于 X 通道的 ready 信号。

以上的这些规则非常详细。在设计一个代理时，设计者必须确保以上的情况一旦发生，即使 valid 信号为高，也要使 ready 信号为低。一个不遵守以上规则的代理是不兼容于协议，并且在整个 TileLink 网络中会影响转发的处理。

网络的拓扑规则

每一个 TileLink 网络都能被描述为一个代理图，并且该代理图能被用于判断该网络是否能够保证避免死锁。在代理图中，每一个代理都有节点，每条 TileLink 的链路被视为有向边。在代理图中，链路从主设备指向从设备。图 4-11 描述了一个 TileLink 代理图。方框表示 RTL 级模块，圆圈表示代理。一个合法的 TileLink 系统必须是一个有向无环图。任何在图中的环都可能导致死锁。

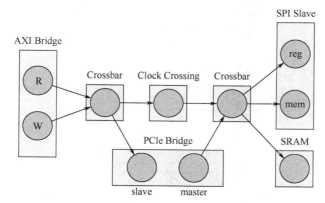

图 4-11　一个 TileLink 网络的代理图（方块表示 RTL 模块，圆圈表示代理）

一个直观的定义是，当一条来自某个链路的消息，在没有首先通过任何其他 TileLink 链路情况下，触发了另一链路后续的消息，我们认为这两条链路连接在同一个 TileLink 代理上。即使是两条链路连接在同一个 RTL 模块上，这并不代表该模块就是一个带有两条链路的代理，在这个模块内部可能有着两个不同的代理。

在构建代理结构图，并使用有向无环的规则约束该图时，假设所有的代理都遵守前面所描述的转发规则，可以证明这样的 TileLink 拓扑网络是可以保证完全避免死锁的。

请求-响应消息排序

在以下几种情况中，响应消息的第一周期可以出现在响应通道上。

- 在请求消息被接收了的同一个周期出现，但不会在这周期之前出现。
- 在请求消息包中所有周期的数据都被接收完毕之前。
- 在任意长的一段延迟之后。

如果一个主设备接口不能在请求消息的同一周期内接收响应消息，可以在通道 D 输入的后面放置一个缓冲器。这个缓冲器可以保存一个同时发送的响应消息，并且直到它被填充之前，它都可以使 ready 保持为高。这种响应处理逻辑使在允许从设备回复的速度尽可能快的同时，又满足了转发的规则。所有的代理都必须遵循如下规则，要么主动地处理一个同步出现的回复消息，要么在接收端输入处放置一个缓冲器来保存该消息。

突发请求与响应

图 4-12 描述了两个 Get 操作。Get 操作的请求消息（操作码4）从通道 A 发出。它们都是访问 32 字节，在 8 字节的总线上分 4 个周期拿走数据。我们能看到 4 周期的 AccessAckData（操作码1）回复消息到达通道 D。第一个回复消息在一个任意的延迟之后到达。主设备接口必须要能够无限期地等待回复消息，因此在 TileLink 互联网络中不存在超时设定。最终，回复消息一定会到达，这是 TileLink 无死锁规则所能保证的。第二个 Get 操作在请求消息被接收的同一个周期内立即被回复。这种重叠情况在 Get 第一周期的信号被接收之后是允许的。回复消息不能再提前出现，因为第二个 Get 首次出现时 a_ready 为低，请求消息被拒绝了，所以 d_valid 信号也必须为低，否则就违反了第一个规则。

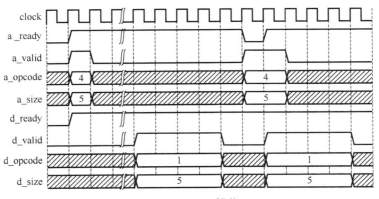

图 4-12　Get 操作

图 4-13 描述了两个 Put 操作。PutFullData 请求消息（操作码 0）在通道 A 发出，它们的 AccessAck 回复消息（操作码 0）则在通道 D 返回。包的大小为 32 字节，4 周期数据。与前面不同的是，此次是通道 A 发起请求消息。PutFullData 消息带有数据载荷，而 AccessAck 消息则没有。第一个 AccessAck 消息被延迟了任意的时间，但是请求者继续发送余下的请求消息。第二个 AccessAck 消息在 PutFullData 消息的第一个周期的同一周期内出现。这是规则所能允许的最快的回复。如果 a_ready 或者 a_valid 信号任何一个在该周期内为低，那么 d_valid 应该也为低。先前对主设备接口 ready 的要求在这里也适用，即主设备接口必须接收此时同时发送的 AccessAck，甚至在它完成发送 PutFullData 消息之前。即使它可能会缓冲 AccessAck 消息，并且将其挂起，直到它完成发送请求消息。

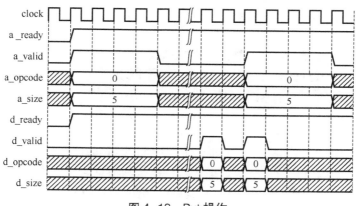

图 4-13　Put 操作

错误

通道 C 和 D 包含了一个一位的错误信号字段。这个字段的使用取决于被操作码 *_opcode 标识的具体消息类型。因为每条请求消息需要一个特定大小的回复消息。这个字段使一个代理在它探测到数据不正确的情况下，能创建一个回复消息。错误字段只能在包的最后一个周期拉高，并且指示了相关的包内，任意一个周期或者多周期数据出现了错误。不管最终是否出现了错误，整条消息的所有周期都必须全部发送。

字节通路

带有数据字段的 TileLink 通道总是自然地以小端对齐方式运载数据载荷，如果数据总线宽度为_w_字节（必须为 2 的幂），那么（address&！（w-1））就是 0 号字节通路的数据的地址。

TielLink 总是用对齐地址来描述 2 的幂大小的字节范围。（address&（（1<<size）-1）=0）总是保持。因此要么一个操作使用所有的字节通路，要么使用 2 的幂部分。一个操作使用的字节通路被称为有效字节通路。

在带有掩码（Mask）字段的通道 A 和 B 上，所有的无效字节通路的掩码位必须为低。而除了 PutPartialData 以外的消息，所有的有效字节通路的掩码的信号必须为高。掩码信号也可以被其他不带数据载荷的消息使用，当操作需要使用的大小小于数据总线时，掩码应该要按带有数据载荷的信号时一样生成。对于比数据总线大小更大的操作，尽管消息仍为一个周期，掩码的所有位数都应该拉高。

4.3.5.5　操作与消息

带有主设备接口的 TileLink 代理通过执行各类操作与共享存储系统进行交互。操作会完成我们对地址范围的修改，可能是数据值，可能是这段地址内数据的权限，也可能是在存储层次中的位置。操作通过在通道内传输的具体消息交换来实现。为了支持一个操作的实现，我们需要支持组成该操作的所有消息。

TileLink 操作能被分为下列三组。

- Accesses（A）：在具体的地址读或写数据。
- Hints（H）：只是提供一些信息，没有实际的影响。
- Transfers（T）：在拓扑网络中改变权限或移动缓存拷贝。

消息分类

操作通过在五个 TileLink 通道内交换消息来执行。某些消息携带数据载荷，而有些则没有。如果一个 TileLink 消息携带数据载荷，那么其消息名应以 Data 结尾。不是每一个通道都支持所有类型的消息。某些数据的到达必然会导致最终会有一个回复消息发送到请求发出者。带有回复的操作和消息分类如图 4-14 所示。它们可以通过兼容级别和操作对 TileLink 用到的消息进行分组，也可以用通道和操作码来对消息进行排序。

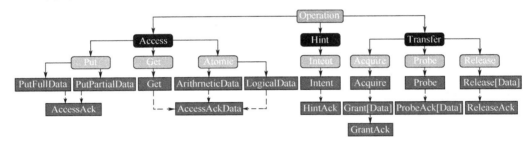

图 4-14　所有的操作（蓝色）和它们的消息（紫色）

寻址

TileLink 通道内运载的所有地址都是物理地址。从 TileLink 有向无环图中的节点出发，每一个有效地址必须导向一条唯一通往一个具体的从设备的路径。在 TileLink 中，地址决定了哪些操作是可以执行的，哪些效果是可以产生的，哪些排序约束是可以施加的。能被添加为一个地址空间的属性包括兼容级别、存储一致性模型、可缓存性、FIFO 排序要求、可执行性、特权登记，以及任何服务质量保证。

对于地址映射，它不只是一个单独的全局地址映射。因为一旦在 TileLink 拓扑网络中发生一个动作，就会使地址映射的某些属性发生改变。例如，图 4-15 所示的主设备 M1 能访问从设备 S0 和 S1，同时 M0 只能访问从设备 S0。两个主设备 M0 和 M1 都可以访问从设备 S0，但是只有 M1 可以通过缓存 C 访问从设备 S1。除了访问，某些 TileLink 代理可能改变它们下级的从设备的属性。当无法提前知道一个给定地址范围从设备具有哪些属性时，TileLink 拓扑网络其他部分必须清楚地定义目标从设备是何种类型。

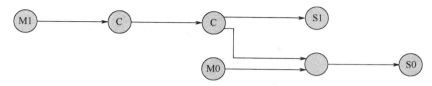

图 4-15　一个简单的代理图

如果一个地址区域不支持 Get 操作或者 Put 操作，那么这个地址区域应该被上对齐或者下对齐到最近的 4kB 的倍数。这会使带有 TLB 的处理器能更方便地处理地址映射。这同样适用于任何可能在未来定义的地址范围修改器。

为了优化吞吐量，可以追踪哪些地址范围是对请求是以 FIFO 的顺序进行回复。一般情况下，TileLink 中的回复是完全乱序的。但是，如果我们知道一个给定地址范围是按照 FIFO 的顺序进行回复的，那么便能够直接将 TL-UL 级别的消息转换为 TL-UH 级别的消息。基于以上这些原因，希望地址映射含有一个可选的 FIFO 域。所有共享一个 FIFO 域标识符的地址范围可以相互知道请求顺序，并按序回复。

源与目的地标识符

在 TileLink 中，并不是所有的消息都是根据地址来路由。尤其是回复消息必须返回到正确的请求者。为支持此功能，TileLink 通道包括了一个或更多与本地链路相关的事务标识符字段。这些字段与 address 字段一起用于路由消息，并且保证每一个发送中的消息能被特定操作唯一标识。表 4-40 提供了在每一个通道上用于引导请求和回复消息的字段的总结。

表 4-40　TileLink 传输路径字段总览

通道	目标	序列	路由信息	源标志	使用于
A	从	请求	a_address	a_source	d_source
B	主	请求	b_source	b_address	c_address
C	从	响应	c_address		
C	从	请求	c_address	c_source	d_source
D	主	响应	d_source		
D	主	请求	d_source	d_sink	e_sink
E	从	响应	e_sink		

对于每一种请求消息来说，其至少有一个信号会被复制到与之对应的回复消息中。这些信号在表 4-40 中源标志一列中标记出来了。例如，如果一个 Get 操作的 a_source 为 4，那么 AccessAckData 回复消息的 d_source 也为 4。成对的回复消息会基于对应的信号引导到相关的路径上，如表中使用于一列。而其他某些信号也可能被要求在不同消息对间复制。

除了用于路由回复消息的路径，事务标识符也能帮助每一条消息与正在进行中的操作相互对应地联系起来。标识符并没有内在的语义，因此能被代理使用用来标记一条消息和它的回复消息。当写入无存储转发代理、非阻塞的主设备和从设备时，这些标识符也有十分重要的意义。同样，标识符对创建 TileLink 拓扑网络行为的监管器有用。

为了给代理追踪处于进程中的操作的状态的数量设立一个上限，在标识符上设立每个链路与通道唯一标识的约束。当一个已发出的请求仍在等待一个回复时，我们认为该请求使用的标识符正在处理。在链路中的每个通道中，每个正在处理的请求消息标识符必须是独一无二的。

可能的标识符的范围对于给定的 TileLink 链路来说是独立的。因此通道内 source 和 sink 的宽度在不同的 Link 间可能有着很大的区别。而在一条链路内，所有通道 source 宽度是相同的。

操作排序

在一个 TileLink 拓扑网络中，在任意给定时间内会有多个操作在进程中，这些操作可能以任意的顺序完成。为了确保主设备能在一个操作完成后再执行其他操作，TileLink 要求从设备在操作结束时及时发送一个回复消息。

TileLink 的从设备包括缓存都不能在 Put 操作确认前就将数据写回。唯一的约束是确认消息发出后，整个拓扑网络不能观察到过去的状态。这是因为在确认消息发出后，所有的被缓存的数据的拷贝都必须是已更新的。

发射回复消息的代理需要保证它们接收的操作是一个有效的序列。这些规则确保每个代理看到的全局操作排序与主设备的确认信号引导的局部排序是一致的。处理器可以等发出的确认消息返回后再发起其他请求，来实现 fence 指令。这样的能力使多处理器在 TileLink 的共享存储系统中能安全地同步执行操作。

4.3.5.6　兼容级别

消息交换的操作在上节已详细叙述，而其中的操作分三个兼容级别，即 TL-UL、TL-UH 和 TL-C。接下来，我们将逐个介绍。

TileLink 无缓存轻量级（TL-UL）

TileLink 无缓存轻量级（TL-UL）是最简单的 TileLink 协议兼容级别。它可用于连接低性能的外设以减小总线的面积消耗。该兼容级别的代理都支持两种存储访问操作。

- 读（Get）操作。从底层内存中读取一定量的数据。
- 写（Put）操作。向底层内存中写入一定数目的数据。写操作支持基于字节粒度的部分写掩码功能。

这些操作都通过在前面的请求-响应消息排序里，定义的两阶段请求/响应握手完成。在 TL-UL 中，每条消息都必须放在一个周期中，不支持突发操作。TL-UL 一共定义了与存储访问操作相关的三种请求消息类型和两种响应消息类型。

读（Get）

Get 消息是代理发出的请求报文，用于在读取数据时访问一块特定的数据存储块。表 4-41 展示了通道 A 内该消息的信号译码。

表 4-41　Get 消息的编码

通道 A	类型	宽度	编码
a_opcode	C	3	必须是 Get（4）
a_param	C	3	保留位，必须为 0
a_size	C	z	将要被从设备读取和返回的 2^n 个字节
a_source	C	o	发出该请求的主设备源标识符
a_address	C	a	访存的目标地址，以字节形式
a_mask	D	w	将要读取的字节通路
a_data	D	8w	被忽略的，可能取任何值

完整写（PutFullData）

PutFullData 代理请求访问并写入一整块数据时发出的消息报文。表 4-42 展示了此消息在通道 A 中的编码。

表 4-42　PutFullData 消息的编码

通道 A	类型	宽度	编码
a_opcode	C	3	必须是 PutFullData（0）
a_param	C	3	保留位，必须为 0
a_size	C	z	2^n 字节将会被从设备写入
a_source	C	o	发出该请求的主设备源标识符
a_address	C	a	访存的目标地址（字节）
a_mask	D	w	被写入的字节通路，必须是连续的
a_data	D	8w	被写入的数据载荷

部分写（PutPartialData）

PutPartialData 代理请求访问并写入一块数据时发出的消息报文。PutPartialData 被用于写入在任意字节上的数据。表 4-43 展示了此消息在通道 A 中的编码。

表 4-43　PutPartialData 消息的编码

通道 A	类型	宽度	编码
a_opcode	C	3	必须是 PutPartialData（0）
a_param	C	3	保留位，必须为 0
a_size	C	z	2^n 字节将会被从设备写入
a_source	C	o	发出该消息的主设备源标识符
a_address	C	a	访存的目标地址（字节）
a_mask	D	w	被写入的字节通路
a_data	D	8w	被写入的数据载荷

无数据确认（AccessAck）

AccessAck 是一个送往原请求代理的无数据确认消息。表 4-44 展示了此消息在通道 D 中的编码。

表 4-44　AccessAck 消息的编码

通道 D	类型	宽度	编码
d_opcode	C	3	必须是 AccessAck（0）
d_param	C	2	保留，但必须为 0
d_size	C	z	2^n 字节将会被从设备访问
d_source	C	o	接受该回复的主设备源标识符
d_sink	C	i	忽略，可以是任意值
d_data	D	8w	忽略，可以是任意值
d_error	F	1	标识从设备不能处理的请求

带数据确认（AccessAckData）

AccessAckData 是一个向原请求代理返回数据的确认消息。表 4-45 展示了此消息在通道 D 中的编码。

表 4-45　AccessAckData 消息的编码

通道 D	类型	宽度	编码
d_opcode	C	3	必须是 AccessAckData（1）
d_param	C	2	保留，但必须为 0
d_size	C	z	2^n 字节将会被从设备访问
d_source	C	o	接受该回复的主设备源标识符
d_sink	C	i	忽略，可以是任意值
d_data	D	8w	数据载荷
d_error	F	1	标识从设备不能处理的请求

TileLink 无缓冲重量级（TL-UH）

TileLink 无缓冲重量级（TL-UH）是用于末级缓存之外的总线的。这种应用中不需要使用权限转换的操作。它建立在 TL-UL 的基础上，并提供一部分额外的操作。

- 原子（Atomic）操作。在原子性地读取现存的数据值的同时，同步写入一个新的值，该新的值为某些逻辑和算法操作的结果。
- 预处理（Hint）操作。提供了与某些性能优化相关的可选的暗示性消息。
- 突发（Burst）消息。允许带有比数据总线宽度更大的数据的消息在多个周期内作为数据包传输，可应用于在 Get 操作、Put 操作和原子操作中多种包含数据的消息。

新的操作通过使用成对的请求和响应消息对来完成。总的来说，TL-UH 相对于 TL-UL 增加了三个请求消息类型和一个响应消息类型。组成 TL-UH 有四种消息类型的所使用的信号的编码为 ArithmeticData、LogicalData、Intent 和 HintAck。

算术数据（ArithmeticData）

一个算术数据消息是一个代理对一数据块进行算术操作，先读取然后改写，而发起的访问一块特定的数据块的请求消息。表 4-46 展现了通道 A 用于这条消息的信号的编码。

表 4-46   ArithmeticData 消息的编码

通道 A	类型	宽度	编码
a_opcode	C	3	必须是 ArithmeticData （2）
a_param	C	3	见表 4-47
a_size	C	z	2^n 个字节将会被从设备读取或写
a_source	C	o	发射该请求的主设备源标识符
a_address	C	a	访存的目标地址，以字节形式
a_mask	D	w	将要读与写的字节通路
a_data	D	8w	要被用作操作数的数据载荷

表 4-47   ArithmeticData 的 a-param 字段

计算	编码	具体运算
MIN	0	写两操作数的有符号最小值，并返回旧值
MAX	1	写两操作数的有符号最大值，并返回旧值
MINU	2	写两操作数的无符号最小值，并返回旧值
MAXU	3	写两操作数的无符号最大值，并返回旧值
ADD	4	写两操作数的和，并返回旧值

逻辑数据（LogicalData）

一个算术数据消息是一个代理对一个数据块进行位逻辑操作，先读取然后改写，而发起的访问一块特定的数据块的请求消息。表 4-48 展示了这个消息内通道 A 内所使用的信号的编码。

预处理（Intent）

一个 Intent 消息是一个代理为了表示未来可能要访问一块特定数据块的目的而发出的请求消息。表 4-50 展现了通道 A 该消息所使用的信号的编码。

预处理确认（HintAck）

HintAck 是用于 Hint 操作的确认消息。表 4-51 展示了通道 D 用于该消息的信号的编码。

表 4-48　LogicalData 消息的编码

通道 A	类型	宽度	编码
a_opcode	C	3	必须是 LogicalData（3）
a_param	C	3	见表 4-49
a_size	C	z	2^n 个字节将会被从设备读写
a_source	C	o	发射该请求的主设备源标识符
a_address	C	a	访存的目标地址，以字节形式
a_mask	D	w	将要读与写的字节通路
a_data	D	8w	要被写的数据载荷

表 4-49　LogicalData 的 a-param 字段

计算	编码	具体运算
XOR	0	对两个操作数进行按位异或操作并写结果，返回旧值
OR	1	对两个操作数进行或操作并写结果，返回旧值
AND	2	对两个操作数进行与操作并写结果，返回旧值
SWAP	3	交换两操作数并返回旧值

表 4-50　Intent 消息的编码

通道 A	类型	宽度	编码
a_opcode	C	3	必须是 Intent（5）
a_param	C	3	暗示性编码
a_size	C	z	2^n 个字节适用于该预取
a_source	C	o	发射该请求的主设备源标识符
a_address	C	a	访存的目标地址，以字节形式
a_mask	D	w	预取使用的字节通路
a_data	D	8w	忽略，可以是任意值

表 4-51　HintAck 消息的编码

通道 D	类型	宽度	编码
d_opcode	C	3	必须是 HintAck（1）
d_param	C	2	保留，但必须为 0
d_size	C	z	与 Hint 相关，为 2^n 字节
d_source	C	o	接受该回复的主设备源标识符
d_sink	C	i	忽略，可以是任意值
d_data	D	8w	忽略，可以是任意值
d_error	F	1	从设备无法处理该请求

突发消息

突发消息可以包含比数据总线的物理宽度更大的数据。在一个周期内发送的数据的子集被称为一个周期。突发消息可能是任何在 Get、Put 及原子等包含数据的操作内的不同消息。

定义 PutFullData 操作码的目的是允许代理针对全写掩码做性能优化。如果一个 PutFullData 消息是一个突发消息，一个被优化的代理就可以通过第一周期判别整个突发的掩码，而无须等待整个突发的完成。

TileLink 缓存支持级（TL-C）

TileLink 协议中，TileLink 缓存支持级（TL-C）具备通过给主设备代理提供缓存共享数据块副本的能力。依据实现过程中所定义的一致性协议，这些本地副本应保证一致性。总的来说，TL-C 在 TileLink 协议规范中新添加了如下内容：三种操作，三个通道，一个五步的消息序列模板及十种消息类型。

Operations

三个新操作统称为 Transfer Operations，因为它们将数据块的副本传输到内存层次结构中的新位置。

- Acquire：在请求主设备中创建块或其特定权限的新副本。
- Release：从请求的主设备将块的副本或它的特定权限释放回从设备。
- Probe：强制将块的副本或它的特定权限从主设备移到发起请求的从设备。

Acquire 操作要么以扩展树干的形式，要么以从现存的分支或者尖端添加新的分支的形式来拓展树。在新的分支生成前，旧的主干或分支可能需要递归的 Probe 方法进行修剪。为了响应缓存容量冲突，可通过 Release 操作主动裁剪分支。

Channels

为了支持转换操作，TL-C 在执行内存访问操作所需的两个基本通道上添加了三个新通道。通道 A 和 D 也被重新用于发送额外的消息，以实现转换操作。转换操作使用的五个通道分别是：

- 通道 A：主设备为了读取或写入缓存块副本而发起对权限的请求。
- 通道 B：从设备查询或修改主设备对缓存数据块的权限，或将内存访问前递给主端。
- 通道 C：主设备响应通道 B 传输的消息，可能会释放带有任何脏数据块的权限，也用于主动写回脏数据的缓存数据。
- 通道 D：从设备向原始请求者提供数据或权限，授予对缓存块的访问权。也用于确认脏数据的主动写回。
- 通道 E：主设备提供此次事务完成的最终确认消息，从设备可用来事务序列化。

Messages

见表 4-52，在五个通道内，TL-C 具体说明了组成三种操作的十个消息。

表 4-52　权限转换操作消息总览

消息	操作码	操作	A	B	C	D	E	响应
Acquire	6	Acquire						Grant,GrantData
Grant	4	Acquire						GrantAck
GrantData	5	Acquire						GrantAck
GrantAck	–	Acquire						
Probe	6	Probe						ProbeAck,ProbeAckData
ProbeAck	4	Probe						
ProbeAckData	5	Probe						
Release	6	Release						ReleaseAck
ReleaseData	7	Release						ReleaseAck
ReleaseAck	6	Release						

Permissions Transitions

逻辑上，Transfer 是对权限进行操作，因此其组成消息必须指定预期的结果：升级到更高权限，降级到更低权限，或者一个保持权限不变的无操作。这些变化是根据它们对特定地址的一致性树形状的影响来指定的。我们将可能的权限转换组合分解为六个类别。表 4-53 展示了基于 TileLink 的一致性协议所需的权限转换。它们被分成以下四个子集。

- Prune：权限降级，缩小一致性树。相比过去，完成操作之后具有较低的权限。
- Grow：权限升级，增大一致性树。相比过去，完成操作之后具有较高的权限。
- Report：包含权限保持不变，但报告当前权限状态。
- Cap：包含权限更改，不指定原始权限是什么，而只指定它们应该成为什么。

表 4-53　权限转换的分类

类别	内容
Permissions	None,Branch,Trunk
Cap	toT,toB,toN
Grow	NtoB,NtoT,BtoT
Prune	TtoB,TtoN,BtoN
Report	TtoT,BtoB,NtoN

TL-C 消息

权限传输新添的三个通道有六个新消息，另又新添了一个通道 A 消息、三个通道 D 消息。新的通道是 B、C 和 E，新的消息类型是 Acquire、Probe、ProbeAck[Data]、Release[Data]、ReleaseAck、Grant[Data] 和 GrantAck。

- Acquire 消息是主代理计划在本地缓存数据块的副本时发起的请求消息类型。主代理还可以使用这种消息类型来升级它们已缓存块上的权限。
- Probe 消息是从代理用来查询或修改由特定主代理存储的数据块的缓存副本的权限的请求消息。从代理由于响应另一个主代理的 Acquire，或是主动发起可以废除主代理对一块缓存块的权限。
- ProbeAck 消息是主代理用来回复 Probe 的消息。
- ProbeAckData 消息是主代理使用的响应消息，用于确认接收到 Probe，并写回发送请求的从代理所需的脏数据。
- Grant 消息既是一个响应也是一个请求消息，从代理使用它来确认接收到一个 Acquire，并提供访问缓存块的权限给原始发送请求的主代理。
- GrantAck 响应消息被主代理用来提供事务完成的最终确认消息，同时也被从代理用来确保操作的全局序列化。
- Release 消息是主代理用来主动降低其对一个缓存数据块的权限的请求消息。
- ReleaseData 消息是主代理发起的请求消息，用于主动降低对一块缓存数据块的权限，并将脏数据写回管。
- ReleaseAck 消息是一个从代理发起的响应消息，用来响应 Release[Data]，它反过来用于确保从代理的操作的全局序列化。

通道 B 和通道 C 上的 TL-UL 和 TL-UH 消息

除了三个新操作（Acquire、Probe、Release），TL-C 重新定义了所有在通道 B 和 C 上的 TL-UH 的操作，这允许通道被用来转发 Access 和 Hint 操作给远端的缓存数据所有者。换句话说，其实现可以选择使用基于更新的协议，而不是基于失效的协议。

- Get 消息是一个代理发出的请求，目的是读取一个特定的数据块。
- PutFullData 消息是一个代理的请求，目的是写特定的数据块。
- PutPartialData 消息是一个代理的请求，目的是写特定的数据块。PutPartialData 可用于在字节粒度上编写任意对齐的数据。
- AccessAck 向原始请求代理提供不带数据的确认消息。
- AccessAckData 向原始请求代理提供带有数据的确认消息。
- ArithmeticData 消息是一个代理发出的请求，该代理希望访问一个特定的数据块，并使用算术操作来读-修改-写（Read-Modify-Write）。

● LogicalData 是一个代理发出的请求，该代理希望访问一个特定的数据块，并使用逻辑操作来读-修改-写。

● Intent 是一个代理发出的请求消息，该代理想要表明将来打算访问一个特定的数据块。

● HintAck 用作 Hint 提操作的响应消息。

4.3.5.7　小结

TileLink 是为 RISC-V 设计的，也支持其他 ISA 免费开放的紧耦合、低延迟的 SoC 总线，为 SoC 提供一个具有低延迟和高吞吐率传输的高速、可扩展的片上互连方式，来连接通用多处理器、协处理器、加速器、DMA 及各类简单或复杂的设备。此外，TileLink 拥有缓存一致性的内存共享系统，支持兼容 MOESI 的缓存一致性协议。而且对任何遵守该协议的 SoC 系统来说，可验证确保无死锁。使用乱序的并发操作以提高吞吐率，而使用完全解耦的通信接口，有利于插入寄存器来优化时序。既有总线宽度的透明自适应和突发传输序列的自动分割，也有针对功耗优化的信号译码。

4.4　SiFive Freedom E300 在 Nexys A7 上的开发流程

本节介绍的开发流程能帮助读者安装所需要的软件工具，以支持在评估套件上编写和调试代码，带领读者将 Freedom E300 FPGA 评估套件的文件下载并闪存到 Nexys A7FPGA 开发板上。在进行开发流程前，本节还介绍了 SiFive Freedom SoC 生成器及 Verilog IP 集成方法与开发流程，让读者能多了解 Freedom E300 SoC 生成器的组成，并且以英伟达开源的深度学习硬件架构 NVDLA 模块为例，介绍如何进一步集成新的 Verilog HDL 外设 IP 的开发流程。

4.4.1　SiFive Freedom SoC 生成器简介

Chisel 强有力的一点是它允许我们去写硬件生成器，借由 Scala（和 Java 库）的力量让硬件构建成为可行的。于是，我们可以使用相同 Chisel 语言编写硬件生成器，并执行它生成硬件电路。Chisel 组件和函数可以通过参数被设置，参数可以像是整数常量一样简单。SiFive Freedom SoC 生成器是 SiFive 公司开发和维护的 SoC 平台生成器。目前其所有源码均已开源。可参考 https://github.com/sifive/freedom。

它包含如下几个组件。

● Rocket-Chip 生成器

Rocket-Chip 生成器是由 SiFive 公司为主，开发并维护的开源 RISC-V Rocket CPU 生成器，主要使用前面介绍的 Chisel 硬件构建语言和 Scala 多范式编程语言编写。它可以根据用户不同的配置生成不同数量、不同大小的 CPU Coreplex。如图 4-16 所示，Rocket Chip 生成器包含了由 Core、Cache 及互连（Interconnect）等构成的模块库，例如，Core 生成器、Cache 缓存生成器、RoCC 协处理器生成器、Tile 块生成器、TileLink 生成器和外设。

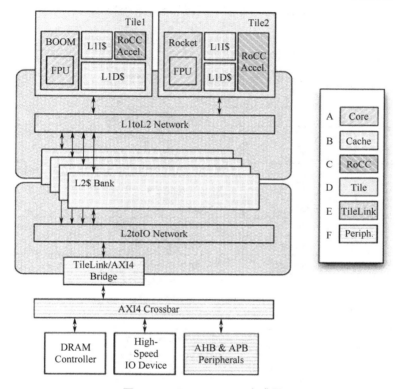

图 4-16　Rocket Chip 生成器

Rocket Chip 是一个开源的可配置 SoC 生成器，能根据不同的配置生成不同的可综合 SoC RTL。Rocket Chip 利用 Chisel 硬件构建语言实现，能生成基于 RISC-V 指令集的通用处理器，其中，顺序执行的叫 Rocket，乱序执行的叫 BOOM，支持使用扩展指令实现定制加速器。Rocket Chip 的项目框架说明见表 4-54。

表 4-54　Rocket Chip 项目框架

一级目录	二级目录	内容说明
bootrom	–	硬件启动的代码，一般存在于 ROM 中
–	bootrom.S	bootrom 的汇编代码
–	linker.ld	link 文件，用于规定代码存放的位置

一级目录	二级目录	内容说明
—	Makefile	make 文件，此文件会完成三个步骤： 1. 利用 bootrom.S 和 linker.ld 将汇编转为 *.elf 文件； 2. 利用 elf 文件生成 *.bin 文件； 3. 利用 bin 文件生成 *.img 文件
Chisel3	—	Chisel3 软件，是一种硬件构建语言，用于生成各种配置的 Rocket-Chip。Chisel3 是在 Scala 的基础上发展的，此软件需要安装 Java & sbt
emulator		利用 Verilator 完成编译和基于 C/C++的仿真
FIRRTL	—	是 Chisel3 到 RTL 的中间产物，用于最终生成 Verilog/C 代码，可以将 Chisel3 生成的 *.fir 文件转换为 *.v
hardfloat	—	硬件浮点单元，用于融合乘法-加法运算，整数和浮点之间的转换数字和不同精度的浮点转换之间的转换
macros	/src/main/scala	宏命令
project	—	通过 sbt 完成 Scala 编译和构建
—	build.properties	声明 sbt 的版本
—	plugins.sbt	声明 sbt 依赖库的路径与版本
regression	—	Rocket-Chip 项目的回归测试脚本。从 Verilog 代码生成，到 riscv-tools 工具的编译，再到 VCS 仿真与 Emulator 仿真到 JTAG 仿真
riscv-tools	—	RISC-V 交叉编译工具
—	riscv-fesvr	前端服务器用于服务主机-目标接口（HTIF）上的主机和目标处理器之间的呼叫，还提供虚拟化控制台和磁盘设备；若要使用 riscv-isa-sim，必须安装 riscv-fesvr
—	riscv-gnu-toolchain	RISC-V 交叉编译工具
—	riscv-isa-sim	简单的 RISC-V 指令仿真器
—	riscv-opcodes	所有 RISC-V 操作码的枚举，这些操作码都能利用 riscv-isa-sim 运行，可以自行添加
—	riscv-openocd	一款片上编码和调试的工具
—	riscv-pk	一个代理内核，用于服务代码构建的系统调用和链接 RISC-V Newlib 的端口
—	riscv-tests	装配测试和基准测试的文件。isa、debug、mt 和 benchmarks 的测试文件、底层相关驱动及其编译的文件，用于测试 Rocket-Chip CPU 的性能

续表

一级目录	二级目录	内容说明
–	build-rv32ima.sh	编译脚本，编译 riscv-fesvr、riscv-isa-sim、riscv-pk、riscv-gnu-toolchain 和 riscv-openocd 工具。riscv-isa-sim 指令只支持 32 位 ima 指令。riscv-gnu-toolchain 交叉编译工具链也只支持 32 位 ima 指令。同时用 riscv-gnu-toolchain 生成的 32 位工具编译 riscv-pk
–	build-spike-only.sh	编译脚本，编译 riscv-fesvr 和 riscv-isa-sim 工具，用于 RISC-V 的指令仿真
–	build-spike-pk.sh	编译脚本，编译 riscv-fesvr、riscv-isa-sim 和 riscv-pk 工具。需要用的 64 位工具编译 riscv-pk
–	build.common	各种 build 脚本的通用代码，用于检测环境变量，GCC 版本，打印信息，建立目录和记录编译历史
–	build.sh	编译脚本，编译 riscv-fesvr、riscv-isa-sim、riscv-pk、riscv-gnu-toolchain、riscv-openocd 和 riscv-tests 工具
–	regression.sh	编译脚本，完成一次回归测试
scripts	–	用于分析仿真结果和操作源文件的脚本，生成 mem/rom 的通用脚本
src/main	–	Rocket-Chip 的 Scala 源代码
torture	–	用于生成和执行受约束的随机指令流，可用于对设计的核心部分和非核心部分进行压力测试
vsim	–	利用 VCS 完成编译和仿真，同时生成 Verilog 代码
LICENSE.Berkeley	–	伯克利的 LICENSE
LICENSE.SiFive	–	SiFive 的 LICENSE
LICENSE.jtag	–	Chisel-jtag 的 LICENSE
Makefrag	–	脚本的一些通用配置，环境变量设置，Java 运行选项，项目选项，相关路径等
README.md	–	Rocket-Chip 项目的相关教程
README_TRAVIS.md	–	Travis 管理员注意事项
build.sbt	–	Rocket-Chip 项目使用到了 sbt，此文件为 sbt 的一些配置
sbt-launch.jar	–	sbt-launch 的 Java 软件包

  Rocket 的源代码共有 20 个文件使用 Chisel 编写，可以在 https://github.com/ucb-bar/rocket 下载开源处理器 Rocket 的全部源码。表 4-55 说明了 Rocket 的源代码各个文件大致实现的功能。

表 4-55　Rocket 的源代码文件作用

arbiter.scala	实现了一个固定优先级的仲裁器，编号越低优先级越高
btb.scala	实现了 gshare，其中包含 Branch Target Buffer（BTB）、分支历史记录表（BHT），还实现了返回地址堆栈（RAS）
consts.scala	定义了一些类似与宏定义的变脸
core.scala	包含控制通路、数据通路，联合起来为 Core
csr.scala	实现了 RISC-V 指令集中定义的控制状态寄存器（CSR）
ctrl.scala	实现了控制通路，其中反映了 5 级流水线
decode.scala	实现了对卡诺图的化简，在指令译码时会使用该功能
dpath.scala	实现了数据通路
depath_alu.scala	实现了 ALU
fpu.scala	实现了与第三方 FPU 的接口
icache.scala	实现了指令一级缓存、取值，使用了 btb.scala 中定义的分支预测技术
instructions.scala	定义了 Rocket 处理器支持的所有指令
multiplier.scala	实现了乘法、除法运算，其中乘法采用的是迭代法，除法采用的是试商法
nbdcache.scala	实现了数据一级缓存，采用 MSHR 技术实现了无阻塞缓存
package.scala	定义了复位地址、异常处理 vector base address
ptw.scala	实现了硬件页表填充（page table walk）
rocc.scala	实现了加速协处理器，用来执行用户自定义指令
tile.scala	Rocket 处理器的顶层文件，其中连接 Core、指令一级缓存、数据一级缓存、FPU 等模块
tlb.scala	实现了传输后备缓冲器
util.scala	定义了一些对象，提供了一些工具函数，如类型转换

● FPGA Shells

主要包含不同厂商和型号的 FPGA 的外壳，其功能是将不同型号 FPGA 上包含的资源与 Rocket Core 进行互联。

● SiFive Blocks

主要包含由 SiFive 公司开发的 SoC 外设的源代码，例如，UART、GPIO 等 IP。

● NVDLA Blocks

主要包含由英伟达公司开发的深度学习算法硬件加速器 Verilog 源代码。用户可以选择是否将此模块集成到 Freedom SoC 中。

4.4.1.1　Freedom SoC 生成器与 Config 机制介绍

依托于 Scala 编程语言的众多强大特性，使用 Freedom SoC 生成器和 Config 机制可以实现使用同一套源代码输出不同 Verilog 代码的功能，这种功能在 Rocket-Chip 生成器中得到了充分的体现。用户为每一个不同的设计都构造了一个独立的全局 Config 参数对象，用于保存这个设计中各个模块的独特参数，并将这个 Config 对象作为参数传入 Rocket-Chip

生成器。生成器在例化内部各个模块时，从 Config 对象中自动抓取该模块所需的参数进行例化。

通过这种机制，用户便可以得到他想要的 Rocket Coreplex。这些配置包括但不局限于缓存大小、核心数量、外设类型和数量及对应地址空间。同时，使用生成器机制也可以快速收集和格式化输出 SoC 设计中的相关信息用于后续的软件驱动和文档编写等工作。

Config 机制的源代码路径为 https://github.com/chipsalliance/api-config-chipsalliance。

4.4.1.2　Diplomacy 集成框架介绍

Diplomacy 是互联参数的自动协商和模块互联。在传统的 SoC 集成中，互联集成是一份非常繁重的工作，尤其在大型的设计中，接口的类型和数量都很庞大，且随着开发的进行，会有较多的 IP 增减和设计本身的修改，每一次调整接口都需要重新集成和回归验证。即使有 EDA 工具的支持，集成和回归验证工作仍然非常繁重。

为了提供高效的互联，允许更多的模块互相访问，人们设计了各种各样的总线协议。总线协议带来的好处之一就是将模块的接口独立了出来。各个模块可以独立开发，大家通过标准总线协议连接在一起，SoC 的开发能够比较有效地进行模块化和分解化。然而总线互联的集成还是常会出错，如当某个模块要新增或者删除一个接口时，负责集成 IP 的设计人员往往需要一层一层修改。

由于使用生成器加上 Config 机制可以快速灵活地生成不同种类、不同结构的 SoC 拓扑，如何保证 SoC 设计中各个模块互联的正确性，如何快速收集和反馈错误信息，就成了一个棘手的问题。为此，SiFive 公司在 Chisel 硬件描述语言的基础上，设计和开发了一套用于进行模块间互联和参数协商的集成框架 Diplomacy。

Diplomacy 的主要思想是为设计中的每一个独立模块创建和保存元数据（metadata），这些元数据主要包括本模块与其他模块进行互联时两者所需要保持一致的参数或信息，例如，数据线宽度和遵守的总线协议类型等。用户首先使用 Diplomacy 提供的操作符（如:=, :*=等）声明在当前 SoC 设计中的各个模块之间的互联逻辑；Diplomacy 在这些模块被实际例化之前，提取它们的元数据并对它们进行系统级的检查。在检查完成无误后，自动进行模块的例化和模块间的连线操作。通过使用 Diplomacy 集成框架，用户可以做到对 SoC 中的各个模块进行快速集成并及时反馈错误信息。

Diplomacy 集成框架源代码路径为 https://github.com/chipsalliance/rocket-chip/tree/master/src/main/scala/diplomacy。

4.4.1.3　TileLink 总线协议介绍

TileLink 是 SiFive 公司设计的开源总线协议，前面介绍过它三个依次增强的子协议。

● TileLink Uncached Lightweight (TL–UL)：具有轻量级，易实现的特点，支持最基本的总线读写操作。

● TileLink Uncached Heavyweight (TL-UH)：在 TL-UL 协议的基础之上添加了支持多拍簇发，原子操作的功能。

● TileLink Cached (TL-C)：在 TL-UH 协议的基础之上添加了多核缓存一致性的功能，支持多级缓存。

用户可以根据不同的应用场景和不同的需求，灵活配置和实现 TileLink 协议。TileLink 总线协议规范路径为 https://www.sifive.com/documentation。

⊙ 4.4.2　Verilog IP 集成方法与开发流程

本节以深度学习硬件架构 NVDLA 模块为例，介绍如何使用 Diplomacy 框架与 Config 机制将 Verilog 外设 IP 集成到 Freedom SoC 中，NVDLA 模块源代码路径为 https://github.com/sifive/block-nvdla-sifive。进行 Verilog 外设 IP 集成包括以下几个步骤。

4.4.2.1　Verilog IP 外壳封装

Chisel 硬件描述语言使用 BlackBox 类型对 Verilog IP 模块进行封装，如代码清单 4-49 所示，上方为深度学习硬件架构 NVDLA 模块顶层模块的 Verilog 代码，下方为对应的 Chisel 封装，使用自参数化的 Bundle。读者需要注意的是，Chisel 模块中的 IO 信号要与 Verilog 模块中的 IO 信号的名称、方向及宽度完全保持一致。

代码清单 4-49

```
module nvdla_large
{
  input       core_clk,
  input       csb_clk,
  ...
  output      nvdla_core2dbb_aw_awvalid,
  input       nvdla_core2dbb_aw_awready,
  output [7:0] nvdla_core2dbb_aw_awid,
  output [3:0] nvdla_core2dbb_aw_awlen,
  ...
  };

import Chisel._
class nvdla(...) extends BlackBox {
  override def desiredName = blackboxName
  val io = new Bundle {
      val core_clk = Clock(INPUT)
      val csb_clk  = Clock(INPUT)
```

```
        ...
        val nvdla_core2dbb_aw_awvalid = Bool(OUTPUT)
        val nvdla_core2dbb_aw_awready = Bool(INPUT)
        val nvdla_core2dbb_aw_awid    = Bits(OUTPUT, 8)
        val nvdla_core2dbb_aw_awlen   = Bits(OUTPUT, 4)
        ...
    }
  }
```

源代码路径为 https://github.com/sifive/block-nvdla-sifive/blob/master/src/main/scala/ip/nvdla.scala。

4.4.2.2　Config 参数对象

完成了 NVDLA 的 Chisel 封装后，我们需要为 NVDLA 模块编写用于传入 Generator 的 Config 参数对象。Config 参数对象由一系列的数据结构和类型组成，可以用如下的方式在这里构建存放参数所需要的样例类。

```
case class NVDLAParams(
    config: String,
    raddress: BigInt
)
```

也可以用如下的方式在这里构建指向存放参数样例类的参数 Key。

```
case object NVDLAKey extends Field[Option[NVDLAParams]](None)
case object NVDLAFrontBusExtraBuffers extends Field[Int]
```

还可以用如下的方式在这里构建向 Generator 传入实际外设地址信息等参数的 Config 参数对象。

```
class WithNVDLA(config: String) extends Config((site, here, up)=>{
    case NVDLAKey => Some(NVDLAParams(config = config, raddress =
0x90000000L))
    case NVDLAFrontBusExtraBuffers => 0
})
class WithNVDLASmall extends WithNVDLA("Small")
```

上述讨论的相关源代码路径为 https://github.com/sifive/block-nvdla-sifive/blob/master/src/main/scala/devices/nvdla/Periphery.scala 和 https://github.com/sifive/freedom/blob/master/src/main/scala/ unleashed/IOFPGADesign.scala。

4.4.2.3　在模块内部应用 Diplomacy 框架及 AMBA-TileLink 协议转换

完成了 Verilog IP 的基本 Chisel 封装之后，我们需要对 Chisel 模块应用 Diplomacy 框架。在 Diplomacy 框架中，原有的 Chisel 模块代码被放置于 LazyModuleImp 类中，参与协商的参数及模块互联的连线信息被放置于节点（node）对象之中，根据模块在 SoC 中的位置和作用以及使用的总线协议类型，开发者可以声明不同类型的节点，例如，AXI4MasterNode，或是

APBSlaveNode。

根据 NVDLA 的顶层代码可知，NVDLA 模块使用一组 AXI4 主端口和一组 APB 从端口，以及一组可选的 AXI4 主端口用于挂接一块 SRAM，如代码清单 4-50 所示，在 Chisel 代码中需要分别为这些端口例化它们对应的节点对象，并给这些节点传入格式正确的参数。

代码清单 4-50

```
val dbb_axi_node = AXI4MasterNode(
 Seq(AXI4MasterPortParameters(
    masters = Seq(AXI4MasterParameters(
        name = "NVDLA DBB",
        id   = IdRange(0, 256)
    ))
 ))
)
...
val cfg_apb_node = APBSlaveNode(
 Seq(APBSlavePortParameters(
    slaves = Seq(APBSlaveParameters(
        address = Seq(AddressSet(params.raddress,0x40000L-1L)),
        resources  = dtsdevice.reg("control"),
        executable = false,
        supportsWrite = true,
        supportsRead = true)),
    beatBytes = 4
 ))
)
```

完成了节点对象的例化后，我们需要构建协议转换桥接器（Bridge），将这些使用 AMBA 协议的端口转换为 Freedom SoC 总线所使用的 TileLink 协议，同时例化用于总线挂接的 TileLink 协议节点。如代码清单 4-51 所示，Freedom SoC 中已经提供了这些转换桥的组件，用户可以直接调用。

代码清单 4-51

```
val dbb_tl_node = TLIdentityNode()
(dbb_tl_node
    := TLBuffer()
    := TLWidthWidget(dataWidthAXI/8)
    := AXI4ToTL()
    := AXI4UserYanker(capMaxFlight = Some(8))
    := AXI4Fragmenter()
    := AXI4IdIndexer(idBits = 2)
```

```
        := AXI4Buffer()
        := dbb_axi_node
    )
    val cfg_tl_node = cfg_apb_node := LazyModule(new TLToAPB).node
```

需要指出的是，上述代码中的:=符号全部来自 Diplomacy 框架，并非 Chisel 中的连线符号，它们的作用是将前后的模块进行互联的声明。:=符号左边的是从设备（slave），右侧的是主设备（master）。

完成协议转接桥后，如代码清单 4-52 所示，需要将节点中封装的连线信息提取出来并接到 Verilog 代码的封装模块中，完成真正的连线操作。

代码清单 4-52

```
    Lazy val module = new LazymoduleImp (this) {
        val u_nvdla = Module(new nvdla(blackboxName, hasSecondAXI,
dataWidthAXI))
        u_nvdla.io.core_clk := clock
        u_nvdla.io.csb_clk  := clock
        ...
        val (dbb, _) = dbb_axi_node.out(0)
        dbb.aw.valid      := u_nvdla.io.nvdla_core2dbb_aw_awvalid
        u_nvdla.io.nvdla_core2dbb_aw_awready := dbb.aw.ready
        Dbb.aw.bits.id    := u_nvdla.io.nvdla_core2dbb_aw_awlen
        ...
        val (cfg, _) = cfg_apb_node.in(0)
        u_nvdla.io.psel      := cfg.psel
        u_nvdla.io.penable   := cfg.penable
        u_nvdla.io.pwrite    := cfg.pwrite
        ...
    }
```

源代码路径为 https://github.com/sifive/block-nvdla-sifive/blob/master/src/main/scala/devices/nvdla/NVDLA.scala。

4.4.2.4 模块外部例化与总线挂接

NVDLA 内部的模块封装和协议转换完成后，如代码清单 4-53 所示，需要在外部编写用于顶层集成的例化和总线挂接逻辑代码。

代码清单 4-53

```
    trait HasPeripheryNVDLA { this: BaseSubsystem =>
    p(NVDLAKey).map { params =>
        val nvdla = LazyModule(new NVDLA(params))
        fbus.fromMaster(name = Some("nvdla_dbb", buffer =
```

```
BufferParams.default)){
                TLBuffer.chainNode(p(NVDLAFrontBusExtraBuffers))
        } := nvdla.dbb_tl_node
        sbus.control_bus.toFixedWidthSingleBeatSlave(4,
Some("nvdla_cfg"))
        { nvdla.cfg_tl_node }
        ...
    }
}
```

借助 Scala 语言中的特征（trait）及自身类型（self-type），我们可以将 NVDLA 的例化和挂接代码混入到 BaseSubsystem 模块中，从而实现模块的例化并可以直接调用在 BaseSubsystem 模块中例化的总线模块（fbus 和 sbus）及其相关的用于外设挂接的 API。

4.4.2.5 顶层集成

在完成所有模块内外的封装和例化代码后，我们就可以进行顶层封装了。这里以 Freedom E300 Arty 为例，如代码清单 4-54 所示，我们对源代码做出如下改动。

代码清单 4-54

```
import nvdia.blocks.dla._
Class E300ArtyDevKitSystem(implicit p: Parameters) extends
RocketSubsystem
        with HasPeripheryNVDLA
        with HasPeripheryMaskROMSlave
        with HasPeripheryDebug
        with HasPeripheryMockAON
        with HasPeripheryUART
        with HasPeripherySPIFlash
        with HasPeripherySPI
        with HasPeripheryGPIO
        with HasPeripheryPWM
        with HasPeripheryI2C {
        override lazy val module = new E300ArtyDevKitSystemModule(this)
}
```

如代码清单 4-55 所示，在这里将 HasPeripheryNVDLA 混入顶层模块以完成 NVDLA 的集成。

代码清单 4-55

```
import sifive.freedom.unleashed.WithNVDLASmall
import nvdia.blocks.dla._
Class DefaultFreedomEConfig extends Config (
        new WithNBreakpoints(2) ++
```

```
        new WithNExtTopInterrupts(0) ++
        new WithJtagDTM ++
        new WithL1ICacheWays(2) ++
        new WithL1ICacheSets(128) ++
        new WithDefaultBtb ++
        new TinyConfig ++
        new WithNVDLASmall
)
```

在这里将 NVDLA 配置信息注入 FreedomE300 使用的 Config 参数对象中。

源代码路径为 https://github.com/sifive/freedom/blob/master/src/main/scala/everywhere/e300artydevkit/System.scala 和 https://github.com/sifive/freedom/blob/master/src/main/scala/everywhere/e300artydevkit/Config.scala。

需要注意的是，SoC 系统例化的顶层模块和传入 Generator 的 Config 参数对象是通过外部的 MakeFile 脚本指定的，用户需要通过编写正确的 MakeFile 脚本确保传入正确的顶层模块和 Config 参数对象。

当完成所有正确的顶层混入和参数配置后，我们可以在生成的外设地址映射表上看到 NVDLA 模块的信息，如图 4-17 所示，这表明我们成功地将 NVDLA 模块集成到 Freedom E300Arty SoC 中。虽然在 Arty FPGA 开发板中很可能无法放置 NVDLA 模块，但这不会影响这些集成代码的生成，我们可以使用同样的方法将 NVDLA 模块集成并放置到其他更高端的 FPGA 开发板中。

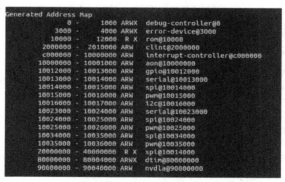

图 4-17　集成 NVDLA 模块成功后的 Freedom E300 的外设地址映射结构

⊙ 4.4.3　Freedom E300 在 Nexys A7 上的开发流程

4.4.3.1　实验材料准备

Digilent Nexys A7 FPGA 开发板套件

Digilent Nexys A7 FPGA 开发板套件包含一块 FPGA 开发板和一根用于配置开发板的

USB Type A to Micro-B 连接线。NexysA7 板是一个完整的、即用型数字电路开发平台，适合作为计算机类课程教学实验板。板上有基于 Xilinx Artix-7 FPGA 芯片，型号为 XC7A100T-1CSG324C，丰富的外部存储器及 USB，以太网和其他端口的集合，NexysA7 可以承载从入门组合电路到功能强大的嵌入式处理器的各种设计。

JTAG 调试器套件

JTAG 调试套件中包含一个多功能 JTAG 调试器、一根 USB A to B 连接线及其他若干连接线。JTAG 调试器主要用于 Freedom E300 内核的调试和程序下载。补充说明参见第 4.3.4 节。

Xilinx Vivado 设计套件

Xilinx Vivado 设计套件可以在 Xilinx 官方网站获取，推荐版本为 2018.3，Vivado Lab Edition 和 WebPACK Edition 均免费支持 Artix-7 系列设备。Xilinx Vivado 设计套件安装完成后需要设置环境变量（以实际安装路径为准）。

```
$ export PATH=${PATH}:/tools/Xilinx/Vivado/2018.3/bin
```

Freedom Studio 集成开发环境

使用 Freedom Studio 是进行 Freedom E300 硬件平台嵌入式开发最便捷的途径。Freedom Studio 构建在 Eclipse IDE 上，并已经与 Freedom E SDK 中的预编译工具链和示例项目整合，因此能够快速上手。在 SiFive 的官方网站可下载最新版本的 Freedom Studio，参见 https://www.sifive.com/boards，这部分知识在第 6.1 节会有详细的介绍。

Linux 操作系统环境

本实验部分流程在 Linux 系统环境下完成，需要提前安装好相关软件和库，推荐使用 Ubuntu 16.04 版本，并且安装如下软件和库。

STEP1：更新软件源

```
$ sudo apt update
$ sudo apt upgrade
```

STEP2：安装第三方库

```
$ sudo apt-get install autoconf automake autotools-dev curl libmpc-dev
libmpfr-dev libgmp-dev libusb-1.0-0-dev gawk build-essential bison flex texinfo
gperf libtool patchutils bc zlib1g-dev device-tree-compiler pkg-config
libexpat-dev python wget
$ sudo apt-get install default-jre
```

STEP3：安装 sbt

```
$ echo "deb https://dl.bintray.com/sbt/debian /" | sudo tee -a
/etc/apt/sources.list.d/sbt.list
$ sudo apt-key adv --keyserver hkp://keyserver.ubuntu.com:80 --recv
642AC823
$ sudo apt-get update
```

```
$ sudo apt-get install sbt
```

STEP4：安装 Verilator

```
$ sudo apt-get install git make autoconf g++ flex bison
$ git clone http://git.veripool.org/git/verilator
$ cd verilator
$ git checkout -b verilator_3_922 verilator_3_922
$ unset VERILATOR_ROOT # For bash, unsetenv for csh
$ autoconf # To create ./configure script
$./configure
$ make -j `nproc`
$ sudo make install
```

STEP5：安装 Scala

```
$ sudo apt install scala
```

4.4.3.2 FPGA 配置文件编译

下载源码

本文档所使用的 Freedom E300 源码需要从 GitHub 下载，下载完成后需要更新子模块（这一步会从其他相关仓库中下载所用到的文件，因此需要较长时间）。下载完成后整个目录结构如图 4-18 所示，最外层为针对不同目标平台的 Makefile 文件。$ git clone 可参考 https://github.com/DigilentChina/Freedom_on_Nexys_A7.git。

```
$ cd freedom
$ git submodule update --init -recursive
```

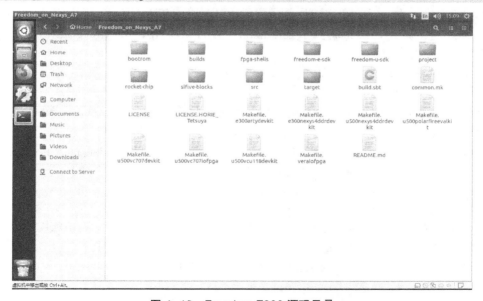

图 4-18　Freedom E300 源码目录

安装 RISC-V 软件工具链

RISC-V 软件工具链用于编译 Freedom E300 的引导程序，因此在整体编译之前需要提前安装。可选择任意一种方式安装：

（1）自行从源码开始构建工具链，参考 https://github.com/riscv/riscv-tools/blob/master/README.md。

（2）下载预编译好的软件工具链，如图 4-19 所示，参考 https://www.sifive.com/products/tools/。

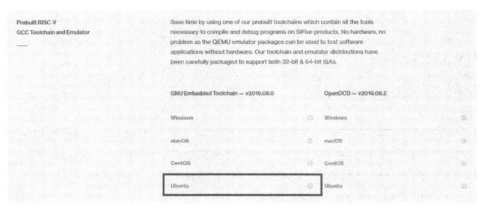

图 4-19　RISC-V 预编译软件工具链下载

无论选择哪一种方式，在完成后都需要设置环境变量\$RISCV。推荐从 SiFive 官网上下载预编译好的工具链，如果将其放在/home/riscv/riscv64-elf-tc/bin/riscv64-unknown-elf-gcc 路径下，那么环境变量变为：

```
$ export RISCV=/home/riscv/riscv64-elf-tc
```

编译 Freedom E300

Freedom E300 源码目录下有不同平台的 Makefile 文件，而我们的目标平台为 Digilent Nexys A7 开发板，因此需要 Makefile.e300nexys4ddrdevkit 这个文件。

当以上准备工作都完成后，我们可以通过以下两个命令来编译源码得到 Freedom E300 在 Nexys A7 平台的 verilog 代码和 FPGA 配置文件(.mcs)。

```
$ make -f Makefile.e300nexys4ddrdevkit verilog
$ make -f Makefile.e300nexys4ddrdevkit mcs
```

完成编译后，可在终端查看 Freedom E300 SoC 的外设地址映射结构，如图 4-20 所示。同时，所有生成的文件及日志都在 Freedom_on_Nexys_A7/builds 目录下，FPGA 配置文件（.mcs）在 Freedom_on_Nexys_A7/builds/e300nexys4ddrdevkit/obj 目录下。

```
Generated Address Map
          0  -    1000  ARWX  debug-controller@0
      10000  -   12000    R XC rom@10000
    2000000  - 2010000  ARW   clint@2000000
    c000000  - 10000000 ARW   interrupt-controller@c000000
   10000000  - 10001000 ARW   aon@10000000
   10012000  - 10013000 ARW   gpio@10012000
   10013000  - 10014000 ARW   serial@10013000
   10014000  - 10015000 ARW   spi@10014000
   10015000  - 10016000 ARW   pwm@10015000
   10016000  - 10017000 ARW   i2c@10016000
   10017000  - 10018000 ARW   seg7led@10017000
   10023000  - 10024000 ARW   serial@10023000
   10024000  - 10025000 ARW   spi@10024000
   10025000  - 10026000 ARW   pwm@10025000
   10034000  - 10035000 ARW   spi@10034000
   10035000  - 10036000 ARW   pwm@10035000
   10080000  - 10100000 ARW   vga@10080000
   20000000  - 40000000   R XC spi@10014000
   80000000  - 80004000 ARWX  dtim@80000000

[deprecated] class sifive.blocks.devices.mockaon.TLMockAON$$anonfun$9$$anon$1 (1
calls): Unable to automatically infer cloneType on class sifive.blocks.devices.
```

图 4-20　Freedom E300 的外设地址映射结构

4.4.3.3　FPGA 配置文件烧写及启动

本实验利用 Vivado 软件将编译生成的 FPGA 配置文件烧写到 FPGA 中。实际上，在 obj 文件夹下共有两种 FPGA 配置文件，即 E300Nexys4DDRDevKitFPGAChip.mcs 和 E300Nexys4DDRDevKitFPGAChip.bit，前者可以存放在开发板上的 Flash 中，因此不会掉电消失；而后者只能在每次上电时重新配置。

FPGA 配置流程如下。

（1）连接 Nexys A7 开发板至电脑并启动 Vivado 软件。使用一根 USB A to Micro-B 连接线连接开发板和电脑。将框内的跳线帽安装到 USB 供电方式，然后启动电源开关，如图 4-21 所示。

图 4-21　Nexys A7 开发板连接及供电配置

启动 Vivado 软件，并打开 Hardware Manager，进入 FPGA 烧录界面，如图 4-22 所示。

（2）连接目标开发板并设置 Flash 型号。若打开 Hardware Manager 后未连上开发板，单击 Open target 会自动连接（需要开发板上电启动），如图 4-23 所示。成功连接开发板的界面如图 4-24 所示。

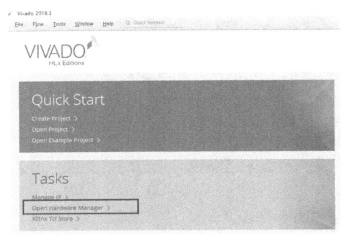

图 4-22　Vivado 打开 Hardware Manager

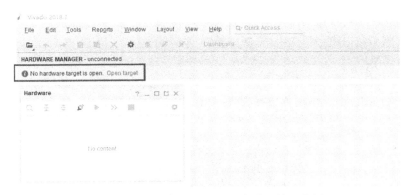

图 4-23　单击 Open target 自动连接开发板

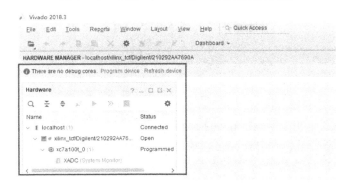

图 4-24　检测到开发板成功连接

要将配置文件存放在 Flash 中，如图 4-25 所示，需要配置 Flash 型号。单击右键选择

Add Configuration Memory Device，然后在列表中选择 s25fl128sxxxxxx0 型号的 Flash。

图 4-25　添加外部 Flash 设备

（3）烧录 FPGA 配置文件（.mcs）。完成 Flash 型号配置后自动弹出文件烧录界面，在 Configuration file 中选择 E300Nexys4DDRDevKitFPGAChip.mcs 文件（注意路径中不要带有中文），即可开始烧录配置文件。

（4）启动 Nexys A7 开发板。FPGA 配置文件下载完成后，按下开发板上的 PROG 按钮进行 FPGA 配置（重新上电会自动开始配置，无须手动按下），FPGA 配置完成后 LED:DNOE 会亮。正常情况下，整个开发板的显示效果如图 4-26 所示，CPU RESET 键和 BTND（P18）键分别控制 LED0 和 LED2。至此，Freedom E300 SoC 成功编译并在 Nexys A7 上启动运行。

图 4-26　启动并运行 Freedom E300 后的开发板

第 5 章

SiFive E21 处理器和 SoC 设计
云平台的原理与实验

2006 年，笔者在《中国集成电路》期刊发表了一篇文章《快速有效的 SoC 设计平台》，里面提到：如果说处理器是大脑，那么 SoC 就是包括大脑、心脏、眼睛和手的人体系统。在那个年代还是传统 SoC 设计流程，需要东市买处理器 IP，西市买总线控制器和基本的外设数字 IP，南市买 USB 控制器 IP，北市买必要的模拟 IP。旦辞家人而去，暮宿公司沙发，最终在公司本地的服务器上完成集成、仿真与调试 HDL 代码的工作。而在 14 年后的今天，我们能够在云端上完成这些工作吗？在本章中，我们将利用 SiFive 公司 Core Designer 配置好的 E21 处理器免费试用开发套件，再介绍一种由国人自主开发的高效 Coffee-HDL 语言，这种语言能够大幅降低数字电路设计的代码量。以求培养中国校园 SoC 芯片设计人才，提升 SoC 芯片设计能力的在线设计云平台，让读者能尽快熟悉 SoC 集成设计的工作，加快完成后续 FPGA 验证流程。

5.1 SiFive E21 处理器

2018 年 6 月，世界领先的商业 RISC-V 处理器 IP 提供商 SiFive 宣布推出它们为嵌入式设备使用所设计的可配置小面积、低功耗微控制器内核 E2 Core IP 系列。SiFive E21 标准内核是一款高性能、全功能的嵌入式处理器，旨在解决传感器融合、智能物联网、可穿戴设备、联网玩具等先进微控制器应用。SiFive E21 针对需要极低成本、低功耗计算，从 RISC-V 软件生态系统内完全集成的市场而设计。与其他高性能 SiFive 内核相同的软件栈、工具、编译器和强大软件生态系统完全兼容，这个内核是可以完全综合且经过验证的 IP 软核，允许跨多个设计节点进行扩展。新产品系列提供了各种新功能，包括完全可配置的内存映射、单独的指令和数据总线、多个可配置端口、2 组紧密集成的内存（TIM）、快速 IO 访问和可用于极快的中断响应、硬件优先级和抢占优先级的新 CLIC 中断控制器，使 E21 成为具有确定性或高要求内存需求的应用程序的理想选择。

此外，SiFive 使设计者能够根据他们特定的应用需求，在 SiFive Core Designer 上配置一个 SiFive RISC-V 系列内核，能够在指定的 Core 系列内微调性能、微结构特征、面积密度、内存子系统，等等。用户可以直接利用经过硅验证的标准 SiFive Core IP，如本书所使用的 E21 处理器内核，也可以使用它作为自定义的起点。SiFive 的标准开发套件提供 RISC-V 内核 IP 的 Verilog 代码、测试平台、软件开发工具包，以及处理集成、综合和约束的用户指南。本章的实验将使用 E21 内核的免费试用开发套件作为实验用的目标处理器。

利用 SiFive Core Designer 生成 SiFive E21 内核的网址为 https://www.sifive.com/cores/e21，读者可以在 SiFive E21 页面上找到更多详细信息。在该页面上，读者还可以下载基于 Xilinx Artix-7 的 Digilent Arty A7-35T 评估开发套件，内有 FPGA 比特流和评估用的 RTL 开发包。以 E21 为例的 SiFive Core Designer 生成配置及软硬件开发流程介绍网址为：https://www.starfivetech.com/site/Video。

⊗ 5.1.1 缩略语和术语列表

表 5-1 缩略语和术语列表

术语	定义
BHT	分支历史表
BTB	分支目标缓冲区
RAS	返回地址堆栈
CLINT	内核本地中断器，用于生成每个硬件线程（HART）的软件中断和定时器中断
CLIC	内核本地中断控制器，用于配置内核本地中断的优先级和级别
HART	硬件线程
DTIM	数据紧密集成内存
ITIM	指令紧密集成内存
JTAG	联合测试行动小组
LIM	松散集成内存，用于描述 SiFive 内核中交付但未紧密集成到 CPU 内核的内存空间
PMP	物理内存保护
PLIC	平台级中断控制器，作为 RISC-V 系统中的全局中断控制器
TileLink	一种自由开放的互连标准，最初由加州大学伯克利分校制定
RO	用于描述只读寄存器字段
RW	用于描述读/写寄存器字段
WO	用于描述只写寄存器字段
WARL	Write-Any Read-Legal 字段，可以用任何值写入的寄存器字段，但在读取时仅返回支持的值

术语	定义
WIRI	Writes-Ignored, Reads-Ignore 字段，保留给将来使用的只读寄存器字段；对字段的写操作将被忽略，而读操作应忽略返回的值
WLRL	Write-Legal, Read-Legal 字段，一个寄存器字段，只应使用合法值写入的寄存器字段，如果最后一次使用合法值写入，则只返回合法值
WPRI	Writes-Preserve Reads-Ignore 字段，一个可能包含未知信息的寄存器字段。读取应忽略返回的值，但写入整个寄存器应保留原始值

⊙ 5.1.2　E21 RISC-V内核概述

SiFive E21 内核 IP 所具有的低面积开销、低功耗特性适用于嵌入式设备，为智能物联网市场提供主流性能。图 5-1 所示为 SiFive E21 处理器内核的框图，该 RISC-V 内核 IP 包括一个 32 位 RISC-V 内核，支持本地和全局中断以及物理内存保护。该存储系统由数据紧密集成内存和指令紧密集成内存组成。E21 内核还包括一个调试单元、一个输入端口和两个输出端口。

E21 内核通过工业标准 JTAG 端口提供外部调试器支持，每个 HART 有 4 个硬件可编程断点。E21 内核有 64 KB 的紧密集成内存，均匀地分布在两个相邻的存储组（TIM 0 和 TIM 1）上。采用分开的时间间隔允许同时访问两个存储组。当仅从 TIM 地址空间执行代码时，为了获得最大性能，建议将代码放在一个 TIM 中，将数据放在另一个 TIM 中。如果从内核外的存储器设备来执行代码，如 AHB 闪存控制器来执行代码时，则 TIM 可被视为单个连续地址空间。

SiFive E21 标准内核 IP 关键特性如下。

- RISC-V ISA - RV32IMAC。
- 具有 4 区域物理内存保护的机器和用户模式。
- 3 级流水线，同时提供指令和数据访问。
- 2 组紧密集成内存（TIM）。
- 具有系统、外围和前端端口。
- 具有 127 个中断的 CLIC 中断控制器。
- 具有 4 个硬件断点/监视点的高级调试。
- 性能为 1.38 DMIPS/MHz；3.1 CoreMark/MHz。
- 功耗、频率、面积。
- 在 28 纳米高性能计算：功耗为 1.3 mW；速度为 585 MHz 及以上；面积为 0.037 mm^2。
- 在 55nm LP：功耗为 3.1 mW；速度为 210 MHz 及以上；面积为 0.1 mm^2。

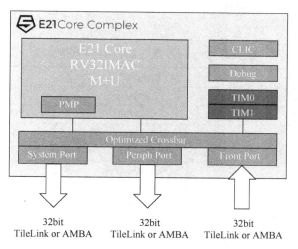

图 5-1 SiFive E21 处理器内核的框图

E21 内核功能集介绍见表 5-2。SiFive 的高性能 E21 内核实现 RISC-V 标准的乘法，原子和压缩的 RISC-V 扩展架构 RV32IMAC，E21 内核确保与所有适用的 RISC-V 标准兼容。E21 内核包含一个 32 位 E21 RISC-V 内核，该内核具有一个高性能的单发射有序执行流水线，每个时钟周期的峰值可持续执行速率为一条指令。E21 内核支持机器和用户特权模式。E21 处理器内核包括指令存储系统、指令获取单元、执行流水线、数据存储系统及对本地中断的支持。

表 5-2　E21 内核功能集

特征	描述
指令集架构	RV32IMAC 架构
硬件线程（HART）数量	1 HART
E21 内核	1 个 E21 RISC-V 内核
紧密集成内存	2 组
本地中断	每个 HART 有 16 个本地中断信号，可以连接到非内核复杂设备
PLIC 中断	PLIC 负责将全局中断源（通常都是 I/O 设备）链接到中断目标；127 中断信号，可以将其连接到非内核设备
PLIC 优先等级	PLIC 支持 7 个优先级
硬件断点	4 个硬件断点
物理内存保护单元（PMP）	PMP 具有 4 个区域，最小粒度为 4 个字节
E21 支持模式	机器模式、用户模式

将 SiFive E21 核与 Cortex-M3 核进行细部比较后，结果详见表 5-3，可以发现 SiFive E21

核在性能指标上确实很优异。

表 5-3　SiFive E21 核与 Cortex M4 核的比较

	E21 标准内核	Cortex-M3
Dhrystone（使用 GCC）	1.47 DMIPS/MHz	1.25 DMIPS/MHz
CoreMark（使用 GCC）	3.1 CoreMark/MHz	2.76 Coremark/MHz
整数寄存器	31 个可用	13 个可用
硬件乘法和除法	有	有
内存映射	SiFive Freedom 平台	固定 ARMv7-M
原子操作	通过外设端口支持标准 RISC-V AMO（原子内存操作）	位带（Bit-band）和加载/存储专用
中断个数	127	240
中断延迟到 C 处理程序	6 周期	12 周期
内存保护	4 区域	0 或 8 区域
紧密集成内存	2 分块	无
总线接口	2 主设备，1 从设备	3 AHB-Lite

5.1.2.1　指令获取单元

E21 指令获取单元发出 TileLink 总线请求，以向执行流水线提供指令。当从具有单周期延迟的指令源执行代码时，指令获取单元可以以每周期一个的持续速率提供指令，而不考虑指令对齐。

指令获取单元只发出对齐的 32 位 TileLink 请求。如果执行流水线仅使用 32 位指令获取包的一部分，则指令获取单元可将其余部分排队。因此，当执行主要由压缩 16 位指令组成的程序时，指令获取单元通常处于空闲状态，从而减少总线占用和功耗。

指令获取单元总是按顺序访问内存。有条件的分支被预测为不执行，而不执行的分支不会受到损失。如果目标是自然对齐的，也就是如果目标是任何 16 位指令，或是地址可被 4 整除的 32 位指令，则执行分支和无条件跳转会导致一个周期的损失。执行分支和无条件跳转到未对准的目标会导致额外的一个周期损失。

5.1.2.2　执行流水线

E21 执行单元是一个单发射顺序流水线。该流水线包括三个阶段：指令获取、指令执行和指令写回。流水线的峰值执行率为每时钟周期一条指令，包括旁路路径，以便大多数指令具有一个周期的结果延迟。但有以下一些例外的情况。

（1）加载指令与使用其结果之间的暂停周期数等于总线请求和总线响应之间的周期数。特别是，如果一个加载在它被要求后的周期内得到满足，那么在它的加载和使用之间就有一个暂停周期。在这种特殊情况下，可以通过在加载和使用之间调度一条独立的指令来消除暂停。

（2）整数除法指令的可变延迟最多为 32 个周期。运行中的分区操作可以被中断，所以它们对最坏情况下的中断延迟没有影响。

E21 流水线的操作如下。

（1）在执行阶段，对指令进行解码和异常检查，并从整数寄存器文件（Register File）中读取它们的操作数。算术指令在此阶段计算其结果，而内存访问指令计算其有效地址并将其请求发送到 TileLink 总线。在此阶段也会检测到异常和中断，但异常指令不会继续。

（2）在写回阶段，指令将其结果写入整数寄存器文件。到达写回阶段但尚未产生结果的指令将互锁流水线。特别注意，结果延迟大于一个周期的加载和除法指令将互锁流水线。

5.1.2.3 数据存储器系统

E21 处理器有一个 TileLink 总线接口，供所有加载、存储使用。运行中只允许一次数据存储器存取。如果 TileLink 总线在发送存储指令后的周期中确认，则存储指令不会导致暂停。否则，流水线将在下一条内存访问指令上互锁，直到存储被确认为止。

5.1.2.4 本地中断

E21 支持多达 127 个直接路由到内核的本地中断源。

5.1.2.5 支持模式

E21 支持 RISC-V 用户模式，提供机器（M）和用户（U）两种特权级别。U-模式提供了一种机制可以将应用程序进程彼此隔离，并与 M-模式中运行的受信任代码隔离。

5.1.2.6 物理内存保护（PMP）

E21 包括一个物理内存保护（PMP）单元，PMP 可用于为指定的内存区域设置读、写、执行等内存访问特权。E21 PMP 支持 4 个区域，最小区域大小为 4 字节。

PMP 单元可用于限制对内存的访问并相互隔离进程。PMP 单元具有 4 个区域，最小粒度为 4 字节，允许重叠区域。E21 PMP 单元实现了架构定义的 pmpcfgX CSR，pmpcfg0 支持 4 个区域，已实现 pmpcfg1、pmpcfg2 和 pmpcfg3，但硬接线到零。PMP 寄存器只能在 M-模式下编程。通常 PMP 单元对 U-模式访问强制执行权限。但是，锁定的区域在 M-模式上额外强制其权限。

PMP 允许区域锁定，区域一旦被锁定，对配置和地址寄存器的进一步写入将被忽略。锁定的 PMP 条目只能通过系统复位来解锁，可以通过在 pmpicfg 寄存器中设置 L 位来锁定区域。除了锁定 PMP 条目外，L 位还能指示是否在 M-模式访问上强制执行 R / W / X 权限。当 L 位清零时，R / W / X 权限仅适用于 U-模式。

5.1.2.7 硬件性能监控器

E21 内核支持符合 RISC-V 指令集的基本硬件性能监视功能。mcycle CSR 记录了自过去某个任意时间以来 HART 已执行的时钟周期数。minstret CSR 保存自过去任意时间以来 HART 失效的指令数，两者都是 64 位计数器。mcycle 和 minstret CSR 持有相应计数器的 32 个最低有效位，而 mcycleh 和 minstreth CSR 持有 32 个最高有效位。

硬件性能监视器包括 1 个额外的事件计数器 mhpmcounter3。事件选择器 CSR mhpmevent3 是控制某个事件导致相应计数器递增的寄存器。mhpmcounters 是 40 位计数器。mhpmcounter_i CSR 保留相应计数器的 32 个最低有效位，而 mhpmcounter_ih CSR 保留 8 个最高有效位。

事件选择器分为两个字段，见表 5-4。低 8 位选择事件类别，高 8 位构成该类别中事件的掩码。如果发生与任何设置掩码位对应的事件，计数器将递增。例如，如果将 mhpmevent3 设置为 0x4200，则当加载的指令或条件分支指令退出时，mhpmcounter3 将递增。事件选择器为 0 表示不计数。

注意，当读取或写入性能计数器或写入事件选择器时，可能会反映正在运行的指令，也可能不会反映最近失效的指令。

表 5-4 mhpmevent 寄存器说明

机器硬件性能监视器事件寄存器	
指令提交事件，mhpmeventX [7：0] = 0	
位	含义
8	发生异常
9	失效的整数加载指令
10	失效的整数存储指令
11	失效的原子内存操作
12	失效的系统指令
13	失效的整数算术指令
14	失效的有条件分支
15	失效的 JAL 指令
16	失效的 JALR 指令
17	失效的整数乘法指令
18	失效的整数除法指令
微体系架构事件，mhpmeventX [7：0] = 1	
位	含义
8	负载使用互锁
9	长时延互锁
10	CSR 读取互锁
11	指令缓存（ITIM）忙
12	数据缓存（DTIM）忙
13	分支方向预测错误
14	分支/跳转目标错误预测
15	从 CSR 写入的流水线刷新

续表

微体系架构事件，mhpmeventX [7：0] = 1	
位	含义
16	来自其他事件的流水线冲洗
17	整数乘法互锁
内存系统事件，mhpmeventX [7：0] = 2	
位	含义
8	指令缓存未命中
9	内存映射的 I/O 访问

⊛ 5.1.3 内存映射

E21 内核的内存映射见表 5-5，内存属性为：R—读取，W—写入，X—执行，C—可缓存，A—原子。

表 5–5　E21 内核的内存映射

基地址	顶地址	属性	描述	说明
0x0000_0000	0x0000_0FFF	RWX A	调试	调试地址空间
0x0000_1000	0x01FF_FFFF		保留	
0x0200_0000	0x02FF_FFFF	RW A	CLIC	在内核设备上
0x0300_0000	0x1FFF_FFFF		保留	
0x2000_0000	0x3FFF_FFFF	RWX A	外设端口（512 MB）	给外部 I/O 使用的内核外地址空间
0x4000_0000	0x5FFF_FFFF	RWX	系统端口（512 MB）	
0x6000_0000	0x7FFF_FFFF		保留	
0x8000_0000	0x8000_7FFF	RWX	TIM 0	紧密集成内存
0x8000_8000	0x8000_FFFF	RWX	TIM 1	
0x8001_0000	0xFFFF_FFFF		保留	

⊛ 5.1.4 中断架构

5.1.4.1 中断概念

E21 内核支持机器模式中断，还支持本地和全局类型的 RISC-V 中断。

本地中断直接用一个专用中断值来通知一个单独的 HART。这允许减少中断延迟，因为不需要仲裁来确定哪个 HART 将服务于给定的请求，也不需要额外的内存访问来确定中断的原因。E21 内核有 127 个中断，这些中断通过处理器内核本地中断控制器（CLIC）及软件和定时器中断传送到内核。

相反，全局中断通过平台级中断控制器（PLIC）进行路由，PLIC 可以通过外部中断将中断定向到系统中的 HART。从 HART 中分离全局中断允许 PLIC 的设计适合于平台,允许客制一系列属性,如中断的数量、优先级和路由方案。E21 内核中断体系架构如图 5-2 所示,E21 内核不实现 PLIC,取而代之的是机器外部中断输入信号暴露在内核的边界,内核可以在外部更大的片上设计中连接到 PLIC。

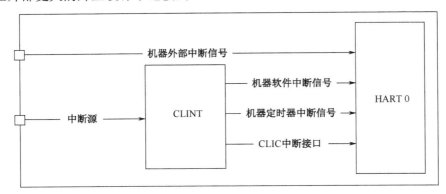

图 5-2   E21 内核中断体系架构框图

5.1.4.2   中断操作

如果全局中断使能 mstatus.MIE 被清除,就不会执行任何中断。如果设置了 mstatus.MIE,则处于较高中断级别的未决-使能中断,将抢占当前执行并为较高的中断级别运行中断处理程序。当发生中断或同步异常时,将修改特权模式以反映新的特权模式。处理器特权模式的全局中断使能位被清除。

中断进入和退出

发生中断时:

- mstatus.MIE 的值被复制到 mcause.MPIE 中,然后 mstatus.MIE 被清除,从而有效地禁用中断。
- 在 CLIC 模式下,中断的中断级别被复制到 mcause.MPIL 中,中断级别被设置为 clicintcfg 寄存器中定义的传入中断级别。
- 中断前的特权模式用 mstatus.MPP 编码。
- 将当前 PC 复制到 mepc 寄存器中,然后将 PC 设置为 mtvec.MODE 定义的 mtvec 指定值。

此时,在禁用了中断的情况下,控制权移交给了中断处理程序中的软件。可以通过显式设置 mstatus.MIE 或通过执行 MRET 指令退出处理程序来重新使能中断。当执行 MRET 指令时,将发生以下情况:

- 特权模式设置为 mstatus.MPP 中编码的值。
- 在 CLIC 模式下，中断级别设置为 mcause.MPIL 中编码的值。
- 全局中断使能 mstatus.MIE 设置为 mcause.MPIE 的值。
- PC 设置为 mepc 的值。

此时，控制权已移交给软件。

中断级别和优先级

在任何时候，一个 HART 都在某种特权模式下运行并具有某种中断级别。在后面介绍 mintstatus 寄存器时可以看到 HART 的当前中断级别。但是，在 HART 上运行的软件看不到当前的特权模式。CLIC 体系结构支持每个特权模式最多 256 个中断级别的抢占，其中较高编号的中断级别可以抢占较低编号的中断级别。中断级别 0 对应于中断处理程序外部的常规执行。CLIC 还支持在给定级别内的可编程优先级，用于在同一中断级别的未决和使能的中断之间划分优先级。在给定的中断级别上，最高优先级中断优先。如果在同一最高优先级上有多个未决和使能的中断，则首先采用编号最高的中断 ID。

每个级别中可用的抢占级别和优先级的数量由 CLIC 的 clicintcfg 寄存器中的配置位数量和 CLIC 的 cliccfg.nlbits 寄存器的值确定。

中断处理程序中的关键部分

要在不同级别的中断处理程序之间实现关键部分，任何中断级别的中断处理程序都可以清除全局中断使能位 mstatus.MIE，以防止中断发生。

5.1.4.3 中断控制状态寄存器

下面说明中断 CSR 的 E21 内核的特定实现。

机器状态（mstatus）寄存器

mstatus 寄存器跟踪并控制 HART 的当前操作状态，包括是否允许中断。有关 E21 内核中与中断相关的 mstatus 寄存器具体说明见表 5-6。可通过在 mstatus 寄存器中设置 MIE 位，或在 mie 寄存器中使能所需的单个中断来使能中断。注意，在 CLIC 模式下操作时，可以在 mcause 寄存器中访问 mstatus.MPP 和 mstatus.MPIE。

机器陷阱向量（mtvec）寄存器

mtvec 寄存器具有两个主要功能：定义陷阱向量的基地址，以及设置 E21 内核处理中断的模式，mtvec 寄存器的具体说明见表 5-7。中断处理模式在 mtvec 寄存器的低两位 mtvec.MODE 字段的定义见表 5-8。注意，在任何一种非 CLIC 模式下，唯一可以服务的中断是架构定义的软件、计时器和外部中断。

表 5-6　E21 机器状态寄存器（部分）

CSR	mstatus		
位	字段名称	属性	描述
[2:0]	保留	WPRI	
3	MIE	RW	机器中断使能
[6:4]	保留	WPRI	
7	MPIE	RW	上一个机器中断使能
[10:8]	保留	WPRI	
[12:11]	MPP	RW	上一个机器特权模式

表 5-7　mtvec 寄存器

CSR	mtvec		
位	字段名称	属性	描述
[1:0]	模式（MODE）	WARL	模式设置中断处理模式。有关 E21 内核支持模式的编码，参见表 5-7
[31:2]	BASE[31:2]	WARL	中断向量基地址。需要 64 字节对齐

表 5-8　mtvec.MODE 的编码

值	名称	描述
0x0	直接模式	所有异常都将 PC 设置为基地址
0x1	向量模式	异步中断将 PC 设置为基地址 + 4× mcause.EXCCODE
0x2	CLIC 直接模式	所有异常都将 PC 设置为基地址
0x3	CLIC 向量模式	异步中断将 PC 设置为位于向量表中 mtvt+4×mcause.EXCCODE 的地址

对表 5-8 中的四种模式说明如下。

（1）直接模式：在直接模式下运行时，所有同步异常和异步中断都会捕获到 mtvec.BASE 地址。在陷阱处理程序（trap handler）内部，软件必须读取 mcause 寄存器以确定触发陷阱的原因。

（2）向量模式：在向量模式下运行时，中断将 PC 设置为 mtvec.BASE + 4×异常代码。例如，如果发生了机器定时器中断，则将 PC 设置为 mtvec.BASE + 0x1C。通常，陷阱向量表中填充了跳转指令，以将控制权转移到特定于中断的陷阱处理程序。在向量中断模式下，BASE 必须对齐 64 字节。

所有机器外部中断（全局中断）都映射到异常代码 11。因此，使能中断向量后，对于任何全局中断，PC 都将设置为地址 mtvec.BASE + 0x2C。

（3）CLIC 直接模式：在 CLIC 直接模式下，对于所有异常和中断，处理器跳转到 mtvec 的高位 XLEN-6 位中的 64 字节对齐陷阱处理程序地址。

（4）CLIC 向量模式：在 CLIC 向量模式下，当中断来时，处理器切换到处理程序的特权模式，并设置硬件向量位 mcause.MINHV。然后，从表 5-12 中描述的 mtvt 指向的内存向量表中获取一个 XLEN 位处理程序地址。获取的地址定义为：mtvt+4×mcause.EXCCODE。

如果指令获取成功，处理器将清除处理程序地址的低位，将 PC 设置为此处理程序地址，然后清除 mcause.MINHV。提供硬件向量位 minhv 以允许在获取陷阱向量表时可恢复的陷阱。同步异常总是陷入机器模式下的 mtvec.BASE。

机器中断使能（mie）寄存器

mie 寄存器内容见表 5-9，通过在 mie 寄存器中设置适当的位来使能单个中断。当处于任何的 CLIC 模式时，mie 寄存器硬连接至零，单个中断使能由 clicintie[i] CLIC 内存映射寄存器控制。

表 5-9　mie 寄存器

CSR	mie		
位	字段名称	属性	描述
[2:0]	保留	WPRI	
3	MSIE	RW	机器软件中断使能
[6:4]	保留	WPRI	
7	MTIE	RW	机器定时器中断使能
[10:8]	保留	WPRI	
11	MEIE	RW	机器外部中断使能
[15:12]	保留	WPRI	
16	LIE0	RW	本地中断 0 使能
17	LIE1	RW	本地中断 1 使能
18	LIE2	RW	本地中断 2 使能
...			
31	LIE15	RW	本地中断 15 使能

机器中断未决（mip）寄存器

mip 寄存器内容见表 5-10，mip 寄存器指示当前正在等待的中断。在 CLIC 模式下，mip 寄存器硬连接到零，单个中断使能由 clicintip[i] CLIC 内存映射寄存器控制。

表 5-10　mip 寄存器

CSR	mip		
位	字段名称	属性	描述
[2:0]	保留	WIRI	
3	MSIP	RO	机器软件中断未决
[6:4]	保留	WIRI	

续表

CSR	mip		
位	字段名称	属性	描述
7	MTIP	RO	机器定时器中断未决
[10:8]	保留	WIRI	
11	MEIP	RO	机器外部中断未决
[15:12]	保留	WIRI	
16	LIP0	RO	本地中断 0 未决
17	LIP1	RO	本地中断 1 未决
18	LIP2	RO	本地中断 2 未决
...			
31	LIP15	RO	本地中断 15 未决

机器原因（mcause）寄存器

在机器模式下捕获陷阱时，mcause 寄存器会用编写代码指示导致陷阱的事件。当引起陷阱的事件是中断时，mcause 寄存器的最高有效位被设置为 1，而最低有效位则表示中断编号，使用与 mip 中头位的位置相同的编码。例如，机器定时器中断导致 mcause 寄存器设置为 0x8000_0007。mcause 寄存器也用于指示同步异常的原因，在这种情况下，mcause 寄存器的最高有效位设置为 0。有关 mcause 寄存器的更多详细信息见表 5-11。有关 mcause 异常代码见表 5-12。

表 5-11　mcause 寄存器

CSR	mcause		
位	字段名称	属性	描述
[9:0]	异常代码	WLRL	标识最后一个异常的代码
[22:10]	保留	WLRL	
23	mpie	WLRL	上一个中断使能，与 mstatus.mpie 相同，仅限 CLIC 模式
[27:24]	mpil	WLRL	上一个中断级别，仅限 CLIC 模式
[29:28]	mpp	WLRL	上一个中断特权模式，与 mstatus.mpp 相同，仅限 CLIC 模式
30	minhv	WLRL	设置时正在进行硬件向量化，仅限 CLIC 模式
31	中断	WARL	如果陷阱是由中断引起的则为 1，否则为 0

表 5-12　mcause 异常代码

中断	异常代码	描述
1	0 - 2	保留
1	3	机器软件中断
1	4 - 6	保留
1	7	机器定时器中断

续表

中断	异常代码	描述
1	8 – 10	保留
1	11	机器外部中断
1	12	CLIC 软件中断未决（CSIP）
1	13 – 15	保留
1	16	CLIC 本地中断 0
1	17	CLIC 本地中断 1
1	18 – 126	…
1	143	CLIC 本地中断 127
0	0	指令地址未对齐
0	1	指令访问故障
0	2	非法指令
0	3	断点
0	4	加载地址未对齐
0	5	加载访问故障
0	6	存储/ AMO 地址未对齐
0	7	存储/ AMO 访问故障
0	8	来自 U–模式下的环境调用
0	9 – 10	保留
0	11	来自 M–模式下的环境调用
0	≥12	保留

机器陷阱向量表（mtvt）寄存器

mtvt 寄存器保存陷阱向量表的基地址。mtvt 必须是 64 字节对齐的，并且在 mtvt 的低 6 位中保留除 0 以外的值，有关 mtvt 寄存器的更多详细信息见表 5-13。

表 5–13 mtvt 寄存器

CSR	mtvec		
位	字段名称	属性	描述
[31:6]	基地址（Base）	WARL	CLIC 向量表的基地址
[5:0]	保留	WARL	
#RV32 的向量表布局（4 字节函数指针）			
mtvt -> 0x800000 # 中断 0 处理程序函数指针			
0x800004 # 中断 1 处理程序函数指针			
0x800008 # 中断 2 处理程序函数指针			

处理程序地址和中断使能（mnxti）寄存器

当 mnxti CSR 的级别高于保存在 mcause.PIL 中的中断上下文时，软件可以使用它来服务下一个水平中断，而不必承担中断流水线刷新和上下文保存/还原的全部成本。mnxti CSR 被设计为使用 CSRRSI/CSRRCI 指令访问，其中读值是指向陷阱处理程序表中某个条目的指针，写回操作会更新中断使能状态。此外，对 mnxti 寄存器的访问有更新中断上下文状态的副作用。注意，这与常规 CSR 指令不同，因为返回的值与读—修改—写操作中使用的值不同。

读取 mnxti CSR 将返回零，表示没有合适的服务中断，或者返回陷阱处理程序表中用于软件陷阱向量化条目的地址。

如果访问 mnxti 的 CSR 指令包含写入，mstatus CSR 将用于操作的读—修改—写部分，而 mcause 中的异常代码和 mintstatus 寄存器的 mil 字段也可以用新的中断级别更新。如果 CSR 指令不包括如 csrr t0、mnxti 的写副作用，则不会对任何 CSR 进行状态更新。

mnxti CSR 打算在初始中断发生后，在中断处理程序内部使用，mcause 和 mepc 寄存器将根据中断的上下文和中断的 ID 进行更新。

机器中断状态（mintstatus）寄存器

新的 M-模式 CSR mintstatus 为每个受支持的特权模式保留活动中断级别。这些字段是只读的，公开这些字段的主要是为了支持调试，有关 mintstatus 寄存器的更多详细信息见表 5-14。

表 5-14   mintstatus 寄存器

CSR	mtvec		
位	字段名称	属性	描述
[23:0]	保留	WIRI	
[31:24]	mil	WIRL	激活机器模式中断级别
[32:13]	保留	WIRI	

5.1.4.4   中断延迟

E21 处理器内核的中断延迟为 6 个周期，按从中断信号发送到 HART，到处理程序的第一次指令获取所需的周期数计算。

⊙ 5.1.5   内核本地中断器

5.1.5.1   中断源

E21 内核有 127 个中断源，除了标准的 RISC-V 软件和定时器中断，还可以连接到外围设备。这些中断输入通过 local_interrupts 信号在顶层公开。任何未使用的 local_interrupts 输入都应绑定到逻辑 0。这些信号是正电平触发的。

E21 内核不包括用于发送外部中断信号的 PLIC。machine_external_interrupt 信号暴露在顶层，可用于将 E21 内核与外部 PLIC 集成。表 5-15 中提供了 CLIC 中断 ID。

表 5-15　E21 内核中断 ID

ID	中断	说明
2–0	保留	
3	msip	机器软件中断
6–4	保留	…
7	mtip	机器定时器中断
10–8	保留	
11	meip	机器外部中断
12	csip	CLIC 软件中断
15–13	保留	
16	lint0	本地中断 0
17	lint1	本地中断 1
…	lintX	本地中断 X
143	lint127	本地中断 127

5.1.5.2　CLIC 内存映射

根据实现内核本地中断器（CLIC）的 HART 数目，CLIC 内存映射被分成一个共享区域和 HART 特定区域。这允许向后兼容 CLINT 及其 msip、mtimecmp 和 mtime 内存映射寄存器，以及 CLIC 和非 CLIC HART 之间的兼容性。表 5-16 提供了所有区域的基地址。表 5-17 显示了 SiFive E21 内核中的 CLIC 共享寄存器映射。

表 5-16　CLIC 区域的基地址

地址	区域	说明
0x0200_0000	共有	RISC-V 标准 CLINT 基地址，表 5-17 详细描述了该区域的具体实现
0x0280_0000	Hart 0	Hart 0 CLIC 基地址，表 5-18 详细描述了该区域的具体实现

表 5-17　CLIC 共享寄存器映射

地址	宽度	属性	描述	说明
0x0	4B	RW	HART 0 的 msip	MSIP 寄存器（1 位宽）
0x4008				
…			保留	
0xbff7				
0x4000	8B	RW	HART 0 的 mtimecmp	MTIMECMP 寄存器
0x4008				
…			保留	
0xbff7				
0xbff8	8B	RW	mtime	定时器寄存器
0xc000			保留	

表 5-18 　CLIC Hart 特定区域映射

偏移地址	宽度	名称	说明
0x000	每个中断–ID 1B	CLICINTIP	CLIC 中断未决寄存器
0x400	每个中断–ID 1B	CLICINTIE	CLIC 中断使能寄存器
0x800	每个中断–ID 1B	CLICINTCFG	CLIC 中断配置寄存器
0xC00	1B	CLICCFG	CLIC 配置寄存器

5.1.5.3 　寄存器

这里将描述 CLIC 寄存器的功能。

CLIC 中断未决（clicintip）寄存器

在 CLIC 模式下，机器中断未决（mip）CSR 硬连线为零，中断未决状态显示在 clicintip 内存映射寄存器中，有关 clicintip 寄存器的更多详细信息见表 5-19。

表 5-19 　clicintip 寄存器

地址	CLIC Hart 基地址+ 1 × 中断 ID		
位	字段名称	属性	描述
0	clicintip	RW	当设置 clicintip 时，相应的中断 ID 未决
[7:1]	保留	RO	

CLIC 中断使能（clicintie）寄存器

当处于 CLIC 模式时，机器中断使能（mie）CSR 硬连线为零，中断使能则显示在 clicintie 存储器映射寄存器中，有关 clicintie 寄存器的更多详细信息见表 5-20。

表 5-20 　clicintie 寄存器

地址	CLIC Hart 基地址+ 0x400+ 1 × 中断 ID		
位	字段名称	属性	描述
0	clicintie	RW	当设置 clicintie 时，相应的中断 ID 已使能
[7:1]	保留	RO	

CLIC 中断配置（clicintcfg）寄存器

E21 内核在 clicintcfg 寄存器中总共有 4 位，指定如何对给定中断的抢占级别和优先级进行编码。决定抢占级别的实际位数由 cliccfg.NLBITS 决定。如果 cliccfg.NLBITS 小于 4，则剩余的最低有效实现位用于对给定抢占级别内的优先级进行编码。如果 cliccfg.NLBITS 设置为零，则所有中断都被视为级别 15，所有 4 位用于设置优先级。有关 clicintcfg 寄存器的更多详细信息见表 5-21。

表 5-21　clicintcfg 寄存器

地址	CLIC Hart 基地址+ 0x800+ 1 × 中断 ID		
位	字段名称	属性	描述
[3:0]	保留	RO	
[7:3]	clicintcfg	RW	clicintcfg 设置给定中断的抢占级别和优先级

CLIC 配置（cliccfg）寄存器

cliccfg 寄存器主要通过确定 clicintcfg 位中实现的位的函数来配置 CLIC 的操作。E21 内核仅支持机器模式中断，因此 cliccfg.NMBITS 设置为零。有关 cliccfg 寄存器的更多详细信息见表 5-22。

表 5-22　cliccfg 寄存器

地址	CLIC Hart 基地址+ 0x400+ 1 × 中断 ID		
位	字段名称	属性	描述
0	nvbits	RW	设置后，使能选择性硬件向量控制
[4:1]	nlbits	RW	确定 clicintcfg 中可用的级别位数
[6:5]	nmbits	RO	确定 clicintcfg 中可用的数字模式位数
[7]	保留	WARL	

cliccfg.NLBITS 用来确定关于级别与优先级的 clicintcfg 位数。CLIC 最多支持 256 个抢占级别，这需要 8 位来对所有 16 个级别进行编码。对于 cliccfg.NLBITS < 8 的值，假设较低的位全都是 1。将 cliccfg.NLBITS 编码到中断级别的结果见表 5-23，x 位可用 clicintcfg 位。

表 5-23　将 cliccfg.NLBITS 编码到中断级别

NLBITS 数目	编码	中断级别
0	1111	255
1	x111	127, 255
2	xx11	63, 127, 191, 255
3	xxx1	31, 63, 95, 127, 159, 191, 223, 255
4	xxxx	15,31,47,63,79,95,111,127,143,159,175,191,207,223,239,255

NVBITS 允许在 CLIC 的直接模式下对某些选定的中断进行向量化。如果在 CLIC 直接模式下且 cliccfg.NVBITS=1，则使能选择性中断向量。clicintcfg 的最低有效实现位（E21 内核中的位 3）控制给定中断的向量行为。当处于 CLIC Direct 模式，且 cliccfg.NVBITS 和 clicintcfg 的相关位都设置为 1 时，则使用 mtvt CSR 指向的向量表对中断进行向量化。这允许一些中断全部跳转到 mtvec 中保存的一个公共基地址上，而其他中断则在硬件中保存。

⊙ 5.1.6　调试支持

E21 内核通过行业标准的 JTAG 端口提供外部调试器支持，每个端口包含 4 个硬件可编程断点，支持 RISC-V 调试规范 0.13 之后调试硬件的操作。

5.1.6.1　调试 CSR

本节描述每个 HART 跟踪和调试寄存器（trace and debug registers，TDR），这些寄存器可映射到 CSR 空间，见表 5-24。dcsr、dpc 和 dscratch 寄存器只能从调试模式下访问，而 tselect 和 tdata1～3 寄存器可从调试模式下或机器模式下访问。

表 5–24　调试控制和状态寄存器

CSR	描述	允许的访问模式
tselect	选择 TDR	D, M
tdata1	所选 TDR 的第一个字段	D, M
tdata2	所选 TDR 的第二个字段	D, M
tdata3	所选 TDR 的第三个字段	D, M
dcsr	调试控制和状态寄存器	D
dpc	调试 PC	D
dscratch	调试暂存（scratch）寄存器	D

跟踪和调试（tselect）寄存器

为了支持用于跟踪和断点的大量可变 TDR，可以采用一种间接方式访问它们，其中 tselect 寄存器选择通过其他三个地址访问三个 tdata1～3 寄存器中的一块。tselect 寄存器的格式见表 5-25。索引字段是一个 WARL 字段，其中不包含未实现的 TDR 索引。即使索引可以保存 TDR 索引，也不能保证 TDR 存在。必须检查 tdata1 的类型字段以确定 TDR 是否存在。

表 5–25　tselect CSR

CSR	tselect		
位	字段名称	属性	描述
[31:0]	Index（索引）	WARL	选择 TDR 的索引

跟踪和调试数据（tdata1～3）寄存器

tdata1～3 寄存器是 XLEN-位读/写寄存器，由 tselect 寄存器从较大的 TDR 寄存器组中选择。tdata1～3 寄存器的格式见表 5-26 和表 5-27。

表 5-26 tdata1 CSR

CSR	tdata1		
位	字段名称	属性	描述
[27:0]	TDR 特定数据		
[31:28]	Type（类型）	RO	tselect 选择的 TDR 类型

表 5-27 tdata2 / 3 CSRs

CSR	tdata2/3		
位	字段名称	属性	描述
[31:0]	TDR 特定数据		

tdata1 的高半字节包含一个 4 位类型代码，该代码用于标识 tselect 选择的 TDR 类型。当前定义的类型见表 5-28。

表 5-28 tdata 类型

类型	描述
0	没有这样的 TDR 寄存器
1	保留
2	地址/数据匹配触发器
≥3	保留

处理程序地址和中断使能寄存器（mnxti）

当 mnxti CSR 的级别高于保存在 mcause.PIL 中的中断上下文时，软件可以使用它来服务下一个水平中断，而不必承担中断流水线刷新和上下文保存/还原的全部成本。mnxti CSR 被设计为使用 CSRRSI/CSRRCI 指令访问，其中读值是指向陷阱处理程序表中某个条目的指针，写回操作会更新中断使能状态。此外，对 mnxti 寄存器的访问有更新中断上下文状态的副作用。读者需要注意这与常规 CSR 指令不同，因为返回的值与读—修改—写操作中使用的值不同。

dmode 位在寄存器的调试模式（dmode=1）和机器模式（dmode=1）视图之间进行选择，只有调试模式代码才能访问 TDR 的调试模式视图。当 dmode=1 时，任何尝试在机器模式下读/写 tdata1～3 寄存器都会引发非法指令异常。

调试控制和状态（dcsr）寄存器

dscr 寄存器提供有关调试功能和状态的信息。

调试 PC（dpc）寄存器

进入调试模式时，将当前 PC 复制到此处。退出调试模式后，将在此 PC 上恢复执行。

调试暂存（dscratch）寄存器

dscratch 寄存器通常保留供调试 ROM 使用，以便将代码所需的寄存器保存在调试 ROM 中。

5.1.6.2　断点

E21 内核每个 HART 支持 4 个硬件断点寄存器，可以在调试模式和机器模式之间灵活共享。当使用 tselect 选择断点寄存器时，其他 CSR 会为所选断点访问表 5-29 中的信息。

表 5-29　用作断点的 TDR CSR

CSR	断点别名	描述
tselect	tselect	断点选择索引
tdata1	mcontrol	断点匹配控制
tdata2	maddress	断点匹配地址
tdata3	没有	保留

断点匹配控制（mcontrol）寄存器

每个断点匹配控制寄存器是一个读/写寄存器，位于表 5-30。

表 5-30　mcontrol 寄存器

寄存器偏移		CSR		
位	字段名称	属性	Rst.	描述
0	R	WARL	X	LOAD 上的地址匹配
1	W	WARL	X	STORE 上的地址匹配
2	X	WARL	X	指令 FETCH 上的地址匹配
3	U	WARL	X	用户模式下的地址匹配
4	S	WARL	X	监督模式下的地址匹配
5	保留	WPRI	X	保留
6	M	WARL	X	机器模式下的地址匹配
[10:7]	match	WARL	X	断点地址匹配类型
11	chain	WARL	0	连锁相邻条件
[17:12]	action	WARL	0	采取断点操作，0 或 1
18	timing	WARL	0	断点的时间，始终为 0
19	select	WARL	0	对地址或数据进行匹配，始终为 0
20	保留	WPRI	X	保留
[26:21]	maskmax	RO	4	支持的最大 NAPOT 范围
27	dmode	RW	0	仅调试访问模式
[31:28]	type	RO	2	地址/数据匹配类型，始终为 2

类型字段是一个 4 位只读字段，其值为 2，指示这是包含地址匹配逻辑的断点。

bpaction 字段是 8 位可读写 WARL 字段，用于指定地址匹配成功时的可用操作。值为 0 会生成断点异常，值为 1 进入调试模式。未执行其他操作。

R / W / X 位是单独的 WARL 字段，如果置位，则表明地址匹配仅应分别针对装入、存储、指令提取成功，并且必须支持所有已实现位的组合。

M / S / U 位是单独的 WARL 字段，如果置位，则表明地址匹配应分别仅在机器、监督、用户模式下成功，并且必须支持实现位的所有组合。

match 字段是一个 4 位可读写 WARL 字段，它的编码用于断点地址匹配的地址范围的类型。当前支持三种不同的匹配设置：精确、NAPOT 和任意范围。单个断点寄存器既支持精确地址匹配，也支持与自然对齐 2 的幂数（Naturally Aligned Powers-Of-Two，NAPOT）的地址范围匹配。断点寄存器可以配对以指定任意的精确范围，低位断点寄存器给出范围底部的字节地址，高位断点寄存器给出断点范围上方的地址 1 字节，并使用 chain 位指示两者必须匹配才能执行操作。

NAPOT 范围利用关联的断点地址寄存器的低位来编码范围的大小，见表 5-31。

表 5-31　NAPOT 大小编码

maddress	匹配类型和大小
a…aaaaaa	确切 1 个字节
a…aaaaa0	2 字节 NAPOT 范围
a…aaaa01	4 字节 NAPOT 范围
a…aaa011	8 字节 NAPOT 范围
a…aa0111	16 字节 NAPOT 范围
a…a01111	32 字节 NAPOT 范围
…	…
a01…1111	2^{31} 字节 NAPOT 范围

maskmax 字段是 6 位只读字段，用于指定支持的最大 NAPOT 范围。该值是支持的最大 NAPOT 范围内的字节数的对数，以 2 为底。值为 0 表示仅支持精确的地址匹配（1 字节的范围）。值为 31 对应于最大 NAPOT 范围，其大小为 2^{31} 个字节。最大范围以 maddress 编码，其中 30 个最低有效位设置为 1，第 30 位设置为 0，以及位 31 保持在地址比较中考虑的唯一地址位。

为了在精确范围内提供断点，可以将两个相邻的断点与 chain 位组合。可以使用 action 大于或等于 2，将第一个断点设置为与某个地址匹配。可以使用 action 小于 3，将第二个断点设置为与某个地址匹配。将 chain 位设置在第一个断点上可防止触发第二个断点，除非它们都匹配。

断点匹配地址寄存器（maddress）

每个断点匹配地址寄存器都是一个 XLEN 位读/写寄存器，用于保存有效的地址位以进行地址匹配，以及用于 NAPOT 范围的一元编码地址掩码信息。

断点执行

断点陷阱被精确捕获。在软件中模拟未对齐访问的实现，将在一半模拟访问落在地址范围内时生成断点陷阱。如果访问的任何字节在匹配范围内，则支持硬件中未对齐访问的实现必须捕获。调试模式断点陷阱在不改变机器模式寄存器的情况下，跳转到调试陷阱向量。

机器模式断点陷阱跳转到异常向量，mcause 寄存器中设置了断点，badaddr 保存导致陷阱的指令或数据地址。

在调试和机器模式之间共享断点

当调试模式使用断点寄存器时，它在机器模式下则不可见（即 tdrtype 将为 0）。通常，由于用户明确请求一个断点，或者因为该用户正在 ROM 中调试代码，调试器会一直保留断点，直到需要断点为止。

5.1.6.3 调试内存映射

通过常规系统互连访问调试模块的内存映射时，调试模块只能访问在 HART 或通过调试传输模块上以调试模式运行的调试代码。

调试 RAM 和程序缓冲区（0x300 - 0x3FF）

E21 内核具有 2 个 32 位字的程序缓冲区，以供调试器引导调试器执行任意 RISC-V 代码。可以通过执行 aiupc 指令并将结果存储到程序缓冲区中来确定其在内存中的位置。E21 内核具有一个 32 位字的调试数据 RAM，如 RISC-V 调试规范中所述，它的位置可以通过读取 DMHARTINFO 寄存器来确定。这个 RAM 空间用于为 RISC-V 调试规范中描述的访问寄存器抽象命令传递数据。E21 内核仅支持在 HART 停止时的通用寄存器访问。所有其他命令必须通过从调试程序缓冲区执行来实现。

在 E21 内核中，程序缓冲区和调试数据 RAM 都是通用 RAM，并且连续映射在内核的内存空间中。因此，可以在程序缓冲区中传递其他数据，并且可以在调试数据 RAM 中存储其他指令。

调试器不得执行访问已定义模块缓冲区和调试数据地址以外的任何调试模块内存的程序缓冲区程序。E21 内核不实现 DMSTATUS.anyhavereset 或 DMSTATUS.allhavereset 位。

调试 ROM（0x800 - 0xFFF）

此 ROM 区域保存 SiFive 系统上的调试例程。实际总的大小可能因实现而异。

调试标志（0x100 - 0x110, 0x400 - 0x7FF）

调试模块中的标志寄存器可用于调试模块与每个 HART 通信。这些标志由调试 ROM 设置和读取，并且任何程序缓冲区代码都不应访问这些标志。这里不再进一步描述标志的具体行为。

安全零地址

在 E21 内核中，调试模块在内存映射中包含地址 0x0。对该地址的读取始终返回 0，而对该地址的写入则没有影响。此属性允许未编程部分的"安全"位置，因为默认 mtvec 位置为 0x0。

⊛ 5.1.7　使用 E21 内核评估套件

本节介绍 E21 内核评估 RTL 交付物。免费试用开发套件里的 E21 内核仅用于评估目的，因此 RTL 源代码被故意混淆，E21 内核评估版本和商用版本有如下区别。

- Verilog RTL 被混淆。
- 每个紧密集成内存的大小限制为 4 KB。
- 系统端口限制为 8 KB 的地址空间。
- 外围端口的地址空间限制为 8 KB。
- 测试台指令跟踪输出被混淆。

5.1.7.1　免费试用开发套件交付内容

E21 内核可交付内容的文件夹内容见表 5-32。

表 5-32　E21 内核交付的文件夹内容

文件夹或文件名称		内容说明
info		描述设计的文件
	tools.txt	此文件包含在 github.com 中提交，用于验证此设计的 RISC-V 工具链
	design.conf	描述设计的内存实例配置文件
	design.dts	描述 E21 内核设计参数的设备树字符串（DTS）文件
	retiming_modules.txt	包含需要重定时的模块列表
	sifive_insight.yml	包含设计中 SiFive Insight 信号的.yml 描述
tests		测试用例二进制文件和支持软件
	include	适用于设计的头文件
	<test_name>	每个包含的 ISA 测试用例都有一个文件夹
Verilog		E21 内核 RTL
	memories	一个包含设计中所有内存的 Verilog 文件
	testbench	包括可综合测试台（testbench）中的所有模块、测试驱动程序以及绑定到 DUT 中位置所提取的断言仿真构造
	design	E21 内核本身，包括顶层模块 E21_CoreIPSubsystem 和所有子模块
	sifive_insight	包含定义 SiFive Insight 信号并将其绑定到设计中的模块的所有系统 Verilog 文件

续表

文件夹或文件名称		内容说明
	.F files	关联文件夹的清单文件，在 design.F 中可以找到作为设计一部分要综合的文件完整列表
Makefile		用于执行测试台的测试

5.1.7.2 内存

E21 内核设计中所使用的内存 RAM 实例由同步单端口 SRAM 组成。它们包含在封套（wrapper）模块中，封套模块为 E21 内核提供了标准化的通用接口。对于表 5-33 中指定的每个模块，使用者需要提供一个模块定义，该模块定义实例化 SRAM 宏，并将宏特定的管脚连接到表 5-34 中描述的接口。RAM 的行为模型作为可交付数据的一部分提供在文件 verilog/memories/coreipsubsubsystemallportramtestharness.*中。E21 内核 RAM 实例按原样交付不可配置，但是，可以从多个较小的实例构造使用者所需的内存实例。

表 5-33　SRAM 模块和配置

名称	深度	地址宽度（Naddr）	数据宽度（Ndata）	写掩码粒度（Npart）	说明
syssram0_ext	8192	13	32	8	TIM 阵列

表 5-34　SRAM 的接口信号

名称	方向	宽度	说明
RW0_clk	Input	1	内存时钟
RW0_en	Input	1	高电平激活信号，表示正在访问内存，可用于时钟选通
RW0_addr	Input	Naddr	访问地址
RW0_rdata	Output	Ndata	读取数据
RW0_wmode	Input	1	高电平激活信号，表示访问是写操作
RW0_wdata	Input	Ndata	写入数据
RW0_wmask	Input	Ndata/Npart	高电平写入掩码，每个位控制是否写入对应的 N_{part}-位子字，这只存在于需要掩码写入功能的内存中

5.1.7.3 E21 内核接口

本节介绍 E21 内核的所有接口信号，但其中一些接口信号不适用于评估版本。

时钟和复位信号

表 5-35 描述了 clock、rtc_toggle、reset 和 reset_vector_0 等时钟和复位接口输入信号，时钟输入频率之间的关系为：

clock >（2 x rtc_toggle）。

实时时钟（rtc_toggle）如 RISC-V特权规范中所定义，RISC-V实现必须通过 mtime 寄

存器公开实时计数器。在 E21 内核中，rtc_toggle 输入用作实时计数器。rtc_toggle 的运行
频率必须严格小于 None 频率的一半。此外，为了 RISC-V 的合规性要求，rtc_toggle 的频
率必须保持恒定，并且软件必须知道该频率。

表 5-35　时钟和复位信号

名称	方向	宽度	说明
clock	Input	1	内核流水线和外设时钟
rtc_toggle	Input	1	实时时钟输入，必须严格低于时钟频率的一半
reset	Input	1	同步复位信号，高电平，必须 16 个时钟周期有效
reset_vector_0	Input	32	复位向量地址，实现必须将此信号设置为有效地址

端口信号

表 5-36 描述了 E21 内核的三种端口，分别是外设接口（Peripheral Port）、系统端口
（System Port）和前端口（Front Port）。

表 5-36　时钟和复位接口

名称	基地址	顶地址	协议	说明
periph_port_ahb_0	0x2000_0000	0x3FFF_FFFF	AHB	32 位数据宽度，与时钟同步
sys_port_ahb_0	0x4000_0000	0x5FFF_FFFF	AHB	32 位数据宽度，与时钟同步
front_port_ahb_0	没有	没有	AHB	32 位数据宽度，与时钟同步

E21 内核有一个外设端口，通常用于访问非内核地址空间中的外围设备。E21 内核会
忽略传送到处理器的 TileLink 错误，E21 内核的外设端口通过 TileLink 到 AHB 桥接器
（TL2AHB）提供 AHB 接口。

E21 内核有一个系统端口，通常用于访问非内核地址空间中的高带宽外围设备。E21
内核会忽略传送到处理器的 TileLink 错误。E21 内核的系统端口通过 TileLink 到 AHB 桥接
器（TL2AHB）提供 AHB 接口。

E21 内核有一个被称为前端的主总线接口，此端口可由外部主设备用于读取和写入系
统中的任何内存映射设备。如果事务落在前端口接口的地址空间内，则对前端口接口的读
写也可以传递到系统和外围总线接口。注意，通过前端口的事务不会通过物理内存保护
（PMP）单元。E21 内核的前端接口完全符合 AHB-Lite 总线规范，前端事务通过一个 AHB
到 TileLink 桥接器（AHB2TL）提供 AHB 接口。

AMBA3 规范中的高性能总线（Advanced High-performance Bus，AHB）可以实现高性
能的同步设计，支持多个总线主设备及提供高带宽操作。AHB-Lite 是 AHB 总线的子集，
简化了 AHB 总线的设计，总线上一般只有一个主设备。

管理信号

表 5-37 描述了用于管理 E21 内核的信号，分别是等待中断（Wait For Interrupt，WFI）与停止（Halt）。

- 当内核进入 Wi-Fi 并在退出时无效，wfi_from_tile 在高电平有效。该信号通常用作电源管理控制器的输入。
- 当向内核报告不可恢复的错误时，halt_from_tile 在高电平有效。总线错误是不可恢复错误的一个例子，从内核发出的停止信号将保持断言状态，直到内核复位。

表 5-37 　管理信号

名称	方向	宽度	说明
wfi_from_tile_X	Output	1	指示内核处于 WFI 模式
halt_from_tile_X	Output	1	指示向内核报告了不可恢复的内存错误

中断信号

表 5-38 描述了 E21 内核中的所有中断信号，包含机器外部中断与本地中断。本地中断可以连接到外部电源，并直接向单个 HART 发送信号的中断。

表 5-38 　机器外部中断与本地中断接口

名称	方向	宽度	说明
meip_X	Input	1	机器外部中断信号暴露在处理器的顶层，可用于集成内核与外部中断控制器
local_interrupts_0	Input	127	中断来自外设源。这些是直接连接到内核，基于电平的中断信号，必须与时钟同步

调试输出信号

调试模块输出的信号如表 5-39 所示。可以用来复位部分 SoC 或整个芯片，也可以避免调试逻辑的电源门控。

表 5-39 　外部调试逻辑控制管脚

名称	方向	宽度	说明
debug_ndreset	Output	1	该信号是由芯片调试逻辑驱动的高电平复位信号，它可以用来复位部分 SoC 或整个芯片，不应将其连接到逻辑中，该逻辑将反馈到此模块的调试系统 JTAG 复位信号，此信号可能未连接
debug_dmactive	Output	1	此信号在复位时为 0，表示调试逻辑处于激活状态，这可用于避免调试逻辑的电源门控等现象，此信号可能未连接

测试模式复位接口

如表 5-40 所示，测试模式复位接口提供了一种直接驱动内部 RISC-V 内核 IP 调试复位的机制。注意，这与一般 RISC-V 内核 IP 复位信号没有关系。

表 5-40　测试模式复位接口

名称	方向	宽度	说明
debug_psd_test_mode	Input	1	当有效时，复位 RISC-V 内核 IP 中的同步逻辑被绕过
debug_psd_test_mode_reset	Input	1	当调试 psd_test_模式也有效时，此信号复位 RISC-V 内核 IP 中的调试逻辑

JTAG 调试接口引脚分配

SiFive 的处理器内核使用工业标准 JTAG 接口，包括 TCK、TMS、TDI 和 TDO 四种标准信号，见表 5-41。测试逻辑复位信号也必须由输入信号 debug_systemjtag_reset 驱动，此复位在内部与设计同步。在内核复位无效之前，测试逻辑复位必须有脉冲。

表 5-41　SiFive 片外 TAPC 标准 JTAG 接口

名称	方向	宽度	说明
debug_systemjtag_TCK	Input	1	JTAG 测试时钟
debug_systemjtag_TMS	Input	1	JTAG 测试模式选择
debug_systemjtag_TDI	Input	1	JTAG 测试数据输入
debug_systemjtag_TDO_data	Output	1	JTAG 测试数据输出
debug_systemjtag_TDO_driven	Output	1	JTAG 测试数据输出使能
debug_systemjtag_reset	Input	1	高电平复位
debug_systemjtag_mfr_id	Input	11	由 JTAG IDCODE 指令报告 SoC 制造商 ID

5.1.7.4　TileLink 至 AHB-Lite 桥接器

SiFive 内核 IP 本机使用 TileLink 总线协议进行内核外部的所有系统通信，SiFive 的 TileLink-to-AHB-Lite 桥接器（TL2AHB）将 TileLink 事务转换为 AMBA 3 AHB-Lite 协议 1.0 版，可用于将 SiFive 内核 IP 连接到基于 AMBA 3 AHB-Lite 协议 v1.0 的片上系统。TL2AHB 的框图如图 5-3 所示，表 5-42 列举了 AHB-Lite 总线接口的信号。AHB-Lite 的总线协议包含数据总线、地址总线和额外的控制信号。数据总线用于交换数据信息；地址总线用于选择一个外设，或者一个外设中的某个寄存器；控制信号用于同步和识别交易，如准备写、读及传输模式等信号。

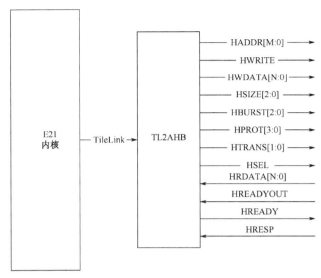

图 5-3　TL2AHB 框图

表 5-42　AHB-Lite 总线接口信号

名称	方向	宽度	说明
HADDR	Output	[M:0]	AHB 传输地址总线，其中 M 是给定内核实现中分配给 TL2AHB 的地址范围所需的最小宽度
HWRITE	Output	1	读写选择，高电平时，此信号表示写入传输；低电平时，此信号表示读取传输
HWDATA	Output	[N:0]	处理器内核发出的写传输数据，其中 N 依赖于给定的内核实现
HSIZE	Output	[2:0]	每一次传输的数据宽度，以字节为单位，最高支持 1024 位
HBURST	Output	[2:0]	突发类型指示信号
HPROT	Output	[3:0]	提供总线访问的附加保护控制信号，给支持保护级别的模块用
HTRANS	Output	[1:0]	当前传输的传输类型，有 IDLE，BUSY，NONSEQ 与 SEQ
HRDATA	Input	[N:0]	外设返回的读取传输数据，其中 N 依赖于给定的内核实现
HREADYOUT	Input	1	从设备用来指示其传输何时完成
HREADY	Output	1	用于向主设备和所有从设备指示上一次传输已完成
HRESP	Input	1	用于指示传输状态是否成功，传输状态有 OKEY 和 ERROR
HSEL	Output	1	指示当前传输是为所选从设备准备的

以下将详细地说明 TL2AHB 的功能行为。

原子内存操作（AMO）

- TileLink AMO 被转换为"读—修改—写"操作，因此不再是 AMO。
- 由于通过 TL2AHB 发出的 AMO 不能保证原子性，因此不应在多主系统中通过 TL2AHB 发出。

传输地址（HADDR）

对于给定的内核实现，HADDR 的宽度是连接到 TileLink 总线地址范围所需的最小宽度。

突发类型（HBURST）

- TL2AHB 将把 TileLink 突发事务分割为支持的最大 AHB 突发大小。
- 请求总是与突发大小对齐。
- 仅发出固定大小递增或单拍突发，如单个（SINGLE），增加 4（INCR4），增加 8（INCR8），增量 16（INCR16）。
- 从不发出多拍窄脉冲。

保护控制信号（HPROT）

HPROT 绑定到 0x3，具有不可缓存、不可缓冲、特权、数据访问的特性。

主设备锁定标记（HMASTLOCK）

HMASTLOCK 标记当前总线被某个主设备锁定，始终绑定到 0。

传输完成（HREADY）

HREADY 是由从设备到主设备，每个从设备都有一个 HREADYOUT 输出信号，这些输出信号经过 MUX 选择后，最终只有一个 HREADY 信号被接收，而接收的那个信号由反馈信号 HREADYIN 送到每个从设备。

传输状态（HRESP）

当 HRESP 指示传输错误时，信号转换为 TileLink 响应 d_error。OKAY = LOW。

从设备选择（HSEL）

- 每个 AHB 从设备有自己的独立选择信号，一个 HSEL 位被实现并用于指示哪个从设备被选中，端口处于活动状态。
- HSEL 信号由地址总线解码器产生，需要外部仲裁器和解码器来选择多个从设备。
- 当 HREADY 为高，从设备一次传输完成后锁存 HSELx 信号，若 HSELx 在 HREADY 为低时有效，将不会对本次传输产生影响。

TL2AHB 系统集成

TL2AHB 的实现方式允许在集成处理器到更大的系统中时具有一定的灵活性。可以做到以下几点。

- 直接将一个从设备连接到 TL2AHB。
- 连接到解码器/多路复用器，该解码器/多路复用器允许多个从设备连接。
- TL2AHB 直接从设备连接，在这个用例中，TL2AHB 信号直接映射到从设备接口上。

如图 5-4 所示。

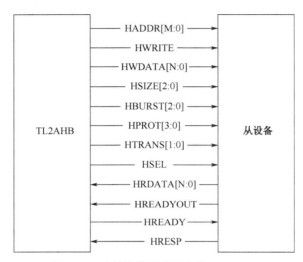

图 5-4　直接连接到从设备的 TL2AHB

图 5-5 所示为 TL2AHB 解码器/多路复用器的连接方式，解码器的 HREADY 信号应连接到 TL2AHB 的 HREADYOUT 信号，TL2AHB 上的 HSEL 和 HREADY 应保持浮动。

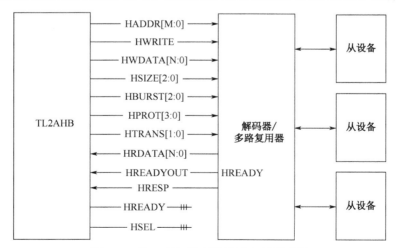

图 5-5　TL2AHB 解码器/多路复用器连接

5.1.7.5 AHB-Lite 至 TileLink 桥接器

SiFive 内核 IP 本机使用 TileLink 进行内核与外部的所有系统通信。SiFive 的 AHB-Lite 到 TileLink 桥接器（AHB2TL）将 AMBA 3 AHB-Lite 协议 v1.0 事务转换为 TileLink，可用于将 SiFive 内核 IP 连接到基于 AMBA 3 AHB-Lite 协议 v1.0 的片上系统。AHB2TL 的框图如图 5-6 所示。

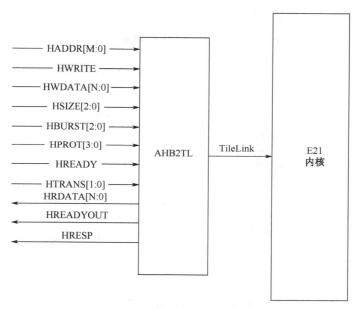

图 5-6 AHB2TL 框图

AHB 传输地址（HADDR）

● 对于给定的内核实现，AHB2TL 桥接器中 HADDR 的宽度是整个可寻址地址空间，包括 ITIM 和 DTIM。到非内核地址的事务将传递到内核的总线主接口。

● OKAY：HRESP=0 标记传输完成，当 HRESP 为该状态且 HREADY 拉高时，传输完成。

● ERROR：HRESP=1 标记传输出错，如非法地址导致 HRESP=1。

突发（HBURST）

● 支持所有合法的 AHB 突发。

● 窄突发和与传输大小不一致的突发不会提高吞吐量。

主设备锁定标记（HMASTLOCK）

表示当前的主设备正在执行锁定操作的 HMASTLOCK，此处可忽略。

保护控制信号（HPROT）

保护控制信号 HPROT，一般不用，此处可忽略。

5.1.7.6 调试接口

SiFive E21 内核包括 RISC-V 调试规范 0.13 中描述的 JTAG 调试传输模块（Debug Transport Module，DTM）和使工业标准 1149.1 JTAG 接口能够测试和调试系统。JTAG 接口可以直接连接到微控制器的芯片外，也可以设计用于更大 SoC 带有 RISC-V 内核 IP 的嵌入式 JTAG 控制器中。DTM 和调试模块如图 5-7 所示。

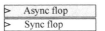

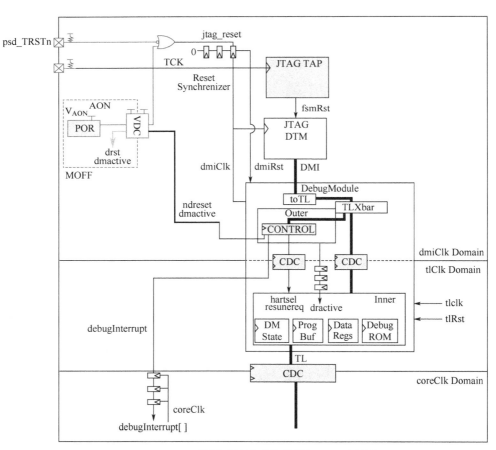

图 5-7　用于硬件调试的调试传输模块和调试模块

片上 JTAG 连接无须上拉，必须由一个用于 TDO 的正常 2 状态驱动器来驱动，以期在片上多路复用器逻辑用于在片上 JTAG 控制器的 TDO 输出之间进行选择。TDO 逻辑在 TCK 下降沿上发生变化。

JTAG TAPC 状态机

JTAG 控制器包括如图 5-8 所示的标准 TAPC 状态机。状态机用 TCK 计时,所有转换都用 TMS 上的值标记,TRST=0 时,显示异步复位的弧线箭头。

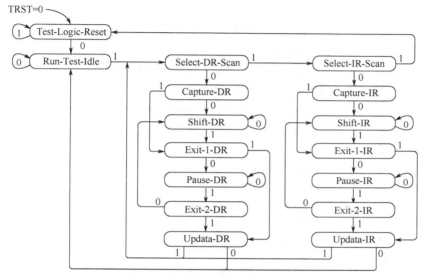

图 5-8　标准 TAPC 状态机

复位 JTAG 逻辑

必须通过使 jtag_reset 信号有效以异步复位 JTAG 逻辑,然后才能使 coreReset 信号失效。使 jtag_reset 信号有效以复位 JTAG DTM 和调试模块测试逻辑。由于部分调试逻辑需要同步复位,因此 jtag_reset 信号在 E21 内核里同步。在运行期间,JTAG-DTM 逻辑也可以在 jtag_TMS 失效的情况下,通过发出 5 个 jtag_TCK 时钟信号,在 jtag_TMS 不复位的情况下复位。此操作仅复位 JTAG DTM,而不复位调试模块。

JTAG 时钟

JTAG 逻辑总是在 jtag_TCK 时钟控制自己的时钟域中运行。JTAG 逻辑是完全静态的,没有最小的时钟频率。最大 jtag_TCK 频率是部分特定的。

JTAG 标准指令

JTAG DTM 实现 BYPASS 和 IDCODE 指令。IDCODE 的制造商 ID 字段由 RISC-V 内核 IP 积分器在 jtag_mfr_id 的输入提供。

JTAG 调试命令

JTAG 调试指令通过连接 jtag_TDI 和 jtag_TDO 之间的调试扫描寄存器来访问 SiFive 调

试模块。调试扫描寄存器包括 2 位操作码字段、7 位调试模块地址字段和 32 位数据字段，以允许通过调试扫描寄存器的单次扫描指定各种内存映射读/写操作。

使用调试输出

SiFive 系统中的调试模块逻辑驱动两个输出信号：ndreset 和 dmactive。这些信号可用于集成。ndreset 信号有助于系统复位。它必须先同步，然后才能对 RISC-V 内核 IP 的整体复位信号做出贡献。ndreset 信号不得对 jtag_reset 信号产生影响。例如，dmactive 信号可用于在调试过程中防止调试模块逻辑的时钟或电源选通。

5.1.7.7　仿真测试平台（Testbench）

E21 内核包括一个测试模拟环境，示例的仿真使用 Synopsys VCS 功能验证解决方案，版本为 K-2015.09-SP2。测试平台的测试用例位于"tests"文件夹中，一些测试用例作为测试工作台的一部分被包含进来，以验证处理器的功能，并且可以使用所提供的 Makefile 运行。

运行测试平台

GNU Make 用于将 RTL 构建到模拟器中，并运行所包含的二进制测试文件。Make 目标描述如下。

- clean——清理 build 文件夹。
- simv——构建模拟器。
- all——运行所有测试用例。
- all-waves——运行所有测试并以 VPD 格式转储波形。
- test.out——运行命名为 test 的测试。
- test.vpd——运行名为 test 的测试并生成 VPD 格式的波形。

执行 make all-waves 命令将会运行 tests 文件夹中的所有测试用例，并生成结果\<test_name\>.out 和\<test_name\>.vpd 文件，然后可以分析这些文件，以获取详细的处理器执行信息。

测试平台输出

测试平台能够生成两种类型的输出文件.out 和.vpd，输出文件包含处理器执行所有指令的跟踪。vpd 文件包含设计的 vpd 波形，可使用 Synopsys DVE 等波形查看器的图形界面查看波形，便于调试 RTL 代码。测试台将生成文件名为\<test_name\>.out 的输出文件。输出文件包含内核写回阶段的逐周期转储波形。示例输出如下：

```
Format:
core id: cycle [valid] pc=[address] Written[register=value][valid]
Read[register=value] Read[register=value]
Example:
C0: 483 [1] pc=[00000002138] W[r3=000000007fff7fff][1] R[r1=000000007
```

```
ffffffff] R[r2=ffffffffffff8000]
      C0: 484 [1] pc=[0000000213c] W[r29=000000007fff8000][1] R[r31=ffffffff
80007ffe] R[r31=0000000000000005]
      C0: 485 [0] pc=[00000002140] W[r0=0000000000000000][0] R[r 0=000000000
0000000] R[r0=0000000000000000]
```

示例中，第 483 周期的第一个[1]是 core 0，它表明在 PC 0x2138 的写回阶段有一条有效的指令，第二个[1]表示寄存器文件正在用对应的值 0x7fff7fff 写入 r3。当 add 指令处于解码阶段时，流水线已读取 r1 和 r2 及其旁边的相应值。同样的，在周期 484，写回阶段的 PC 0x213c 上有一条有效指令。在周期 485，写回阶段中没有有效的指令，可能是因为 PC 0x2140 的指令缓存未命中。

当使用所有波形或<test_name>.vpd 目标运行所提供的测试平台时，测试平台将创建 VPD 格式的波形，可以使用 Synopsys DVE 等波形查看器查看波形。当调试在测试平台上运行的测试时，波形和跟踪日志会很有帮助。

当需要在 SiFive 提供的测试平台之外仿真 E21 内核时，在编译期间需要设置下面的 Verilog 定义。

```
+define+RANDOMIZE_MEM_INIT
+define+RANDOMIZE_REG_INIT
+define+RANDOMIZE_GARBAGE_ASSIGN
+define+RANDOMIZE_INVALID_ASSIGN
+define+RANDOMIZE_DELAY=2
```

SiFive Insight

E21 内核采用了 SiFive Insight 技术，该技术提供了深入的设计可视性，同时易于访问。SiFive Insight 是一个 Verilog 模块，它包含一个由设计者选择的、以直观的层次结构显示的、带有描述性名称的信号列表。SiFive Insight 主要用于模拟波形调试期间，允许在不了解设计细节的情况下深入了解 SiFive 交付的处理器内部发生的情况。

需要注意的是，SiFive Insight 中的一些信号是伪信号，它们通过应用逻辑来表示多个信号，以便呈现更有用的高级函数。例如，设计中的指令提交信号可以是多个信号的逻辑组合。SiFive Insight 还管理信号分组以提高可读性。这方面的一个例子就是 SiFive Insight 如何呈现 mstatus CSR。SiFive Insight 提供 mstatus，这样 CSR 中的每个字段都被分在一起，可以直接从波形查看器以提高可读性。SiFive Insight 信号的完整列表和描述可以在评估套件里的 info/SiFive_Insight.yml 文件中找到。

按照前述的说明执行测试平台并生成最终的 VPD 波形文件，这可以通过 make all waves 或 make<test_name>.vpd 来完成。测试完成后，使用 Synopsys DVE 等波形查看器打开 VPD 波形文件。SiFive Insight 模块可以在 Verilog 模块层次结构 TestDriver/testHarness/system/SiFive_Insight 下找到，或者只需搜索 SiFive_Insight。从这里可以将 SiFive Insight 信号添加到波形查看器。

为了使 SiFive Insight 能够在任意测试平台上运行，而不是只在 SiFive 评估套件提供的测试台上运行，只需将 SiFive Insight Verilog 文件放入在测试平台上，并在模拟器编译以进行测试设计。SiFive Insight Verilog 文件位于 verilog/sifive_insight/目录中。波形转储将自动包括 SiFive Insight 信号。

5.2 Coffee-HDL 语言简介

Coffee-HDL 是依托 CoffeeScript 语言为宿主语言，用于生成 Verilog 代码的特定领域编程语言（Domain Specific Language），目的是把用 CoffeeScript 语言描述的 RTL 数字电路设计并翻译成等价的 Verilog 语言。作为宿主语言的 CoffeeScript 是一门编译到 JavaScript 的小巧语言，特点是语法简单，表达能力强，和 JavaScript 库可以无缝互操作。Coffee-HDL 开发需要在 Linux 环境下安装 NodeJS v10 以上的版本，和 CoffeeScript 编译器 2.5 以上版本。

代码仓库位置：https://e.coding.net/thriller/carbonite.git

安装流程：

  git clone https://e.coding.net/thriller/carbonite.git

  cd coffee-hdl

  npm install

  source sourceme.sh

  ./setup.sh

编译 Coffee-HDL 代码命令

```
chdl_compile.coffee file_name.chdl
```

编译结果为对应的 Verilog 代码，详细的使用手册请参见 doc 目录下的文档。编译执行流程如图 5-9 所示。

图 5-9 编译流程

⊙ 5.2.1 开发 Coffee-HDL 语言的动机

Verilog 语言是一种是在 20 世纪 80 年代初期开发出来的硬件描述语言，用于从算法级、门级到开关级的多种抽象设计层次的数字系统建模。笔者在多年的使用过程中总结了 Verilog 语言在描述复杂数字电路的一些缺点，现罗列如下。

- 覆盖了多个级别的抽象层次，但是在寄存器传输层（RTL）描述抽象能力不够强。
- 语义上有很多不够清晰的地方，编程人员容易犯错。
- 集成上不够便利，对于比较复杂的系统重构困难。
- 模块代码的复用程度不高，可配置性不强。

对以上 Verilog 语言的缺点，Coffee-HDL 在以下几点进行改进。

- 加强了基于函数的复用。
- 方便构造复杂数据结构对硬件资源编程。
- 语义化表达电路结构。
- 引入全新概念方便模块集成和互联。
- 高层次参数化设计，动态生成 Verilog RTL 代码。

除此以外，Coffee-HDL 还注重以下几点。

- 轻量化，容易部署，融入 JavaScript 生态。
- 生成代码可读性良好，易于调试。
- 编译快速。

⊙ 5.2.2　文件和模块

Coffee-HDL 描述文件以.chdl 作为文件后缀名，Coffee-HDL 描述文件可以分为两类，模块设计文件和函数库文件。

5.2.2.1　模块设计文件

每个文件包含一个硬件设计模块，对应 Verilog 语言的 Module，需要使用以下方式导入以后才能使用。

```
module_name=importDesign("module_file_path")
```

5.2.2.2　函数库文件

每个文件包含一些能生成硬件电路的函数，这些函数将会展开成数字逻辑电路，在构造函数中通过以下语句引入函数库。

```
Mixin  importLib("library_path")
```

函数库分为系统自带库和第三方库，系统自带库只需要给出名字，第三方库需要提供绝对路径或者相对路径。通过 Mixin 方式导入的函数可以当作类成员函数来使用，库函数规定，凡是返回硬件电路的函数名都需要使用$前缀，编程人员可以通过函数名清晰地知道该函数会生成哪种电路。编译器缺省会导入自带的 chdl_primitive_lib 函数库，该函数库提供了一些常用电路生成函数。

Coffee-HDL 模块一般是三部分组成，代码示例见代码清单 5-1。

- 在构造函数内声明 port、wire、channel 和 reg 等资源，实例化子模块，子模块互联。
- 在 build 函数内描述模块的数字逻辑功能，主要是 assign、always 等语句构成。
- 其他生成电路的函数，被 build 函数调用。

代码清单 5-1

```
adder = importDesign('./adder.chdl')        #引入子模块
class FooModule extends Module               #申明当前模块
  constructor: ->
    super()
    CellMap(
      u0_adder: new adder()
    )
    Port(                                    #端口申明
      enable: input()                        #输入信号
      clock: input().asClock()               #输入时钟信号
      rstn: input().asReset()                #输入复位信号
    )
    Reg(
      data_latch: reg(16)                    #寄存器
    )
    Wire(
      data_wire: wire(16)                    #线
    )
    Channel(
      din_a: channel()                       #通道
      din_b: channel()
      result: channel()
    )

    @u0_adder.bind(
      din_a:  @din_a                         #通道和例化模块端口对接
      din_b:  @din_b
      result:  @result
    )

  build: ->                                  #模块内部数字逻辑
```

```
    assign @din_a = 10
    assign @din_b = @data_latch
    assign @data_wire = @result >> 2

    always
$if(@enable)
            assign @data_latch = @data_wire

module.exports=FooModule
```

⊙ 5.2.3 语言要素

5.2.3.1 标识符

Coffee-HDL 语言标识符可以是任意字母、数字、$符号和_符号的组合，但是标识符的第一个字母不可以是数字或者_符号，标识符中不可以出现__（连续两个下划线）。标识符是区分大小写的。以下标识符都是合法的：

√　add

√　ADD

√　Add_1

√　$add

以下标识符是不合法的：

×　_add

×　Add__1

×　1add

5.2.3.2 注释

Coffee-HDL 使用 CoffeeScript 定义的#号作为行注释的起始符号，用###作为多行注释的起始和结尾符号。

5.2.3.3 格式

Coffee-HDL 区分大小写，也就是说大小写不同的标识符是不同的。Coffee-HDL 语句块使用缩进代表作用域范围，具体规则请参见 CoffeeScript 语言手册。

5.2.3.4 数值

数值字面量是保存在 wire 或者 reg 值的表达形式。Coffee-HDL 不支持 X 态和 Z 态，只有 0 和 1 两种状态，数值字面量一般带有宽度信息，有以下三种表达形式。

使用函数 hex/oct/bin/dec(width，value)生成 Verilog 中的字面量表达，比如：

```
hex(32,0x55aa) => 32'h55aa
bin(4,0x3)     => 4'b0011
```

使用[width]'[hodb][value]'字面量表达，比如：

```
32' h55aa'  => 32' h55aa
4' b0011'   => 4' b0011
```

使用 CoffeeScript 基本整数类型，如果宽度大于 32，需要在数字最后加上 n，表达为 BigInt 数据类型。编译器会根据数据有效宽度自动加上宽度信息，比如：

```
0x55aa => 15'h55aa
0xffffffffffn => 40'hffffffffff
```

⊙ 5.2.4 数据类型

Coffee-HDL 硬件包含三种基本数据类型（wire、port 和 reg）和一种抽象数据类型（channel）。

5.2.4.1 线类型（wire）

表示电路之间的连线，有两种声明形式。

在构造函数内使用 Wire(name:width)形式声明，在模块全局范围使用，wire 名字在模块内需要保证唯一。

在成员函数内使用 name=wire(width)形式声明作为局部 wire 使用，wire 名字自动生成。

wire 类型可以构造数据结构方便编程，代码示例见代码清单 5-2，可以使用@rom.addr 和@rom.select[0]这些方式存取相应的 wire。

代码清单 5-2

```
Wire(
    rom:
        addr: wire(32)
        din: wire(32)
        select: [ wire(), wire()]
)
```

5.2.4.2 端口类型（port）

port 类型必须声明在构造函数，port 有三种类型。

input 类型：输入端口，需要指定宽度，可以在声明输入端口的同时指定为时钟或者复位信号，第一个指定的时钟和复位信号为模块内部缺省时钟和复位。如果不指定，编译器可以自动生成默认的_clock，_reset。

output 类型：输出端口，需要指定宽度。

channel 类型：绑定到通道，把子模块的端口引出到上层。

Coffee-HDL 不支持 inout 类型的端口，port 类型其余特性等同于 wire 类型。代码示例见代码清单 5-3。

代码清单 5-3

```
Port(
```

```
        clk_in: input().asClock()
        dout: output(16)
        ahb_master: bind("u0_ahb_master")
    )
```

5.2.4.3　寄存器类型（reg）

Coffee-HDL 的寄存器和数字电路中的 D Flip-Flop 等价，在声明的时候需要指定相关的时钟、复位信号、复位值及复位机制。和 wire 类似，可以在构造函数或者成员函数内声明 reg。

在构造函数内使用 reg(name:width)形式声明可以在模块全局使用，reg 名字在模块内需要保证唯一。

在成员函数内使用 name=reg(width)形式声明作为局部 reg 使用，reg 名字自动生成。

寄存器相关的时钟，复位等使用链式函数调用风格来设置。reg 同样可以构造成数据结构方便编程。代码示例见代码清单 5-4。

代码清单 5-4

```
Reg(
    # 8位宽度寄存器使用模块默认的时钟和复位信号，缺省是异步，低电平复位
    ff1: reg(8)
    #使用clk信号作为时钟，rst信号作为复位信号，高电平复位，复位值为1
    ff2: reg().clock("clk").reset("rst").highReset().init(1)
)
```

5.2.4.4　通道类型（channel）

通道用于子模块 port 连接，必须声明在构造函数，对接的子模块端口可以是 port 类型也可以是数据结构，如果 channel 对接的是 port，可以直接当作普通 wire 使用；如果对接的是数据结构，可以通过路径找到 wire 使用。channel 可以跨层次绑定下层模块端口，生成的 Verilog 会自动在需要穿越的层次生成必须的端口。使用通道概念做连接的好处在于可以抽象子模块的端口，避免直接在端口上出现逻辑，方便集成。代码示例见代码清单 5-5。

代码清单 5-5

```
# 从cell的端口绑定，data是wire，bus是数据结构，里面包含addr
@cell.bind(
    data: @data_channel
    bus: @bus_channel
)
# 使用channel
assign(@dout) = @data_channel(3:0) + @bus_channel.addr(3:0)
```

⟩ 5.2.5　操作符

除了连接、复制、规约操作符，其余操作符在功能和优先级与 Verilog 操作符等价。

- 算术操作符：+(加)、-(减)、*(乘)、/(除)、%(取模)。
- 关系操作符：>(大于)、<(小于)、>=(大于等于)、<=(小于等于)。
- 相等关系操作符：==(逻辑等)、!=(逻辑不等)。
- 逻辑操作符：&&(逻辑与)、||(逻辑或)、!(逻辑取反)。
- 位操作符：&(位与)、|(位或)、~(位取反)、^(位异或)。
- 移位操作符：>>(左移)、<<（右移）。

Coffee-HDL 连接、复制、规约操作符通过函数实现。

- 连接
  cat(signal1, signal2,…) 等价于 {signal,signal2,…}。
- 复制
  expand(n, signal) 等价于 {n{signal}}。
- 归约操作符
  all1() 等价于 &。
  all0() 等价于 ~|。
  has0() 等价于 ~&。
  has1() 等价于 |。
  hasOdd1() 等价于 ^。
  hasEven1() 等价于 ~^。

⊘ 5.2.6　位选择和部分选择

- 位选择使用括号操作符 signal(n)，选择 signal 第 *n* 位。
- 部分选择使用以下两种形式。
- 高位到低位选择模式，signal(msb:lsb)，选择 signal 的第 lsb 位到 msb 位。
- 低位和宽度选择模式，signal(lsb,width)，选择从 signal 的第 lsb 位，选择宽度为 width。

⊘ 5.2.7　表达式

大多数情况下，生成数字电路的表达式采用$符号作为前导符，$前导符后面的表达式会编译成相应的 Verilog 表达式，表达式采用以下规则。

- 如果电路表达式是单行跟在 assign signal = 后面，可以省略$符号。
- 在$if、$elseif、$while、$cond 中的条件表达式不需要$前导符。

- $表达式如果有需要在 CoffeeScript 求值的部分，必须放在{}中。
- 没有三目运算符?:，使用$if $else 结构代替。

以下都是合法表达式。

```
# 加法,生成 a+b*c
assign data = a+b*c

#CoffeeScript求值，size是原生变量
assign data = a + { size *2}

# mux电路，生成a = select[1]?{3{b[1:0]}}:0
 assign a
     $if(select(1))
         $ expand(3,b(1:0))
     $else
         $ 0
```

⊙ 5.2.8 语句

5.2.8.1 assign 语句

Coffee-HDL 的组合电路通过 assign 语句生成,被赋值对象既可以是 reg 也可以是 wire。如果被赋值对象是 reg 类型变量，赋值动作生成连接到 D Flip-flop 输入端的组合电路，reg 会等到相应的时钟边沿更新到寄存器输出端。

赋值的右手边可以是等号后面的单行$表达式，也可以是缩进语句块的返回值，且返回值必须是$表达式。代码示例见代码清单 5-6。

代码清单 5-6

```
assign dout1 = din + 1
assign dout2
    $if(select1)
        $ din_1
    $elseif(select2)
        $ din_2
    $else
        $ din_3
```

5.2.8.2 always 语句

always 后面跟随一个语句块，语句块由$if-$elseif-$else 分支语句和 assign 赋值语句组成，在 always 语句块内 assign 的对象可以是 wire，也可以是 reg。如果 assign 对象是 wire 类型，编译器会通过给被赋值 wire 加上 pending 值（缺省是 0），确保不会生成意外的 latch；

如果 assign 对象是 reg 类型，编译器会自动把 reg 的输出端当成被赋值对象的 pending 值。
wire 和 reg 的 pending 值可以显式的指定。代码示例见代码清单 5-7。

代码清单 5-7

```
always
    dout.pending(1)
    $if(enable)
        assign dout = din
```

生成 Verilog，代码示例见代码清单 5-8。

代码清单 5-8

```
always_comb begin
    dout=1;  // dout 缺省状态为1
    if(enable) begin
        dout = din;
    end
end
```

5.2.8.3　条件分支语句

在 Verilog 语言中，mux 电路可以通过两种写法生成，一种是 ?:表达式，一种是 if-else
语句块。在 Coffee-HDL 语言中，这两种方式都被统一到$if-$elseif-$else 语句，编译器自动
根据上下文生成相应的 ?:操作符，或者 if else 语句。

- assign 语句块出现的$if–$else 会生成? :操作符。
- always 语句块出现的$if–$else 会生成 Verilog 的 if else 语句。

除了通过$if-$else 语句生成 mux 电路，Coffee-HDL 还提供了通过$order/$cond 函数批
量生成 mux 电路。代码示例见代码清单 5-9。

代码清单 5-9

```
assign(dout)
  $order([
      $cond(in1(1)) => $ din1(9:7)
      $cond(in1(2)) => $ din2(3:1)
      $cond(in1(3))
      $cond(in1(4)) => $ 100
      $cond() => $ din3(6:4)
  ] )
```

生成 Verilog 代码，代码示例见代码清单 5-10。

代码清单 5-10

```
assign dout = (in1[1])? (din1[9:7]): (in1[2])?
(din2[3:1]): (((in1[3])||(in1[4])))?
(100): din3[6:4];
```

⊛ 5.2.9　函数

Coffee-HDL 支持用函数生成电路以增强代码复用，生成电路函数的返回值必须为$表达式，在函数内部可以声明局部 wire 和 reg，编译器会确保在函数内部的 wire 和 reg 的变量名全局唯一，函数可以嵌套调用。代码示例见代码清单 5-11。

代码清单 5-11

```
doubleSync: (sig)->
    sync1 = reg()  #局部寄存器
    sync2 = reg()  #局部寄存器
    assign sync1 = sig
    assign sync2 = sync1
    return $ sync2


build: ->
    assign dout = @doubleSync(din)
```

生成电路示意图如图 5-10 所示。

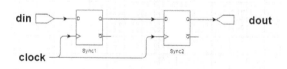

图 5-10　电路示意图

⊛ 5.2.10　LRU 算法模块设计示例

综合以上技术，以下演示模块代码实现了近期最少使用（Least Recently Used，LRU）算法。该算法实现的功能是依据历史上使用过的索引号，在下一拍选出最近最少使用的索引号，此算法在 Cache 设计中经常被使用，使用 Coffee-HDL 来描述 LRU 算法的好处在于可以自动适应索引号的宽度，同时减少实现所需的代码量。

要实现 LRU 算法，需要根据输入的索引号所能表达的最大值 n 构造一个长度为 n，宽度为 n 的寄存器矩阵，当更新索引号 m 的时候，把第 m 行除第 m 比特外全部设置为 1，把矩阵的第 m 列比特全部置 0，然后选出全部比特都为 0 的那一行的行号作为结果输出。以下代码可以通过 Coffee-HDL 编译器通过命令（-a 代表自动生成 clock/reset）。编译输出

Verilog 代码，可以看到输出的 Verilog 代码行数远远大于 Coffee-HDL 的描述。

```
chdl_compiler.coffee -a lru.chdl
```

LRU 模块代码示例见代码清单 5-12。

代码清单 5-12

```
class LRU extends Module
    constructor: (width)->
      super()
      @width=width ? 4
      Port(
        update_entry: input()
        update_index: input(width)
        lru_out: output(width)
      )

      Reg(
        lru_hold: reg(width)
      )

    build: ->
      size=2**width
      matrix=[]
      for i in [0...size]
        matrix.push(reg(size))

      always
        for j in [0...size]
          for k in [0...size]
            $if(@update_entry&&(j==@update_index)&&(k!=@update_index))
              assign matrix[j](k) = 1
            $elseif(@update_entry&&(k==@update_index))
              assign matrix[j](k) = 0

      condList=[]
      for i in [0...size]
        condList.push($cond(matrix[i]==0) => $ i)
      condList.push($cond() => $ @lru_hold)

      assign @lru_out = $order(condList)
      assign @lru_hold = @lru_out
```

```
module.exports=LRU
```

⊛ 5.2.11 E21_SOC_FPGA 集成模块设计示例

以下代码演示 E21_SOC_FPGA 集成所需的 ahb_to_apb2_peri 模块，该模块的功用为转换 AHB 总线协议到 APB2 总线协议，该模块有以下特点。

- 调用系统函数@notUniq()保证生成模块名字不会自动增加后缀。
- pwrite 设置 asReg()属性，表示这个输出端口是同名寄存器的输出端。
- AHB 总线的相关信号组织在 bus 对象内，prdata、psels 组织成为数组，有利于集成和编程。
- 用 for 循环译码 paddr_reg[11:8]，对 psels 每个成员赋值。
- 用$cond 表达式列表根据 psels 数组成员来选通 prdata 数组到 bus.hrdata。

使用以下命令编译，编译生成的 Verilog 代码大约在 200 行左右。和手写 Verilog 代码行数大致相同，作为对比，Coffee-HDL 代码行数仅为 75 行，极大地加强了代码的抽象能力，减少了犯错机会。

```
chdl_compiler.coffee -a ahb_to_apb2_peri.chdl
```

ahb_to_apb2_peri 模块代码示例见代码清单 5-13。

代码清单 5-13

```
class ahb_to_apb2_peri_chdl extends Module
  constructor: ->
    super()
    @notUniq()
    Port(
     bus:
       haddr     : input(12)
       htrans    : input(2)
       hwrite    : input()
       hwdata    : input(32)
       hsel      : input()
       hready    : input()
       hrdata    : output(32)
       hreadyout : output()
       hresp     : output()
     prdata : (input(32) for i in [0..8])
     psels  : (output() for i in [0..8])
     pwdata : output(32)
     penable : output()
     psel    : output()
```

```
      paddr   : output(8)
      pwrite  : output().asReg()
    )
    Wire(
      valid: wire()
      valid_wr: wire()
    )
    Reg(
      paddr_reg: reg(12)
    )

  build: ->
    assign @valid = @bus.hsel & @bus.hready & @bus.htrans(1)
    assign @valid_wr = @valid & @bus.hwrite
    valid_s1 = reg(1,'valid_s1')
    valid_s2 = reg(1,'valid_s2')
    assign valid_s1 = @valid
    assign valid_s2 = valid_s1

    always_if(@valid)
      assign @paddr_reg = @bus.haddr

    always
      $if(@valid_wr)
        assign @pwrite = 1
      $elseif(valid_s2)
        assign @pwrite = 0

    hreadyout = reg(1,'hreadyout').init(1)
    assign @bus.hreadyout = hreadyout
    always
      $if(@valid)
        assign hreadyout = 0
      $elseif(valid_s1)
        assign hreadyout = 1

    list=[]
    for i in [0..8]
      list.push($cond(@psels[i]) => $ @prdata[i])
    list.push($cond() => $ 32'h0')

    prdata = wire(32,'prdata')
    assign prdata = $order(list)
```

```
assign @paddr = @paddr_reg(7:0)
for i in [0..8]
  assign @psels[i] = (@paddr_reg(11:8)==hex(4,i)) && @psel

assign @pwdata = @bus.hwdata
assign @penable = valid_s2
assign @bus.hrdata = prdata
assign @psel = valid_s1|valid_s2
assign @bus.hresp = 0

module.exports=ahb_to_apb2_peri_chdl
```

5.3　ezchip® SoC 在线设计云平台

ezchip®是由上海逸集晟网络科技开发并运营的一种基于云服务的 SoC 在线设计平台，平台核心是运行在 Web 浏览器上的图形化 SoC 集成工具 IC Studio，如图 5-11 所示，以及运行在云端的代码自动生成服务，另外还提供与其配合的一系列工具和设计流程。

图 5-11　IC Studio 主界面

在 ezchip®在线设计云平台上，用户可以通过图形化和表格化的 SoC 设计描述，由云端服务自动生成对应的 Verilog 代码和与其对应的文档及 C 驱动程序代码。另外，该图形化的工具具有方便快捷地重构、复用之前设计的能力。

⊛ 5.3.1　IC Studio 主界面布局

IC Studio 主界面包括六个部分，分别为菜单栏、Design Tree 栏、Module List 栏、Port List 栏、Connection Source 栏和 Connection Target 栏，如图 5-12 所示。

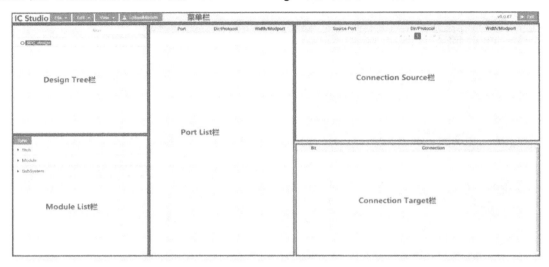

图 5-12　IC Studio 主界面布局

5.3.1.1　菜单栏

菜单栏如图 5-13 所示。

图 5-13　菜单栏

File： 文件菜单，主要包括以下功能。

　　　　Save：云端保存设计。

　　　　Open：读取云端保存的设计。

　　　　Import：导入本地保存的设计。

　　　　Export：导出当前的设计到本地。

　　　　Report：显示设计报告。

　　　　　　Floating：显示设计中所有未连接的输入端口的报告。

　　　　　　MultiDriven：显示设计中所有存在多驱动的输入端口的报告。

　　　　　　Constant：显示设计中所有连接常数的输入端口的报告。

　　　　ExportCSV：导出设计的表格描述。

　　　　　　Connection：设计中所有连线的表格。

Hierarchy：设计中所有 Instance 的层次结构表格。

Edit：编辑菜单，主要包括以下功能。

Build：生成当前设计的代码包。

Diff：对比当前设计和 snap 的设计的区别，并生成补丁。

Snap：标注 snap。

Patch：打入补丁。

Batch Connect：使用正则匹配进行批量连接信号。

Bundle：显示/编辑 Bundle 定义表格。

Script：调用脚本进行批量功能实现。

View：显示菜单，主要包括以下功能。

Tree：显示/隐藏 Design Tree 栏。

Module：显示/隐藏 Module List 栏。

Source：显示/隐藏 Connection Source 栏。

Port：显示/隐藏 Port List 栏。

Target：显示/隐藏 Connection Target 栏。

Clipboard：显示/隐藏粘贴板。

uploadModule：上传模块。

Exit：退出 IC Studio。

5.3.1.2 Design Tree 栏

Design Tree 栏如图 5-14 所示，显示当前设计的层次结构的树状图。其中各符号含义为：

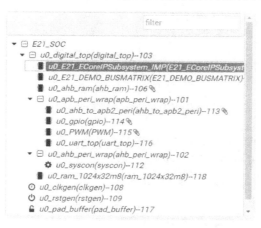

图 5-14 Design Tree 栏

○ 表示折叠的 layer。

◻ 表示打开的 layer。

表示一个例化的 module。

表示一个 stub 模块。

表示一个 clock generator 模块。

表示一个 reset generator 模块。

表示一个 system controller 模块。

表示一个 pad share 模块。

表示一个 ez gpio 模块。

表示一个总线（bus）模块。

表示一个 wire split 模块。

表示该模块有 parameter 定义，把鼠标移动到该节点，会显示当前 Instance 的 parameter 定义值。

5.3.1.3　Module List 栏

Module List 栏如图 5-15 所示。

图 5-15　Module List 栏

Stub：当前设计中的空模块（stub module）。

Module：当前设计中可以使用的模块。

SubSystem：当前设计中可使用的子系统。

5.3.1.4　Port List 栏

Port List 栏如图 5-16 所示，显示当前在 Design Tree 栏中选中的 Instance 节点上的 Port。

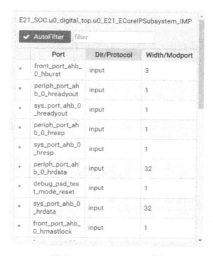

图 5-16　Port List 栏

5.3.1.5　Connection Source 栏

Connection Source 栏如图 5-17 所示，显示从 Design Tree 栏中做了 Send To Source 的 Instance 节点上的 port，同时也作为系统控制模块的文档表格显示/编辑窗口。

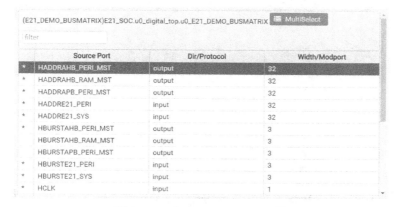

图 5-17　Connection Source 栏

5.3.1.6　Connection Target 栏

Connection Target 栏如图 5-18 所示。显示 Design Tree 栏或 Connection Source 栏里被选中的信号上的连接。

图 5-18　Connection Target 栏

⊙ 5.3.2　IC Studio 的使用

5.3.2.1　例化模块

- 在 Design Tree 栏选中要添加 Instance 的位置。
- 在 Module List 栏里要例化的 module 或 subsystem 的右键菜单里选择 Instance（或左键双击），在弹出的对话框里填入相应信息，如图 5-19 所示。

图 5-19　在 Module List 栏例化需要的模块对话框

- 确认后例化成功，Design Tree 栏内的层次结构被刷新。

5.3.2.2　模块连线

- 把要连线的一个 Instance 通过 Design Tree 栏里右键菜单的 ToSource 加入 Connection Source 栏，以使 Connection Source 栏显示该 Instance 的 port。
- 在 Design Tree 栏里选中要连线的另一个 Instance，以使 Port List 栏显示该 Instance 的 port。

- 在 Connection Source 栏内选中需要连接的信号。
- 在 Port List 栏内会筛选出按信号方向可连接的信号，并按信号名相似度排序，在需要连接的信号上的右键菜单选择 Connect 或 Part Connect（或直接双击）。
- 在 Port List 栏和 Connection Source 栏内，已连接的信号标记为*，如图 5-20 所示。

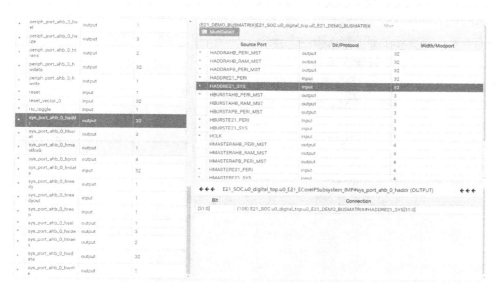

图 5-20　信号已连接

5.3.2.3　重构设计

- 修改 Instance 例化名：在 Design Tree 栏里，在要改名的 Instance 右键菜单选择 Rename，并在弹出的对话框填入新的例化名。
- 删除 Instance：在 Design Tree 栏里，右键单击要删除的 Instance，在菜单选择 Remove，确认后删除。
- 移动 Instance：在 Design Tree 栏里，右键单击要移动的 Instance，在菜单选择 Move，在弹出的对话框选择要移动的位置，确认后移动完成。原有的连线加保留，所有穿 layer 的信号的增删将自动完成。

⊙ 5.3.3　ezchip®可配置制模块

ezchip®为用户提供了多种可配置制模块，用户只需要在线描述设计需求，就可以通过 ezchip®的云端服务器自动生成相应的 Verilog 模块，而不需要手动编码设计。这些模块包括以下内容。

- APB Bridge：基于 APB 协议的桥接模块。
- Bus Matrix：AHB/APB 的总线矩阵模块。
- EZ GPIO：从 peripheral 功能脚到 pad 控制脚的软件可配置全连接网络模块。
- Interrupt Controller：中断控制器模块。
- Reset Generator：复位信号生成器。
- Clock Generator：时钟信号生成器。
- Pad Share：pad 共享控制器。
- System Controller：系统控制寄存器总线模块。
- Wire Split Module：信号分离器。

现以系统控制寄存器总线模块（System Controller）为例，介绍如何在 IC Studio 中配置并生成可配置模块。

1）例化 system controller

在 Design Tree 栏里选择要例化的位置，在右键菜单 Add Node 的弹出菜单中，选择要例化的类型为 System Controller，填入 Module Name，如图 5-21 所示。

图 5-21　例化一个 System Controller

2）配置 system controller 总线类型

把刚例化好的 system controller 通过右键菜单 ToSource 加入 Connection Source 栏，选择 Sheet 里的 Configuration 进入配置界面，选择 System Controller 的总线类型，如图 5-22 所示。

图 5-22　配置 System Controller 总线类型

3）填写寄存器表格

关闭配置界面，或从 Connection Source Sheet 进入 System Controller，进入到 System Controller 表格编辑模式，如图 5-23 所示。

图 5-23　System Controller 配置界面

根据设计需求填写寄存器表格，其中：

（1）新增加的寄存器，偏移地址（Offset Address）会自动增加，也可以手动编辑。

（2）寄存器的缺省值（Default Value）会自动按照寄存器的每个 field（域）计算。

（3）可以通过选择 Port List 栏里 Port 的右键菜单 FillIn，把该 Port 直接添加到当前选中的 field 或新增的 field 或寄存器，如图 5-24 所示。

图 5-24　通过 FillIn 填写寄存器表格

4）导入/导出表格

可以通过 EXPORT 导出当前表格（.csv 格式），离线编辑表格后，再通过 IMPORT 导入表格。

5）刷新模块端口

关闭寄存器表格，自动生成总线端口和寄存器端口，FillIn 的 port 会自动建立连接。

⊙ 5.3.4　生成代码

在设计完毕之后，通过菜单栏的 Edit→Build，可以在线生成包括 SoC 例化及连线和定制模块对应的 Verilog 代码，以及生成相应的文档/C 驱动程序。

浏览器会自动下载一个压缩包,其中包括以下内容。

- filelist 文件:生成的 Verilog 文件的 file list。
- c_macro 目录:定制模块对应的 C 驱动程序。
- chip 目录:所有例化和连线代码。
- document 目录:自动生成的设计文档。
- sheets 目录:定制模块使用的表格(.csv 文件)。
- 其他目录:定制模块代码目录。

⊗ 5.3.5 基于 SiFive E21 处理器的 SoC 设计实验

ezchip®提供了一个基于 SiFive 的 E21 RISC-V 处理器内核的 SoC 设计免费试用范例。

5.3.5.1 进入 IC Studio 试用页面

用户可以从 www.ezchip.tech 首页的【试用 EZCHIP 产品】直接进入 IC Studio 试用界面,如图 5-25 所示。

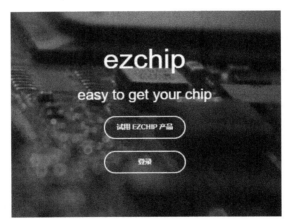

图 5-25 进入 IC Studio 试用界面

5.3.5.2 使用提供的 IP 搭建 SoC

实验已内置了若干 SoC 设计中所需要的基本 IP。另外,还提供了一个 SRAM 的 simulation model(仿真模型),ram_1024x32m8,以供仿真使用,见表 5-43。

表 5-43 提供的 IP

IP	模块名称	总线接口
Sifive E21 RISCV CPU	E21_ECoreIPSubsystem_IMP	2 AHB masters,1 AHB slave
Bus Matrix(总线)	E21_DEMO_BUSMATRIX	2 AHB masters,3 AHB slaves

续表

IP	模块名称	总线接口
AHB memory interface（AHB 内存控制器）	ahb_ram	1 AHB slave
AHB to APB bridge（AHB 转 APB 桥接器）	ahb_to_apb2_peri	1 AHB slave，9 APB slaves
GPIO（通用输入输出控制器）	gpio	1 APB slave
PWM（脉冲宽度调制器）	PWM	1 APB slave
UART（通用异步收发传输器）	uart_top	1 APB slave

IC Studio 的试用下载会提供的 IP 数据包，包含了上述 IP 的 Verilog 代码。其中，AHB to APB bridge 模块在提供普通 Verilog 版本的同时，也提供 Coffee-HDL 版本的源码及由其编译出的 Verilog 版本，并将其例化在 ahb_to_apb2_peri，如图 5-26 所示，可使用 CHDL_VERSION 宏区分。通过对比由 Coffee-HDL 编码和由 Verilog 编码的 ahb_to_apb2_peri 模块，我们可以看到，无论是代码的可读性还是表达能力，Coffee-HDL 都有很大的提升。

```
output  wire    [ 7:0]      paddr
 ,// APB address
output  reg                 pwrite
  // APB transfer(R/W) direction
);
`ifdef CHDL_VERSION
ahb_to_apb2_peri_chdl u0(
  .bus__haddr      ( haddr     ) ,
  .bus__htrans     ( htrans    ) ,
  .bus__hwrite     ( hwrite    ) ,
  .bus__hwdata     ( hwdata    ) ,
  .bus__hsel       ( hsel      ) ,
  .bus__hready     ( hready    ) ,
  .bus__hrdata     ( hrdata    ) ,
  .bus__hreadyout  ( hreadyout ) ,
  .bus__hresp      ( hresp     ) ,
  .prdata__0       ( prdata0   ) ,
  .prdata__1       ( prdata1   ) ,
  .prdata__2       ( prdata2   ) ,
  .prdata__3       ( prdata3   ) ,
  .prdata__4       ( prdata4   ) ,
  .prdata__5       ( prdata5   ) ,
  .prdata__6       ( prdata6   ) ,
  .prdata__7       ( prdata7   ) ,
  .prdata__8       ( prdata8   ) ,
  .psels__0        ( psels0    ) ,
  .psels__1        ( psels1    ) ,
  .psels__2        ( psels2    ) ,
  .psels__3        ( psels3    ) ,
  .psels__4        ( psels4    ) ,
  .psels__5        ( psels5    ) ,
  .psels__6        ( psels6    ) ,
  .psels__7        ( psels7    ) ,
  .psels__8        ( psels8    ) ,
  .pwdata          ( pwdata    ) ,
  .penable         ( penable   ) ,
  .psel            ( psel      ) ,
  .paddr           ( paddr     ) ,
  .pwrite          ( pwrite    ) ,
  .__clock         ( hclk      ) ,
  .__resetn        ( hresetn   )
);
`else
//------------------------------------
-------------------------------------
```

```
class ahb_to_apb2_peri_chdl extends Module
  constructor: ->
    super()
    @notUniq()
    Port(
      bus:
        haddr     : input(12)
        htrans    : input(2)
        hwrite    : input()
        hwdata    : input(32)
        hsel      : input()
        hready    : input()
        hrdata    : output(32)
        hreadyout : output()
        hresp     : output()
      prdata  : (input(32) for i in [0..8])
      psels   : (output() for i in [0..8])
      pwdata  : output(32)
      penable : output()
      psel    : output()
      paddr   : output(8)
      pwrite  : output()
    )
    Wire(
      valid: wire()
      valid_wr: wire()
    )
    Reg(
      paddr_reg: reg(12)
    )

  build: ->
    assign @valid = @bus.hsel & @bus.hready & @bus.htrans(1)
    assign @valid_wr = @valid & @bus.hwrite
    valid_s1 = reg(1,'valid_s1')
    valid_s2 = reg(1,'valid_s2')
    assign valid_s1 = @valid
    assign valid_s2 = valid_s1

    always_if(@valid)
      assign @paddr_reg = @bus.haddr

    always
      $if(@valid_wr)
        assign @pwrite = 1
```

图 5-26　Coffee-HDL 版本的 ahb_to_apb2_peri

E21_SoC_FPGA 片上系统设计的实验流程如下。

（1）打开试用工程项目 E21_SoC，如图 5-27 所示。

图 5-27　打开试用项目

（2）在顶层（trial）下创建数字顶层（digital_top），如图 5-28 所示。

图 5-28　创建数字顶层（digital_top）

（3）在数字顶层（digital_top）下例化 SiFive E21、Bus Matrix、AHB memory interface 和 SRAM 仿真模型，如图 5-29 所示。

图 5-29　例化数字顶层下的模块

（4）在数字顶层（digital_top）下创建 AHB 外设层（ahb_peri_wrap）和 APB 外设层（apb_peri_wrap），如图 5-30 所示。

（5）在 APB 外设层（apb_peri_wrap）下例化 AHB to APB bridge、GPIO、PWM 和 UART 等 IP 模块，如图 5-31 所示。

▼ □ **trial**
  ▼ □ u0_digital_top(digital_top)--101
    ■ u0_E21_ECoreIPSubsystem_IMP(E21_EC
    ■ u0_E21_DEMO_BUSMATRIX(E21_DEMO_
    ■ u0_ahb_ram(ahb_ram)--104 ✎
    ■ u0_ram_1024x32m8(ram_1024x32m8)--
    ○ u0_ahb_peri_wrap(ahb_peri_wrap)--106
    ○ u0_apb_peri_wrap(apb_peri_wrap)--107

▼ □ u0_apb_peri_wrap(apb_peri_wrap)--107
  ■ u0_ahb_to_apb2_peri(ahb_to_apb2_peri)--108 ✎
  ■ u0_gpio(gpio)--109 ✎
  ■ u0_PWM(PWM)--110 ✎
  ■ u0_uart_top(uart_top)--111

图 5-30　创建 AHB 外设层和 APB 外设层　　　　图 5-31　例化 APB 外设层下模块

（6）在 AHB 外设层下创建系统控制寄存器总线模块（System Controller），如图 5-32 所示。

（7）在数字顶层下创建时钟信号生成器（Clock Generator）和复位信号生成器（Reset Generator），如图 5-33 所示。

▼ □ u0_ahb_peri_wrap(ahb_peri_wrap)--106
  ⚙ u0_syscon(syscon)--112

▼ □ u0_digital_top(digital_top)--101
  ■ u0_E21_ECoreIPSubsystem_IM
  ■ u0_E21_DEMO_BUSMATRIX(E2
  ■ u0_ahb_ram(ahb_ram)--104 ✎
  ■ u0_ram_1024x32m8(ram_1024.
  ⚙ u0_clkgen(clkgen)--113
  ⏻ u0_rstgen(rstgen)--114

图 5-32　创建系统控制寄存器总线模块　　　　图 5-33　创建时钟信号生成器和复位信号生成器

（8）根据需求配置时钟信号生成器和复位信号生成器，如图 5-34 所示。

(clkgen)trial.u0_clkgen　　　　　　　　　　　　⚙ ✕

19 columns selected ▾

clock	internal	source0	sync module	select module	select default
e21_clock		cpu_clock	NONE	NONE	--
bus_hclk		cpu_clock	NONE	NONE	--
ram_hclk		bus_hclk	NONE	NONE	--
bridge_hclk		bus_hclk	NONE	NONE	--
G_CLK		func_clock	NONE	NONE	--
gpio_pclk		bus_hclk	NONE	NONE	--
i_extclk		func_clock	NONE	NONE	--
pwm_pclk		bus_hclk	NONE	NONE	--
uart_pclk		bus_hclk	NONE	NONE	--
syscon_hclk		bus_hclk	NONE	NONE	--
clkgen_PCLK		bus_hclk	NONE	NONE	--
rtc_toggle		cpu_clock	NONE	NONE	--
rstgen_PCLK		bus_hclk	NONE	NONE	--
cpu_clock	☑	root_clk	NONE	NONE	--
func_clock	☑	root_clk	NONE	NONE	--

ADD A CLOCK　IMPORT　EXPORT　CLOCK CONSTRAINT　ALL TREE

（a）创建时钟信号生成器

图 5-34　创建时钟信号生成器和复位信号生成器

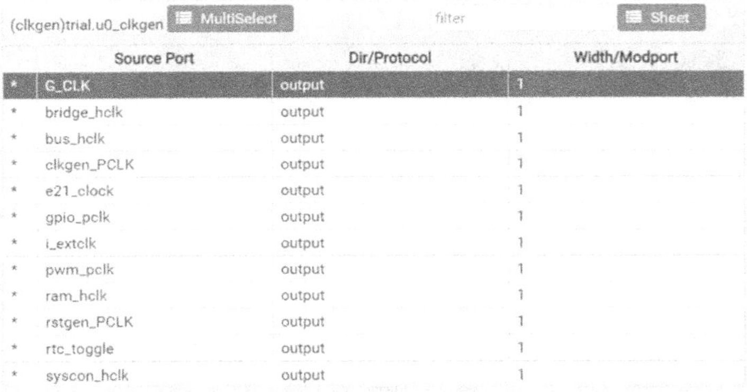
(clkgen)trial.u0_clkgen
MultiSelect
filter
Sheet
Source Port
Dir/Protocol
Width/Modport
G_CLK output 1
bridge_hclk output 1
bus_hclk output 1
clkgen_PCLK output 1
e21_clock output 1
gpio_pclk output 1
i_extclk output 1
pwm_pclk output 1
ram_hclk output 1
rstgen_PCLK output 1
rtc_toggle output 1
syscon_hclk output 1

（b）创建复位信号生成器

图 5-34　创建时钟信号生成器和复位信号生成器（续）

（9）连接各模块信号。

5.3.5.3　生成设计代码

单击菜单 Edit→Build，下载设计代码和 IP 数据包以及 FPGA 验证环境。Ezchip 所提供一个已经完成的，基于 SiFive E21 RISC-V 处理器 SoC 设计——E21_SoC_FPGA，可在菜单 File→Open 打开该设计，并且 build 产生完整的代码。

E21_SoC_FPGA 设计实验的顶层集成了一个 digital_top 模块及时钟信号发生器，还有复位信号发生器和 PAD 阵列。在 PAD 阵列中，笔者使用了 PAD_GPIO0 到 PAD_GPIO14 来连接 15 个不同的 GPIO 通道，PAD_TCK/PAD_TDO/PAD_TDI/PAD_TMS 连接 JTAG 调试，PAD_UART_RX/PAD_UART_TX 连接 UART 的输入和输出，PAD_PWM_0 连接 PWM 的输出。而在 digital_top 模块下，集成了两个模块，即 ahb_peri_wrap 模块和 apb_peri_wrap 模块，用于集成不同总线域的模块。其中，ahb_peri_wrap 模块下集成了 SiFive 提供的 E21 RISCV CPU、AHB 总线阵列、AHB 内存控制接口和系统控制寄存器；apb_peri_wrap 模块下集成了利用 Coffee-HDL 所设计的 AHB 桥接 APB 模块以及使用 APB 总线接口的 GPIO、PWM 和 UART 等 IP 模块。

在 Nexys A7 开发板上，我们用 PAD_GPIO0 到 PAD_GPIO6 分别控制七段式 LED 的七个单元，PAD_GPIO7 到 PAD_GPIO14 分别控制板载的 8 个七段式 LED，以达到控制 LED 显示的目的，E21_SoC_FPGA 设计框图与 Nexys AT 开发板的连接关系如图 5-35 所示。

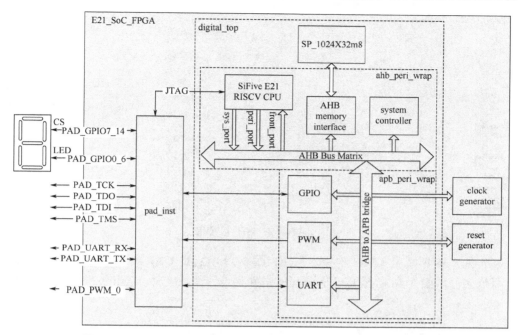

图 5-35 E21_SoC_FPGA 设计框图与 Nexys A7 开发板的连接关系

⊙ 5.3.6 基于 SiFive E21 处理器的 FPGA 验证实验

以 IC Studio 生成的 E21_SoC_FPGA 数据包为例，介绍如何将该设计导入 FPGA 平台进行仿真验证。示例中所使用的 FPGA 平台为 Digilent 公司基于 Artix-7 的 Nexys A7 开发板和 Xilinx 的 Vivado 开发工具。

5.3.6.1 准备工程目录

（1）在生成 E21_SoC_FPGA 设计数据包的同时，IC Studio 也会生成一个用于 FPGA 的工程数据包。

（2）解压该数据包到 FPGA 工程目录，示例中为 trial_flow，如图 5-36 所示。

图 5-36 FPGA 工程目录

（3）将 IC Studio 生成的设计数据包完整解压至 RTL 目录下的 ic_studio 目录，RTL 目录下的 ip 目录里面有本实验需要用到的数字 IP，包括 SiFive E21 RISCV CPU、总线及其他外设，如图 5-37 所示。

电脑 > OS (C:) > work > trial_flow > RTL

名称	修改日期	类型
ic_studio	2020-03-23 20:21	文件夹
ip	2020-03-23 20:21	文件夹

电脑 > OS (C:) > work > trial_flow > RTL > ip

名称	修改日期	类型
chdl	2020-03-25 11:18	文件夹
ahb_peri_decoder.v	2020-03-17 21:14	V 文件
ahb_ram.v	2020-03-17 21:14	V 文件
ahb_to_apb2_peri.v	2020-03-25 10:10	V 文件
e21.all.v	2020-03-17 21:14	V 文件
E21_DEMO_BUSMATRIX.v	2020-03-17 21:14	V 文件
empty_ahblite_slv.v	2020-03-17 21:14	V 文件
gpio.all.v	2020-03-17 21:14	V 文件
inv_group.v	2020-03-17 21:14	V 文件
pad_cell.v	2020-03-17 21:14	V 文件
pwm.all.v	2020-03-17 21:14	V 文件
ram_1024x32m8.v	2020-03-24 9:29	V 文件
uart.all.v	2020-03-17 21:14	V 文件

电脑 > OS (C:) > work > trial_flow > RTL > ic_studio

名称	修改日期	类型
c_macro	2020-03-23 20:21	文件夹
chip	2020-03-23 20:21	文件夹
clkgen	2020-03-23 20:21	文件夹
document	2020-03-23 20:21	文件夹
rstgen	2020-03-23 20:21	文件夹
sheets	2020-03-23 20:21	文件夹
sim_model	2020-03-23 20:21	文件夹
syscon	2020-03-23 7:15	文件夹
filelist	2020-03-23 7:15	文件

图 5-37　RTL 目录

（4）图 5-38 所示是 JTAG 连接示意图，图 5-39 所示是 UART 连接示意图。FPGA 目录下有两个文件，图 5-40 所示 trial_flow.xdc 文件为设计约束文件（Xilinx design constraint）。

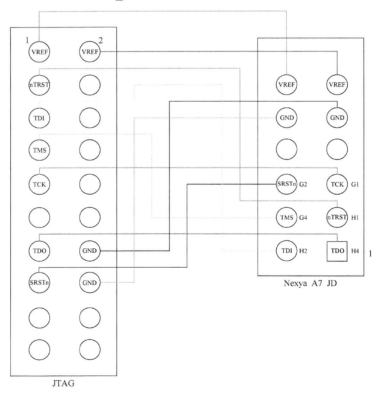

图 5-38　JTAG 连接示意图

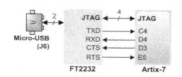

图 5-39　UART 连接示意图

```
set_property -dict {PACKAGE_PIN E3 IOSTANDARD LUCMOS18} [get_ports PAD_CLK]
set_property -dict {PACKAGE_PIN C12 IOSTANDARD LUCMOS18} [get_ports PAD_RESETn]

set_property -dict {PACKAGE_PIN T11 IOSTANDARD LUCMOS18} [get_ports PAD_GPIO0]
set_property -dict {PACKAGE_PIN T10 IOSTANDARD LUCMOS18} [get_ports PAD_GPIO1]
set_property -dict {PACKAGE_PIN R10 IOSTANDARD LUCMOS18} [get_ports PAD_GPIO2]
set_property -dict {PACKAGE_PIN L18 IOSTANDARD LUCMOS18} [get_ports PAD_GPIO3]
set_property -dict {PACKAGE_PIN P15 IOSTANDARD LUCMOS18} [get_ports PAD_GPIO4]
set_property -dict {PACKAGE_PIN K13 IOSTANDARD LUCMOS18} [get_ports PAD_GPIO5]
set_property -dict {PACKAGE_PIN K16 IOSTANDARD LUCMOS18} [get_ports PAD_GPIO6]

set_property -dict {PACKAGE_PIN U13 IOSTANDARD LUCMOS18} [get_ports PAD_GPIO7]
set_property -dict {PACKAGE_PIN K2 IOSTANDARD LUCMOS18} [get_ports PAD_GPIO8]
set_property -dict {PACKAGE_PIN T14 IOSTANDARD LUCMOS18} [get_ports PAD_GPIO9]
set_property -dict {PACKAGE_PIN P14 IOSTANDARD LUCMOS18} [get_ports PAD_GPIO10]
set_property -dict {PACKAGE_PIN J14 IOSTANDARD LUCMOS18} [get_ports PAD_GPIO11]
set_property -dict {PACKAGE_PIN T9 IOSTANDARD LUCMOS18} [get_ports PAD_GPIO12]
set_property -dict {PACKAGE_PIN J18 IOSTANDARD LUCMOS18} [get_ports PAD_GPIO13]
set_property -dict {PACKAGE_PIN H17 IOSTANDARD LUCMOS18} [get_ports PAD_GPIO14]

set_property -dict {PACKAGE_PIN U16 IOSTANDARD LUCMOS18} [get_ports PAD_PWM_0]

set_property -dict {PACKAGE_PIN C4 IOSTANDARD LUCMOS18} [get_ports PAD_UART_RX]
set_property -dict {PACKAGE_PIN D4 IOSTANDARD LUCMOS18} [get_ports PAD_UART_TX]

set_property -dict {PACKAGE_PIN G1 IOSTANDARD LUCMOS18} [get_ports PAD_TCK]
set_property -dict {PACKAGE_PIN H2 IOSTANDARD LUCMOS18} [get_ports PAD_TDI]
set_property -dict {PACKAGE_PIN H4 IOSTANDARD LUCMOS18 pullup true} [get_ports PAD_TDO]
set_property -dict {PACKAGE_PIN G4 IOSTANDARD LUCMOS18} [get_ports PAD_TMS]
set_property -dict {PACKAGE_PIN H1 IOSTANDARD LUCMOS18} [get_ports PAD_nTRST]

create_clock -name TCK          -period 100.000 [get_ports PAD_TCK]

create_clock -name CPU_CLOCK    -period 31.250 [get_pins u0_clkgen/clkgen_instance/BUFG_cpu_clock_inst/O]
create_clock -name FUNC_CLOCK   -period 31.250 [get_pins u0_clkgen/clkgen_instance/BUFG_func_clock_inst/O]
create_clock -name TOGGLE_CLOCK -period 31.250 [get_pins u0_clkgen/clkgen_instance/rtc_toggle_div_inst/BUFGCE_inst/O]


set_clock_groups -asynchronous -group PAD_CLK \
                               -group TCK \
                               -group CPU_CLOCK \
                               -group FUNC_CLOCK \
                               -group TOGGLE_CLOCK

set_property CLOCK_DEDICATED_ROUTE FALSE [get_nets PAD_TCK_IBUF]
```

图 5-40　trial_flow.xdc 文件

（5）图 5-41 的 file.tcl 文件用于在 Vivado 导入本实验的设计文件及前述 xdc 文件，根据 FPGA 的工程目录实际位置，修改该文件中的路径。

```
read_verilog -sv C:/work/trial_flow/RTL/ic_studio/chip/trial.sv
read_verilog -sv C:/work/trial_flow/RTL/ic_studio/chip/ahb_peri_wrap.sv
read_verilog -sv C:/work/trial_flow/RTL/ic_studio/chip/apb_peri_wrap.sv
read_verilog -sv C:/work/trial_flow/RTL/ic_studio/clkgen/clkgen_top.v
read_verilog -sv C:/work/trial_flow/RTL/ic_studio/clkgen/clkgen.v
read_verilog -sv C:/work/trial_flow/RTL/ic_studio/clkgen/clkgen_ctrl.v
read_verilog -sv C:/work/trial_flow/RTL/ic_studio/chip/digital_top.sv
read_verilog -sv C:/work/trial_flow/RTL/ic_studio/chip/pad_inst.sv
read_verilog -sv C:/work/trial_flow/RTL/ic_studio/rstgen/rstgen_ctrl.v
read_verilog -sv C:/work/trial_flow/RTL/ic_studio/rstgen/rstgen_top.v
read_verilog -sv C:/work/trial_flow/RTL/ic_studio/rstgen/rstgen_manager.v
read_verilog -sv C:/work/trial_flow/RTL/ic_studio/syscon/syscon.v
read_verilog -sv C:/work/trial_flow/RTL/ic_studio/sim_model/clkgen/clk_div.v
read_verilog -sv C:/work/trial_flow/RTL/ic_studio/sim_model/rstgen/rstn_test_mux.v
read_verilog -sv C:/work/trial_flow/RTL/ip/ahb_peri_decoder.v
read_verilog -sv C:/work/trial_flow/RTL/ip/ahb_ram.v
read_verilog -sv C:/work/trial_flow/RTL/ip/ahb_to_apb2_peri.v
read_verilog -sv C:/work/trial_flow/RTL/ip/e21.all.v
read_verilog -sv C:/work/trial_flow/RTL/ip/E21_DEMO_BUSMATRIX.v
read_verilog -sv C:/work/trial_flow/RTL/ip/empty_ahblite_slv.v
read_verilog -sv C:/work/trial_flow/RTL/ip/gpio.all.v
read_verilog -sv C:/work/trial_flow/RTL/ip/inv_group.v
read_verilog -sv C:/work/trial_flow/RTL/ip/pad_cell.v
read_verilog -sv C:/work/trial_flow/RTL/ip/pwm.all.v
read_verilog -sv C:/work/trial_flow/RTL/ip/ram_1024x32m8.v
read_verilog -sv C:/work/trial_flow/RTL/ip/uart.all.v
read_xdc C:/work/trial_flow/FPGA/trial_flow.xdc
```

图 5-41　file.tcl 文件

（6）software 目录下为本实验的测试激励样例 C 代码及对应的用于初始化 memory 的 coe 文件。

5.3.6.2 在 Vivado 创建新项目

（1）打开 Vivado 软件，在 Quick Start 下选择 Create Project，如图 5-42 所示。

图 5-42 在 Vivado 软件创建新项目

（2）在 Project Name 选项卡中填写项目名（Project Name）和工程路径（Project Location），并选中 Create project subdirectory，表示在该目录下创建项目子目录，单击 Next 进入下一步，如图 5-43 所示。

图 5-43 填写新建项目名信息

（3）在 Project Type 选项卡中选择 RTL Project 及 Do not specify sources at this time，表

示当前只创建项目而不指定资源，会在稍后导入设计。单击 Next 进入下一步，如图 5-44 所示。

图 5-44　填写项目类型信息

（4）在 Default Part 选项卡中选择开发板型号（本实验中选择 xc7a100tcsg324-1），单击 Next 进入下一步，如图 5-45 所示。

图 5-45　选择开发板型号

（5）在 New Project Summary 选项卡单击 Finish 完成新建项目。

5.3.6.3 导入 trial_flow 工程

（1）选中菜单 Tools→Run Tcl Script，选择 FPGA 目录下的 file.tcl 导入设计，如图 5-46 所示。图 5-47 显示在 Sources 栏内已设计成功导入。

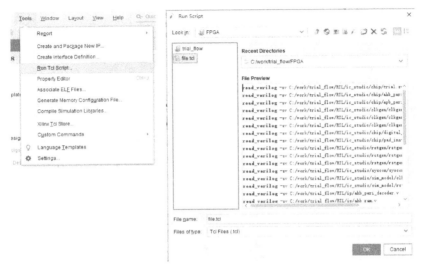

图 5-46 导入 file.tcl

图 5-47 设计导入成功

（2）在 Flow Navigator 单击 Settings，然后在弹出的 Settings 选项卡中选择 Verilog options，如图 5-48 所示。

（3）在 Defines 添加_EZ_SIM_MODEL_和_Xilinx_FPGA_的宏，如果想使用 Coffee-HDL 版本的 AHB to APB bridge IP 模块，还可以添加 CHDL_VERSION 的宏，如图 5-49 所示。

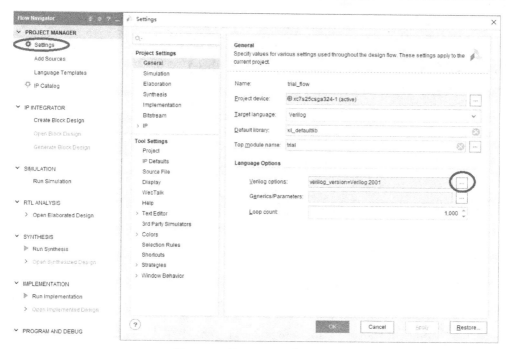

图 5-48　设置 Verilog options

图 5-49　添加 Verilog 宏

5.3.6.4 配置自定义 IP

（1）在左侧 Flow Navigator 单击 IP Catalog，然后在 IP Catalog 选项卡中双击 FPGA Features and Design→Clocking→Clocking Wizard，如图 5-50 所示。

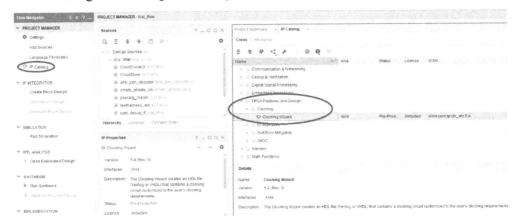

图 5-50 打开 Clocking Wizard

（2）修改 Compont Name 为 xilinx_fpga_clock_gen，使其与 clkgen_top 中例化的模块名相同。并在 Clocking Options 选项卡中将 clk_in1 的频率改为 100（A7 开发板上只有 1 个 100 的时钟输入），如图 5-51 所示。

图 5-51 设置 Clocking Options

（3）在 Output Clocks 选项卡中设置 clk_out1 的 Output Freq（MHz）为 32，设置 Drives 为 No buffer，并取消勾选 reset 选项，如图 5-52 所示。

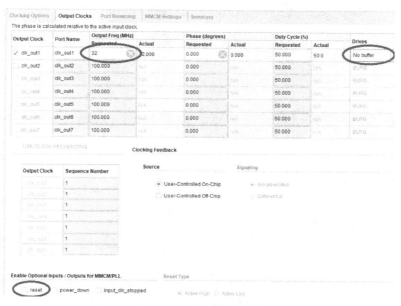

图 5-52　设置 Output Clocks

（4）在随后弹出的确认框中单击 Generate，生成 Clock Generator IP，如图 5-53 所示。

图 5-53　生成 Clock Generator IP

（5）将用于测试激励的 C 代码编译为二进制，并转换为用于 memory 初始化的.coe 文件，试用数据包可以提供一个测例，如图 5-54 所示。

图 5-54　编译测试激励并生成 coe 文件

（6）在 IP Catalog 选项卡中双击 Memories & Storage Elements→RAMs & ROMs & BRAM→Block Memory Generator，如图 5-55 所示。

图 5-55　打开 Block Memory Generator

（7）图 5-56 说明了设置 memory Basic 的方法。修改 Compont Name 为 xilinx_fpga_sp_1024x32m8，与 memory wrap 中例化的模块名相同。并在 Basic 选项卡中将 Interface Type 设置为 Native，将 Memory Type 设置为 Single Port Ram，选中 Byte Write Enable，将 Byte Size（bits）设置为 8。

图 5-56　设置 memory Basic

（8）图 5-57 说明了如何设置 memory Port A Options 的方法。在 Port A Options 选项卡中将 Write Width 和 Read Width 均设置为 32，Write Depth 和 Read Depth 均设置为 1024，并取消勾选 Primitives Output Register。

图 5-57　设置 memory Port A Options

（9）图 5-58 说明了如何设置 memory Other Options 的方法，在 Other Options 选项卡中将之前生成的.coe 文件载入。

图 5-58　设置 memory Other Options

（10）在随后弹出的确认框中单击 Generate，生成 IP，如图 5-59 所示。

图 5-59　生成 memory IP

5.3.6.5　生成 bitstream

（1）在 Vivado 下方的 Design Runs 选项卡中选中 synth_1，然后单击 Run 按钮执行 Synthesis，如图 5-60 所示。

图 5-60　执行 Synthesis

（2）在 Synthsis 成功完成后，执行 Run Implementation，如图 5-61 所示。

（3）在 Implementation 成功完成后，执行 Generate Bitstream，如图 5-62 所示。

图 5-61　执行 Run Implementation

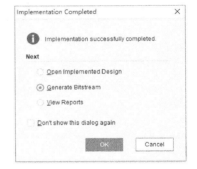

图 5-62　执行 Generate Bitstream

（4）在 Generate Bitstream 完成后，选择 Open Hardware Manager 进入下一步，如图 5-63 所示。

图 5-63　Generate Bitstream 完成

5.3.6.6　烧录 FPGA 板并运行

（1）连接 USB 到 FPGA 开发板并打开电源开关，如图 5-64 所示。

（2）在 Flow Navigator 选择 PROGRAM AND DEBUG→Open Hardware Manager→Open Target→Auto Connect，如图 5-65 所示。

图 5-64　打开电源开关

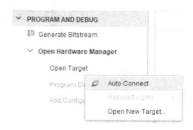

图 5-65　打开 Auto Connect

（3）在 HARDWARE MANAGER 单击 Program device，并确认 program，如图 5-66 所示。

（4）按开发板上的 CPU RESET 按键，开始运行 FPGA（ezchip®提供的测试样例会在七段发光二级管显示 ezchip 字样），如图 5-67 所示。

图 5-66　开始 Program device

图 5-67　开始运行 FPGA 板

第6章

RT-Thread 实时多任务操作
系统的原理与应用

本章从硬件到软件的场景转换，介绍 SiFive Freedom Studio 的 Windows 集成开发调试环境，对 Nexys A7 开发板进行软件开发和调试。概述嵌入式操作系统的基本概念，以及移植实时多任务操作系统（RTOS）的原理与应用。以自主开发 RT-Thread 实时多任务操作系统为例，介绍底层结构与移植方法，UART 外设驱动结构分析、移植与应用。最终完成 RT-Thread 实时操作系统的编译，下载到 SiFive Freedom E300 SoC 硬件平台上运行，让读者理解 SoC 的软硬件协同设计概念。

6.1 SiFive Freedom Studio 集成开发
调试环境安装与介绍

本节将介绍如何安装与使用基于 Freedom Studio 的 Windows 开发调试环境对 Nexys A7 开发板进行软件开发和调试。

6.1.1 Freedom Studio 简介与安装

6.1.1.1 Freedom Studio 介绍

一款高效易用的集成开发环境（Integrated Development Environment，IDE）对任何微控制单元（Microcontroller Unit，MCU）都非常重要，软件开发人员需要借助 IDE 进行实际的项目开发与调试。目前，ARM 架构的 MCU 占据了很大的市场份额，ARM 的商业 IDE 软件 Keil 也非常深入人心，很多嵌入式软件工程师对其非常熟悉。但是商业 IDE 软件譬如

Keil 等都存在着授权及收费的问题，各大 MCU 厂商也会推出自己的免费 IDE 供用户使用，如 NXP 的 LPCXpresso 等。这些 IDE 均基于开源的 Eclipse 框架，Eclipse 几乎成了开源免费 MCU IDE 的主流选择。Freedom Studio 是一个基于行业标准 Eclipse 平台，用于编写和调试 SiFive 处理器的集成开发环境。Freedom Studio 将 Eclipse 与 RISC-V GCC Toolchain、OpenOCD 和 freedom-e-sdk 捆绑在一起，其中 freedom-e-sdk 是一个目标为 SiFive 处理器的完整软件开发工具包。Freedom Studio 具有以下优势：

（1）社区规模大。Eclipse 自 2001 年推出以来已形成大规模社区，为设计人员提供了许多资源，包括图书、教程和网站等，因此，基于 Eclipse 的 Freedom Studio 自然也可以使用这些资源，便于设计人员进行开发学习。

（2）兼容性。Freedom Studio 平台采用 Java 语言编写，可在 Windows 与 Linux 等多种开发工作站上使用。开放式源代码工具支持多种语言、多种平台及多种厂商环境。

6.1.1.2 Freedom Studio 下载

Freedom Studio 分为 Windows、MacOS 和 Linux 三个版本，本节将重点讲述有关 Windows 系统的 Freedom Studio 环境配置。Freedom Studio 工具可从 SiFive 公司的官网上下载，参考 https://www.sifive.com/boards/#software。

6.1.1.3 Freedom Studio 安装

下载文件之后，使用解压命令就可以进行 Freedom Studio 的安装。在安装过程中，请注意以下内容。

（1）安装路径中不要含有空格。Freedom Studio 将在启动时检查安装路径，并在检测到路径包含空格时发出警告。

（2）在解压软件之前，必须启用 Windows 长路径支持。Freedom Studio 安装文件夹包含的路径深度超过了 Windows 设置的 MAX_PATH(=260)字符限制。可以通过使用 Windows regedit 工具安装如下特定的注册键/值：

HKEY_LOCAL_MACHINE\SYSTEM\Current ControlSet\Control\FileSystem
LongPathsEnabled REG_DWORD = 0x1

Windows 10（1607 版本之后）允许使用该注册键/值禁用这个限制。读者也可以选择在 SiFive 网站上下载对应的注册表文件，下载地址为 https://static.dev.sifive.com/dev-tools/FreedomStudio/misc/EnableLongPaths.reg，双击文件将自动安装注册键。

（3）尽可能缩短安装路径。建议在安装驱动器的根目录下创建一个名为 FreedomStudio 的文件夹（没有空格）。在该文件夹中，读者可以将多个版本的 Freedom Studio 安装到子文件夹下。

安装完成之后，将获得如图 6-1 所示的软件包内容。

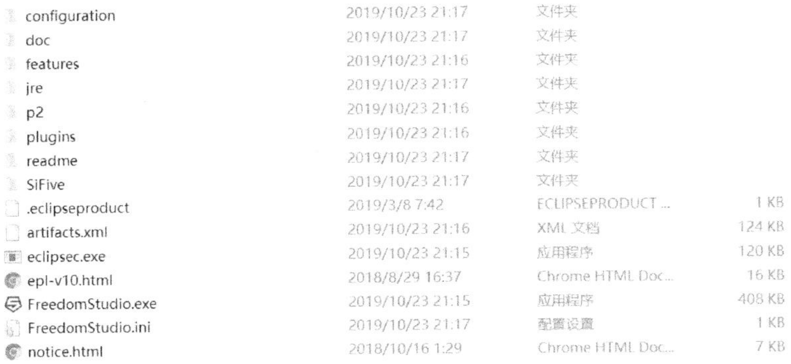

configuration	2019/10/23 21:17	文件夹	
doc	2019/10/23 21:17	文件夹	
features	2019/10/23 21:16	文件夹	
jre	2019/10/23 21:17	文件夹	
p2	2019/10/23 21:16	文件夹	
plugins	2019/10/23 21:16	文件夹	
readme	2019/10/23 21:17	文件夹	
SiFive	2019/10/23 21:17	文件夹	
.eclipseproduct	2019/3/8 7:42	ECLIPSEPRODUCT ...	1 KB
artifacts.xml	2019/10/23 21:16	XML 文档	124 KB
eclipsec.exe	2019/10/23 21:15	应用程序	120 KB
epl-v10.html	2018/8/29 16:37	Chrome HTML Doc...	16 KB
FreedomStudio.exe	2019/10/23 21:15	应用程序	408 KB
FreedomStudio.ini	2019/10/23 21:17	配置设置	1 KB
notice.html	2018/10/16 1:29	Chrome HTML Doc...	7 KB

图 6-1　Freedom Studio 压缩包文件内容

目录内容如下。

- FreedomStudio：安装根目录。
- FreedomStudio.exe：打开操作系统的可执行文件。
- SiFive：SiFive 文件目录。
- SiFive/doc：SiFive 文档。
- SiFive/Licenses：SiFive 开源证书。
- SiFive/Misc：包含 OpenOCD 配置等文件的文件目录。
- SiFive/openocd：包含绑定的 OpenOCD 的文件目录。
- SiFive/toolchain：包含 RISC-V GCC 工具链的文件目录。
- Build Tools：允许 Eclipse CDT 在如 make、echo 等 Windows 环境中工作的工具。
- jre：Java 运行环境（Java Runtime Environment）。

⊙ 6.1.2　启动 Freedom Studio

本节将介绍如何启动 Freedom Studio，要点如下。

（1）首先，直接双击 FreedomStudio 文件夹下的可执行文件 FreedomStudio.exe。

（2）第一次启动 Freedom Studio 时，将会弹出如图 6-2 所示的对话框。该对话框用于设置 Workspace 目录，该目录用于防止后续创建项目文件夹。若勾选了 Use this as the default and do not ask again 选项，则以后启动时将不再出现该对话框，而是选择现在选择的路径作为默认 Workspace 目录。启动后的所有项目将默认保存在 Workspace 中，也可以保存至其他位置，这点我们会在 "6.1.3.1 创建工程" 中详细讲述。

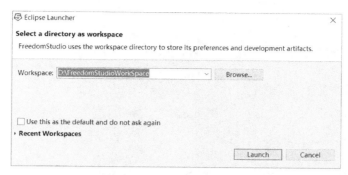

图 6-2　设置 Freedom Studio 的 Workspace 目录

（3）设置好之后单击 Launch 按钮，就会启动 Freedom Studio，第一次启动的界面如图 6-3 所示。

图 6-3　第一次启动的 Freedom Studio 界面

⊘ 6.1.3　创建 sifive-welcome 项目

本节将介绍如何使用手动方式在 Freedom Studio 中创建一个简单的 sifive-welcome 项目。

6.1.3.1　创建工程

在菜单栏中选择 File→New→Freedom E SDK Project，如图 6-4 所示。

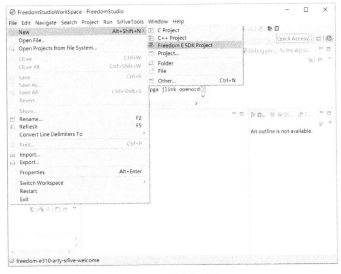

图 6-4　创建项目

6.1.3.2　设置平台与项目

选择平台为 freedom-e300-arty，选择示例项目为 sifive-welcome-1，确认项目名称。更改 debug 选项为 OpenOCD。如果对项目名称或项目路径不满意，则单击 Next 进行项目名称和路径的修改；若认为已经设置完毕，则直接单击 Finish，如图 6-5 所示。

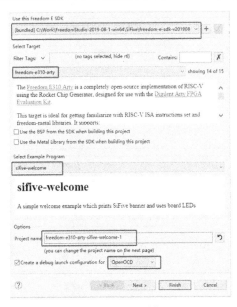

图 6-5　设置项目

6.1.3.3 更改项目名称和路径

单击 Next 之后的界面如图 6-6 所示,我们可以更改项目名称和项目路径。更改完毕之后单击 Finish。

图 6-6　更改文件名称和路径

⊙ 6.1.4　配置 sifive-welcome 项目

Freedom Studio 将在第一次运行时自动检测其安装路径,并将其配置为使用 "6.1.1.3 Freedom Studio 安装" 中所描述的绑定工具。但是为了更好地编译项目源代码,设计人员也可以自己配置工具链。本节主要介绍如何更改工具链的作用范围及对应的配置。

6.1.4.1 工具路径范围

工具路径可以设置为三种范围,除了图 6-7 中展现的全局(global)、工作区(Workspace),还有项目(Project)。

全局范围设置安装的默认值,是最低的优先级。工作区范围允许读者设置特定的给定工作空间的工具链首选项,并将覆盖全局设置。在项目范围里,Freedom Studio 允许根据每个项目设置首选项。项目范围总是优先于全局和工作区范围。这种灵活的路径范围设置允许用户使用安装在同一系统上的不同工具,同时仍然保持项目的可移植性。

6.1.4.2 更改工具路径

展开 Freedom Studio 后,选择要更改的工具并单击 Browse…即可更改工具路径,如图 6-7 所示。

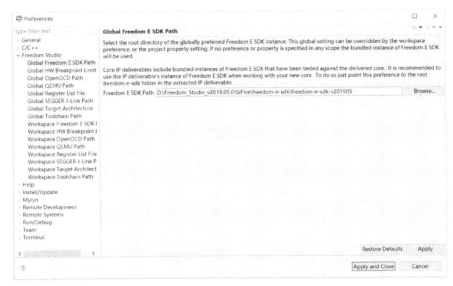

图 6-7　更改工具路径

如图 6-8 所示,更改全局范围或工作区范围的工作路径,可以在菜单栏中选择 Window →Preferences。

图 6-8　选择"Window→Preferences"

若想更改项目范围的工作路径,可以左键单击工作区中的一个项目,并在菜单栏中选择 File→Properties,展开 Freedom Studio 之后,选择要更改的工具并单击 Browse,即可更改工具路径,如图 6-9 所示。

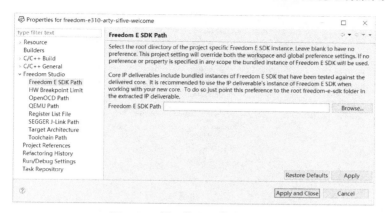

图 6-9　项目范围工作路径更改

⊘ 6.1.5　编译 sifive-welcome 项目

本节主要介绍如何在 Freedom Studio 中编译项目。

6.1.5.1　清理项目

为了编译顺利，建议先将项目空间清理一下。在 Project Explorer 栏中展开 Build Targets，双击 clean 即可完成清理，此时会在 Console 中显示 Build Finished，如图 6-10 所示。

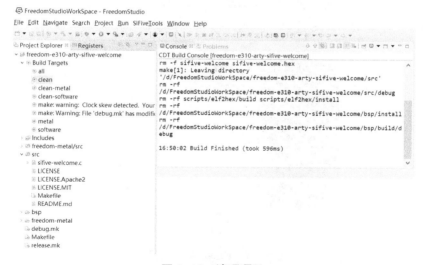

图 6-10　清理项目

6.1.5.2　编译项目

清理完项目空间后，我们可以直接选择在 Build Targets 中双击 all 进行编译，也可以左键单击工作区中的一个项目，并在菜单栏中选择 Build 图标进行编译，如图 6-11 所示。

图 6-11　菜单栏选择 Build 图标编译

⊙ 6.1.6　运行 sifive-welcome 项目

本节主要介绍运行 sifive-welcome 项目所需要进行的操作。

6.1.6.1　安装 JTAG 调试器

如果读者已经独立于 Freedom Studio 安装了 JLink 软件，那么无须安装 USB 驱动程序。

如果读者没有安装，则可以使用 Sifive 文件夹中包含的驱动程序，驱动程序安装路径为<install-folder>/SiFive/Drives/HiFive1_Driver.exe，其中<install-folder>为 FreedomStudio 文件夹路径。双击该驱动程序，即可开始安装，安装界面如图 6-12 所示。请注意，安装驱动程序时 JTAG 适配器暂时不要连接开发版，以免引起驱动配置错误。

图 6-12　驱动程序安装界面

打开设备管理器，我们可以看到在安装驱动程序之前，设备管理器如图 6-13 所示。安装驱动之后，设备管理器的状态如图 6-14 所示。其中两个原本识别为通用串行总线控制器中的 USB Serial Converter A 消失，转变为通用串行总线设备中的 Digilent USB Device 及 FII RISCV JTAG。

图 6-13　未安装驱动前设备状态

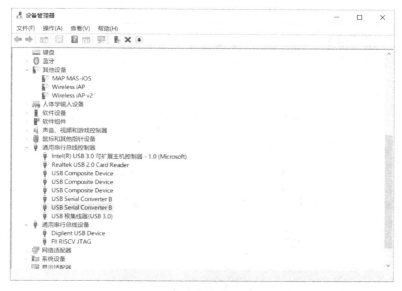

图 6-14　安装完驱动后设备状态

6.1.6.2　更改项目代码

该项目的目标是使开发板能用 UART 接口向电脑发送一个 SiFive 的图标，而原本的代码并不能做到这一点，故需要更改示例项目中的代码。

单击项目中的 src 文件夹，双击其中的 welcome.c 代码，就可以看到原本历程的代码。

然后将原本历程中该执行的内容改为如图 6-15 所示内容(或直接调用 display_banner 函数)，便可实现我们需要的目标。更改完代码之后，使用 Ctrl+S 对更改进行保存，并使用 4.5 中讲述的方法进行编译。

```c
if ((led0_red == NULL) || (led0_green == NULL) || (led0_blue == NULL)) {
        printf("                  SIFIVE, INC.\n");
        printf("\n");
        printf("           55555555555555555555555555\n");
        printf("          5555                    5555\n");
        printf("         5555                      5555\n");
        printf("        5555                        5555\n");
        printf("       5555       55555555555555555555555\n");
        printf("      5555       5555555555555555555555555\n");
        printf("     5555                              5555\n");
        printf("    5555                                5555\n");
        printf("   5555                                  5555\n");
        printf("  55555555555555555555555555555          55555\n");
        printf("   55555            555555555           55555\n");
        printf("     55555            55555           55555\n");
        printf("       55555            5           55555\n");
        printf("         55555                    55555\n");
        printf("           55555                55555\n");
        printf("             55555            55555\n");
        printf("               55555        55555\n");
        printf("                 55555    55555\n");
        printf("                    555555555\n");
        printf("                      55555\n");
        printf("                        5\n");
        printf("\n");
        printf("\n");
        printf("                Welcome to SiFive!\n");
        printf("\n");
        printf("\n");
    return 1;
}
```

图 6-15　修改代码内容

6.1.6.3　下载程序至 Nexys A7 开发板

左键单击工作区中的 freedom-e310-arty-sifive-welcome 项目，单击项目的运行（run），如图 6-16 所示。

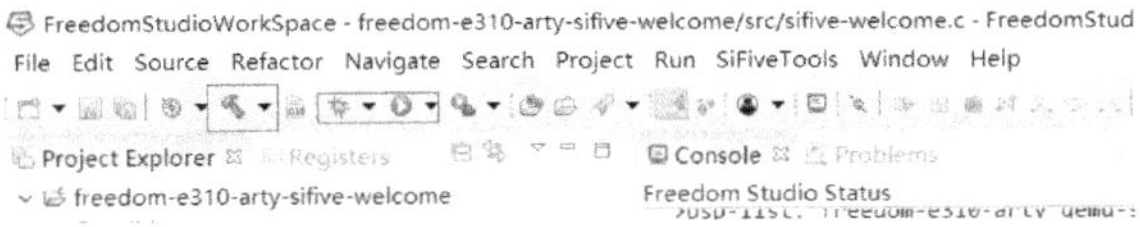

图 6-16　freedom-e310-arty-sifive-welcome 项目

若 Console 显示烧录正确，则可以进行测试，如图 6-17 所示。

```
freedom-e310-arty-sifive-welcome [SiFive GDB OpenOCD Debugging] openocd.exe
Open On-Chip Debugger 0.10.0+dev (SiFive OpenOCD 0.10.0-2019.05.1)
Licensed under GNU GPL v2
For bug reports:
        https://github.com/sifive/freedom-tools/issues
debug_level: 0
adapter speed: 10000 kHz
Error: libusb_open() failed with LIBUSB_ERROR_NOT_FOUND
cleared protection for sectors 64 through 255 on flash bank 0
Ready for Remote Connections
Started by SiFive Freedom Studio
```

图 6-17　程序烧录完成

6.1.6.4　测试程序

由于该项目使用的是 UART 进行通信，将开发板所需设置的波特率（Baud Rate）修改为 57600，需要设置 UART 连接。

通过图 6-18 所示进入串口设置，根据如图 6-19 所示对其进行对应的设置，之后我们进入 Command Shell Console 进行通信。

图 6-18　进入串口设置

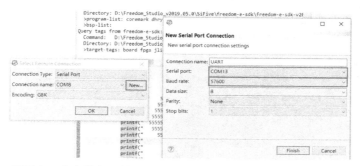

图 6-19　设置串口（先单击左侧 New 设置新串口，然后调整右侧的 Port 及波特率）

项目的结果是单击 reset 就可以打印一个 SiFive 图标到串口，效果如图 6-20 所示。通过是否能正确打印出图标，可以检查所编写的程序是否被正确下载。

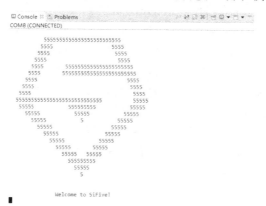

图 6-20　项目效果

6.1.6.5 项目可能存在的问题

部分版本的 Freedom Studio 运行本项目时可能出现如图 6-21 所示的报错信息，可能因为如下几种原因。

图 6-21 OpenOCD 配置错误

（1）OpenOCD 配置错误。

该错误出现的原因可能是使用的 openocd.cfg 与硬件并不匹配，需要对该文件进行更改或重新配置。重新配置方法分为以下几步：

选择菜单栏中的 Debug→Debug Configurations 或 Run→Run Configurations，如图 6-22 所示。

图 6-22 选择 "Debug→Debug Configurations"（Run 在 Debug 右侧）

在出现的界面中选择 "Sifive GBD OpenOCD Debugging→freedom-e310-arty-sifive-welcome（或 freedom-e310-arty-sifive-welcome debug）→Debugger"。如图 6-23 所示线框标注部分，其中 freedom-e300-arty-sifive-welcome 对应运行（run）配置，freedom-e300-arty-sifive-welcome debug 对应调试（debug）配置。在 config options 中，使用-f $（PATH）可以更改调试或运行中使用的 cfg 文件。在 config options 中输入-f filename.cfg，即可将使用路径更为 filename.cfg 的文件。更改完后选择 Apply，即可完成保存更改。

（2）JTAG 驱动存在问题。

如果确认 openocd.cfg 文件正确之后依然出现该错误，还有一种可能是 JTAG 驱动配置存在问题，这时可以使用 6.1.1.3 节中描述的 OpenOCD 工具进行调试。若使用 OpenOCD 连接开发板出现如图 6-24 所示内容，说明是硬件驱动之间存在冲突，这时解决方法为卸载 Digilent USB Device 驱动，如图 6-25 所示，即可正常使用 FreedomStudio 及 OpenOCD 工具与开发板进行连接调试。

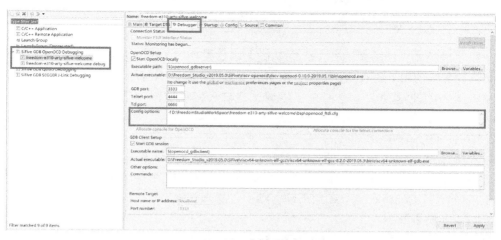

图 6-23　更改调试及运行配置

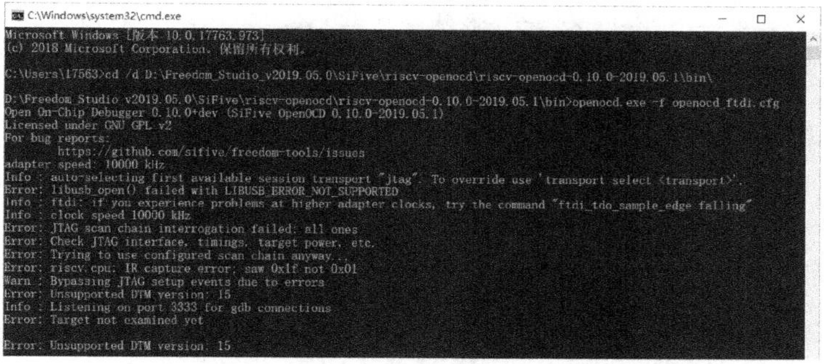

图 6-24　使用 OpenOCD.exe 存在错误

图 6-25　卸载 Digilent USB Device

⊚ 6.1.7 调试程序

在程序已经能正确下载到开发板的基础上，如果程序员希望能够调试运行在开发板中的程序，也可以使用 Freedom Studio。由于 Freedom Studio 运行于主机 PC 端，而程序运行于开发板上，因此这种调试也称为在线调试或者远程调试。本节介绍如何使用 Freedom Studio 进行调试。

6.1.7.1 进入调试模式

进入调试模式和运行程序的步骤基本一致，左键单击工作区中的 freedom-e310-arty-sifive-welcome 项目，单击项目的调试（debug），该图标在图 6-16 中已经讲述过。同样，如图 6-17 所示若 Console 显示烧录正确，则可以进行调试。

6.1.7.2 设置断点

Breakpoints 视图允许创建、启用和禁用断点。可以通过右键单击断点并选择 properties 来设置断点的属性。在属性菜单中，可以设置断点的硬、软类型和忽略计数等属性。

用左键双击文本框左侧的蓝条可以设置断点，通过右键单击蓝条可以改变当前选择断点类型，如图 6-26 所示。

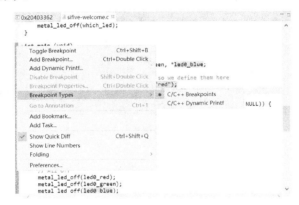

图 6-26　设置断点

6.1.7.3 运行程序

单击菜单栏中的 Resume 即可开始运行程序，直至下一个断点或手动选择 Suspend。单击 Terminate 即可退出调试，如图 6-27 所示。

图 6-27　从左往右分别为 Resume、Suspend、Terminate 按钮

6.2 移植 RT-Thread 实时多任务操作系统的原理

⊙ 6.2.1 嵌入式操作系统概述

例程的一个通用形式，就是在 main 函数中包含一个 while（1）的循环，然后通过各个中断控制程序执行的不同分支，处理一些突发性的事件。这就是通常意义上所谓的裸跑（Bare Mental）程序。在裸跑环境下直接编程，CPU、内存、定时器等芯片资源都是由开发者直接进行管理的，所以当项目规模不大的时候，这种直接操作芯片寄存器的方式有非常高的执行效率。但是在目前的嵌入式开发领域，一方面由于软件规模越来越大，另一方面由于某些专业应用比如 TCP/IP 协议，对复杂的多任务处理有高标准的需求，因此大量软件开发者已经倾向于在统一的操作系统上进行应用层的软件开发。

6.2.1.1 裸跑与使用操作系统的对比

在裸跑的程序中，系统复位后首先会进行堆栈、系统时钟、内存管理、中断初始化等操作，然后进入一个 while（1）的无限循环中，平时任务都是在这个无限循环中进行的，当有其他事件触发时会响应中断，进入中断服务程序中进行处理。在裸跑的程序中是没有多任务、线程这些概念的。

而当有了操作系统以后，我们可以理解为系统在同时执行多个任务，而其中每一个任务又被分割成了很多流程，每一个流程完成一部分功能，操作系统会根据优先级来进行调度，控制当前执行的实际任务。这个概念和 Windows 操作系统是同一个划分任务（Task）的概念，因为 Windows 中也会有很多线程在执行。

在操作系统中有一类实时操作系统（Real Time OS，RTOS）。实时操作系统严格的定义，就是在限定的时间内对用户的操作必须做出响应。实时操作系统不等于最快速的操作系统，正确理解实时的概念，应该是在确定的时间内能得到正确的结果。所以实时操作系统需要有非常好的稳定性，还有很严格的系统响应时间要求，像 Windows 显然不算是实时操作系统。从操作系统实现层面来说，核心就是支持任务抢占，如果用户所写的代码调度合理，保证每个任务都能正确执行；从最终产品使用者的角度来看，各个任务是并行执行的。

6.2.1.2 嵌入式操作系统基本概念

在嵌入式开发领域也有嵌入式操作系统这个概念。相比于通用的操作系统如 Linux，嵌入式操作系统一般软硬件可以自由裁剪，并且只适用于低成本、高可靠性、低功耗的场合。嵌入式操作系统的特点在于能够根据专业性，结合实际应用与用途来进行合理裁剪。目前在工业、电力、电子等领域，嵌入式操作系统有着极为广泛的应用。嵌入式 Linux 和 RTOS 的对比见表 6-1。

表 6-1　嵌入式 Linux 和 RTOS 的对比

	RTOS	嵌入式 Linux
实时要求	是	否
处理器主频	50 ~ 150MHz	1GHz 以上
SRAM 大小	16 ~ 64KB 片上 SRAM	外扩 512MB DDR3 SDRAM
闪存大小	64 ~ 512KB NOR 闪存	4GB NNAD 闪存
常见处理器类型	Cortex-M 系列	Cortex-A 系列，带 MMU 支持内存管理
启动时间	10ms 以内	大于 100ms
文件系统	文件系统可选，FatFS	完整的文件系统
典型通信方式	UART，SPI，CAN，USB	TCP/IP，HTTP，HDMI
典型用途	小型控制节点	网关
典型功耗	1μA ~ 10mA	200 ~ 500mA

　　而在实际的应用场合中，会衍生出来许多实际的问题，如 CPU 调度管理、内存管理、任务管理等，此外通常还会包括文件系统、I/O 等。

　　为了便于后面对 RT-Thread 进行讲解，本节会对操作系统的基本概念进行简单的介绍，为读者学习 RT-Thread 和移植提供理论基础。更深层次的操作系统原理，建议读者翻阅相关的专业书籍。

　　进程

　　进程是操作系统最重要的概念。进程可以简单理解为一段独立程序的执行过程，每个进程一般都有自己独立的代码段和数据段，正是有了进程的概念，才使操作系统有了极大的用处。多个进程可以同时在单一 CPU 上执行，各个进程之间通过反复的切换，共享 CPU 资源。虽然同一时刻只有一个活动的进程在运行，但是在外界看来，就好像这些进程是在同时进行的。在很多操作系统中，尤其是嵌入式操作系统中，进程和任务没有任何差别。

　　同步

　　同时执行多任务带来了同步的问题。举例来说，如果同时有任务 A 和任务 B，都会用到同一个变量，这两个任务如何访问这个变量？假设任务 A 需要读取的变量，必须是任务 B 在某一时刻已经修改过的。如果任务 A 先于任务 B 读取该变量，就会得到错误的数据。但是任务 A 和任务 B 是同时执行的，并且各自独立占有资源，如何保证先后顺序呢？还有一种情况，假设有一个 USART 在对外输出，而有两个任务都在控制这个 USART。如果没有机制保证排他性，两个任务都随意使用 USART，必然导致输出的数据是混乱的。这些都是操作系统提供的服务。操作系统会提供信号量、事件、消息队列等服务来进行同步。

　　存储管理

　　存储管理协助用户在多个任务之间分配内存。通过操作系统的内存管理机制，可以保证内存正确执行，防止多任务间的互相干扰。存储管理另一个重要的功能是动态内存分配。

传统的裸跑程序是通过全局定义的数组来获取存储空间的。对于这种做法，程序在编译时就已经确定了实际使用的存储大小，一方面不够灵活，另一方面没法重复利用。而操作系统会通过 malloc、free 等机制动态申请存储，并且使用完了还可以释放出来。

文件系统

文件系统也是操作系统的特有概念。对于很多简单的程序，内存中存储的是最基本的二进制原始数据，而文件系统对内存做了规划，通过在原始数据中加入特殊的字段，对所存储的数据进行划分，提供一个抽象的模型便于管理。嵌入式领域最常见的文件系统是 FatFS。

系统调用

操作系统会提供大量功能开放给用户使用，系统调用的就是这些功能的接口，用户通过系统调用和内核打交道。系统调用把应用程序的请求传送给操作系统的内核，调用内核函数完成相关的处理，再将结果返回给应用程序。

⊙ 6.2.2　RT-Thread 实时多任务操作系统介绍

RT-Thread 是一个集实时操作系统内核、中间件组件和开发者社区于一体的技术平台，是国人自主开发并集合开源社区力量开发而成的，也是国内最成熟稳定和装机量最大的开源 RTOS，其官方网址为 https://www.rt-thread.org。

经过十多年的积累发展，RT-Thread 已经拥有一个国内最大的嵌入式开源社区，同时被广泛应用于能源、车载、医疗、消费电子等多个行业，累计装机量超过 2 亿台。RT-Thread 支持市面上所有主流的编译工具如 GCC、Keil、IAR 等，工具链完善、友好，支持各类标准接口，如 POSIX、CMSIS、C++应用环境、JavaScript 执行环境等，方便开发者移植各类应用程序。

6.2.2.1　RT-Thread 基本功能解读

RT-Thread 提供了完善的操作系统服务，包括任务管理、同步管理和内存管理等。由于 RT-Thread 本身涉及非常多的知识，本节只列出一些常用的内容，为后续内容的讲解做基础。

线程调度

在 RT-Thread 实时操作系统中，任务采用了线程来实现。线程是 RT-Thread 中最基本的调度单位，它描述了一个任务执行的上下文关系，也描述了这个任务所处的优先等级。用户可以创建线程，包括线程代码、线程控制块和堆栈。

RT-Thread 可以创建静态线程或者动态线程。使用静态定义方式时，必须先定义静态的线程控制块，并且定义好堆栈空间，然后调用 rt_thread_init 来完成线程的初始化工作。使用动态定义方式 rt_thread_create 时，RT-Thread 会动态申请线程控制块和堆栈空间。两个函数的定义如下：

```
rt_thread_t rt_thread_create(const char   * name,
                      void (*entry) (void* parameter),
                      void         * parameter,
                      rt_uint32_t   stack_size,
                      rt_uint8_t    priority,
                      rt_uint32_t   tick);
rt_err_t rt_thread_init(struct rt_thread* thread,
                const char* name,
            void (*entry)(void* parameter), void* parameter,
                void* stack_start, rt_uint32_t stack_size,
                rt_uint8_t priority, rt_uint32_t tick);
```

同步管理

在 RT-Thread 中也提供数据同步的服务，使用最多的就是信号量（semaphore）。限于篇幅，本节只讨论最好用的二值信号量，也称互斥量（mutex）。为了描述方便，本书中将其简称为信号量。信号量可以理解为一种唯一的标识，表明使用者的合法身份。假设任务 A 要使用系统的某个资源（如用 USART 输出），必须拿到这个标识才可以，拿到这个标识的行为称为获取（Take）。当任务 A 使用结束后，必须释放这个标识，这样任务 B 才能继续使用 USART，释放标识的行为称为归还（Give）。由于标识的唯一性，因此同一时间只有一个任务可以访问，假设任务 A 没有归还信号量，而任务 B 正在获取，则任务 B 必须等待并处在阻塞状态，直到任务 A 释放标识。

RT-Thread 同样提供 rt_mutex_create(const char *name, rt_uint8_t flag)和 rt_mutex_init(rt_mutex_t mutex, const char* name, rt_uint8_t flag) API 创建动态和静态信号量。获取信号量可以使用 rt_mutex_take (rt_mutex_t mutex, rt_int32_t time)。线程获取了信号量，那么线程就有了对该信号量的所有权，即某一个时刻一个互斥量只能被一个线程所持有。当线程完成互斥资源的访问后，应尽快释放它所占据的互斥量，使其他线程能够及时获取该信号量。使用 API rt_mutex_release(rt_mutex_t mutex)返回 RT_EOK 表示释放成功。

消息队列

RT-Thread 中的多线程机制，每个线程虽然都有自己独立的资源，但它们之间也需要一些机制来进行交互。在 RT-Thread 中，最基本的交互方式就是队列。线程可以将一条或多条消息放入消息队列中。同样，一个或多个线程也可以从消息队列中获得消息。消息队列能够接收来自线程或中断服务例程中不固定长度的消息，并把消息缓存在自己的内存空间中。其他线程也能够从消息队列中读取相应的消息，而当消息队列是空的时候，可以挂起读取线程。当有新的消息到达时，挂起的线程将被唤醒以接收并处理消息。

消息队列是一种异步的通信方式。和前面一样，消息队列也分为动态和静态。创建动态消息队列使用 rt_mq_creat() API，创建静态消息队列时使用 rt_mq_init() API。

```
rt_mq_t rt_mq_create(const char   *name,
                rt_size_t    msg_size,
                rt_size_t    max_msgs,
                rt_uint8_t   flag);
rt_err_t rt_mq_init(rt_mq_t    mq,
                const char *name,
                void       *msgpool,
                rt_size_t  msg_size,
                rt_size_t  pool_size,
                rt_uint8_t flag)
```

而消息队列的发送/接受，则可以使用 API。

```
rt_err_t rt_mq_send (rt_mq_t mq, void* buffer, rt_size_t size);
rt_err_t rt_mq_recv(rt_mq_t     mq,
                void        *buffer,
                rt_size_t    size,
                rt_int32_t   timeout)
```

需要注意的是，RT-Thread 还提供一个紧急消息函数，发送紧急消息的过程与发送消息几乎一样。唯一的不同是，当发送紧急消息时，从空闲消息链表上取下来的消息块，不是挂到消息队列的队尾而是挂到队首。发送紧急消息 API 如下：

```
rt_err_t rt_mq_urgent(rt_mq_t mq, void* buffer, rt_size_t size)
```

6.2.2.2　RT-Thread 的软件授权

RT-Thread 系统完全开源，3.1.0 及以前的版本遵循 GPL V2 +开源许可协议。3.1.0 以后的版本遵循 Apache License 2.0 开源许可协议，可以免费在商业产品中使用，并且不需要公开私有代码。

⊙ 6.2.3　RT-Thread 的底层结构与移植

前面章节简要介绍了实时操作系统的一些基本原理，并通过 RT-Thread 的实际代码进行说明。本节会讲述 RT-Thread 的底层结构，包括时钟、任务切换等操作系统核心内容，并以 Hifive1 开发板为例，讲解如何实现及移植。力求呈现给读者通用 RTOS 在嵌入式平台上是如何工作的。

6.2.3.1　RT-Thread 源码结构分析

根据 RT-Thread 文件夹的内容，如图 6-28 所示，围绕后面的实时操作系统移植做简单的介绍，方便读者更好地理解这些内容。

bsp 文件夹

bsp 文件夹里存放的是板级支持包（board support package），里面包含了各个半导体厂商评估用的启动程序，我们使用的相关文件就来自 bsp 文件夹下面的 hifive1 程序包。在 bsp\hifive1 文件夹下面有两个重要的文件 board.c 和 rtconfig.h。board.c 是 RT-Thread 用来初始化开发板硬件的相关函数；rtconfig.h 是 RT-Thread 功能的配置头文件，里面定义了很多宏，通过这些宏定义我们可以裁剪 RT-Thread 的功能。

图 6-28　RT-Thread 文件夹目录

include 文件夹

include 目录下面存放的是 RT-Thread 内核的头文件，是内核不可丢失的重要部分。

libcpu 文件夹

libcpu 目录下是各类芯片的移植代码。RT-Thread 是软件而单片机是硬件，RT-Thread 要想运行在单片机上面，两者必须关联起来，所需的关联文件叫接口文件。移植好的这些接口文件就放在 libcpu 这个文件夹的目录下。本书中关注的是 libcpu\RISC-V 目录下的文件。

src 文件夹

在目录 rt-thread\src 中存放的是 RT-Thread 的内核源文件，是实时操作系统内核的核心，如图 6-29 所示。

图 6-29　RT-Thread 内核源文件

总之，移植需要头文件统一定义数据类型和实现功能，需要一个 C 文件具体实现各个功能函数，然后需要进行 libcpu 移植和板级移植。具体移植细节会在后面详细介绍。

6.2.3.2　内核配置头文件

每一个 RT-Thread 应用都必须包含一个专门的文件，用来配置操作系统的一些必要参数。在 RT-Thread 提供的源码包中，每一个 bsp 都有一个 rtconfig.h 头文件，移植时要对其中的宏定义进行配置。

rtconfig.h 对剪裁整个 TR-Thread 所需功能的宏都做了定义，有些宏定义能被使能，有些能被禁用。具体的一些操作系统层面设置，都是在这个头文件中进行的。如时钟定义、内部通信配置如信号量等。

```
#define RT_TICK_PER_SECOND  100
#define RT_USING_SEMAPHORE
```

限于篇幅，本书不再具体讲解所有的配置细节，建议感兴趣的读者自己阅读源代码。

6.2.3.3　移植 board.c 文件

board.c 与 rtconfig.h 一样，都是与硬件/板级相关的文件，里面存放的是与硬件相关的初始化函数。board.c 文件包括 RT-Thread 相关头文件，系统时钟相关寄存器定义和初始化函数。见代码清单 6-1。

代码清单 6-1　board.c 文件预处理系统

```c
#include <interrupt.h>
#include <rthw.h>

#include <board.h>
#include <platform.h>
#include <encoding.h>
#include <interrupt.h>

//extern void use_default_clocks(void);
extern void use_pll(int refsel, int bypass, int r, int f, int q);

#define TICK_COUNT  (2 * RTC_FREQ / RT_TICK_PER_SECOND)

    #define MTIME       (*((volatile uint64_t *)(CLINT_CTRL_ADDR +
CLINT_MTIME)))
    #define MTIMECMP    (*((volatile uint64_t *)(CLINT_CTRL_ADDR +
CLINT_MTIMECMP)))

    /* system tick interrupt */
    void handle_m_time_interrupt()
```

```
{
    MTIMECMP = MTIME + TICK_COUNT;
    rt_tick_increase();
}
```

文件移植主要是针对 rt_hw_board_init()函数实现的。RT-Thread 在启动的时候会调用 rt_hw_board_init()函数，它是用来初始化开发板硬件的，如时钟、串口等。当这些硬件初始化好之后，RT-Thread 才会继续向下启动。rt_hw_board_init()函数见代码清单 6-2。

代码清单 6-2　rt_hw_board_init()函数

```
void rt_hw_board_init(void)
{
    /* initialize the system clock */
    //rt_hw_clock_init();

    /* initialize hardware interrupt */
    rt_hw_interrupt_init();

    /* initialize timer0 */
    rt_hw_timer_init();

#ifdef RT_USING_HEAP
    rt_system_heap_init((void *)HEAP_BEGIN, (void *)HEAP_END);
#endif

#ifdef RT_USING_COMPONENTS_INIT
    rt_components_board_init();
#endif

#ifdef RT_USING_CONSOLE
    rt_console_set_device(RT_CONSOLE_DEVICE_NAME);
#endif

    return;
}
```

配置系统时钟

系统时钟是给各个硬件模块提供工作时钟的基础，一般在 rt_hw_board_init() 函数中完成。可以调用库函数实现配置，也可以自行实现配置。由于 hifive1 源代码中没有直接定义系统时钟库函数，因此这里需要定义 rt_hw_clock_init()函数，见代码清单 6-3。

代码清单 6-3　定义 rt_hw_clock_init()函数

```
void rt_hw_board_init(void)
{
    /* initialize the system clock */
    rt_hw_clock_init();
    ...
}
```

初始化硬件中断

中断是指出现需要时，CPU 暂时停止当前程序的执行，转而执行处理新情况的程序和执行过程。硬件中断是一个异步信号，表明需要注意或需要改变正在执行的一个同步事件。硬件中断是由跟系统相连的外设如网卡、硬盘、键盘等自动产生的。硬件中断可以直接中断 CPU，它会引起内核中相关代码被触发，它的存在是为了让调度代码（或称为调度器）可以调度多任务。值得注意的是，由于这里使用了 RT-Thread 中断管理的 CPU 架构，中断服务例程需要通过 rt_hw_interrupt_install()进行装载，见代码清单 6-4。

代码清单 6-4　中断服务例程装载

```
void rt_hw_board_init(void)
{
    /* initialize hardware interrupt */
    rt_hw_interrupt_init();
    ...
}
```

初始化定时器

初始化系统定时器，为操作系统提供时基，见代码清单 6-5。

代码清单 6-5　初始化系统定时器

```
void rt_hw_board_init(void)
{
    /* initialize timer0 */
    rt_hw_timer_init();
    ...
}
```

内存堆栈初始化

系统内存堆栈的初始化在 board.c 中的 rt_hw_board_init()函数中完成，内存堆栈功能是否使用取决于宏 RT_USING_HEAP 是否开启，RT-Thread 默认开启内存堆栈功能。这样系统将可以使用动态内存功能，见代码清单 6-6。

代码清单 6-6　内存堆栈功能是否使用

```
#ifdef RT_USING_HEAP
```

```
        rt_system_heap_init((void *)HEAP_BEGIN, (void *)HEAP_END);
    #endif
```

6.2.3.4 libcpu 移植

移植过程中另一个重要文件是 start.S 文件。由于 RT-Thread 在 GCC 环境下的启动是由 entry()函数调用了启动函数 rt_thread_startup()，所以需要修改启动文件 start.S，使其在启动时先跳转至 entry()函数执行，而不是跳转至 main()函数，这样就实现了 RT-Thread 的启动，见代码清单 6-7。

代码清单 6-7　entry()函数调用了启动函数

```
/* argc = argv = 0 */
li a0, 0
li a1, 0
call entry
/* tail exit */
```

6.3　RT-Tread 的 UART 驱动结构分析、移植及应用

本节将介绍 RT-Tread 外设驱动，UART 驱动结构分析，移植与应用。

6.3.1　RT-Tread 外设驱动

在 RT-Thread 实时操作系统中，各种各样的设备驱动是通过一套 I/O 设备管理框架管理的。设备管理框架给上层应用提供了一套标准的设备操作 API，开发者通过调用这些标准设备操作 API，可以高效地完成和底层硬件外设的交互。

使用 I/O 设备管理框架开发应用程序，有如下优点。

- 使用同一套标准的 API 开发应用程序，使应用程序具有更好的移植性。
- 底层驱动的升级和修改不会影响上层代码。
- 驱动和应用程序相互独立，方便多个开发者协同开发。

下面介绍 BSP 提供的不同类别驱动的概念，有如下三类驱动。

- 板载外设驱动：指 MCU 之外开发板上的外设，如 TF 卡、以太网和 LCD 等。
- 片上外设驱动：指 MCU 芯片上的外设，如硬件定时器、ADC 和看门狗等。
- 扩展模块驱动：指可以通过扩展接口或者杜邦线连接的开发板模块。

这三种外设的示意如图 6-30 所示。

图 6-30　三种外设的示意图

6.3.2　UART 驱动结构分析

6.3.2.1　UART 简介

通用异步收发传输器（Universal Asynchronous Receiver/Transmitter，UART）作为一种异步串口通信协议，其工作原理是将传输数据的每个字符一位接一位地传输。这是在应用程序开发过程中使用频率最高的低速数据传输协议。

UART 串口的特点是将数据一位一位地顺序传送，只要 2 根传输线就可以实现双向通信，一根线发送数据而另一根线接收数据。UART 串口通信有几个重要的参数，分别是波特率、起始位、8 个数据位、停止位和奇偶检验位，对于两个使用 UART 串口通信的端口，这些参数必须匹配，否则通信将无法正常完成。UART 串口传输的数据格式如图 6-31 所示。

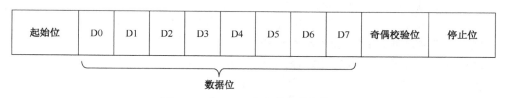

图 6-31　UART 串口传输数据格式

- 起始位：表示数据传输的开始。
- 数据位：可能值有 5、6、7、8、9，表示传输这几个比特位数据。一般取值为 8，因为一个 ASCII 字符值为 8 位的。
- 奇偶校验位：用于接收方对接收到的数据进行校验，校验"1"的位数为偶数（偶校验）或奇数（奇校验），以此来校验数据传送的正确性。不是必需位。
- 停止位：电平逻辑为"1"表示一帧数据的结束。
- 波特率：串口通信时的速率。

6.3.2.2　驱动结构分析

在裸机平台上，我们通常只需要编写 UART 硬件初始化代码即可。而在 RT-Tread 实时操作系统中，由于它自带 I/O 设备管理层等操作系统的各项服务，驱动的实现及应用与裸机有所不同。I/O 设备管理层是将各种各样的硬件设备封装成具有统一接口的逻辑设备，以方便管理及使用。其优点在前文已有介绍。UART 驱动函数在 RT-Thread 和裸机上的简单对比见表 6-2。

表 6–2　UART 驱动的简单对比

函数功能	基于 RT-Tread	Bare Metal
初始化	rt_hw_uart_init ()	__metal_driver_sifive_uart0_init()
输出一个字符	usart_putc()	__metal_driver_sifive_uart0_putc()
接收一个字符	usart_getc ()	__metal_driver_sifive_uart0_getc()

裸机的 UART 的初始化原型为 void __metal_driver_sifive_uart0_init (struct metal_uart *uart, int baud_rate)；该函数包括两个形参：一个是定义的 metal uart 结构体，它是 UART 串行设备的 handle；另一个是设定的波特率。

而基于 RT-Tread 的 UART 初始化原型为 int rt_hw_uart_init(void)，只需要在对应的结构体里改变相关参数和数据即可。下文对它有更详细的介绍。

UART 的硬件驱动可以分成两个部分：UART 硬件初始化代码（硬件驱动层）和 RT-Tread 下的 UART 设备驱动（设备无关层）。

在 RT-Thread 的 hifive1 工程中提供的硬件驱动层文件为 drv_usart.c 和 drv_usart.h 文件。其中实现了需要被实现的硬件驱动函数和相应结构体。实现的硬件驱动函数和相应结构体见代码清单 6-8 和代码清单 6-9，这些函数与结构体在介绍串口数据的收发时会再次介绍。

设备无关层的实现文件为 serial.c 和 serial.h。其中头文件定义了一系列驱动相关的结构体、函数和参数宏定义；c 文件实现了具体的驱动函数、设备注册函数和向上层提供的接口。

代码清单 6-8　硬件驱动层实现的硬件驱动函数

```
//中断接收函数，调用设备无关层提供的rt_hw_serial_isr()函数，对中断进行处理
static void usart_handler(int vector, void *param);
//配置函数，在初始化的时候被调用，初始化串口相关寄存器
static rt_err_t usart_configure(struct rt_serial_device *serial,struct
serial_configure *cfg);
//实现开关中断
static rt_err_t usart_control(struct rt_serial_device *serial,int cmd,
void *arg);
//向寄存器写入一个字符串并发送
static int usart_putc(struct rt_serial_device *serial, char c);
```

```
//读寄存器返回一个字符
static int usart_getc(struct rt_serial_device *serial);
//最终被系统初始化时调用的初始化函数，主要实现串口相关结构体赋值和注册
int rt_hw_uart_init(void);
```

代码清单 6-9　硬件驱动层实现的结构体

```
static struct rt_uart_ops ops =
{
    usart_configure,
    usart_control,
    usart_putc,
    usart_getc,
};//需要实现的基本硬件操作

static struct rt_serial_device serial =
{
    .ops = &ops,
    .config.baud_rate = BAUD_RATE_115200,        //波特率
    .config.bit_order = BIT_ORDER_LSB,           //高位在前或者低位在前
    .config.data_bits = DATA_BITS_8,             //数据位
    .config.parity    = PARITY_NONE,             //奇偶校验位
    .config.stop_bits = STOP_BITS_1,             //停止位
    .config.invert    = NRZ_NORMAL,              //模式
    .config.bufsz     = RT_SERIAL_RB_BUFSZ,      //接收数据缓冲区大小
};//描述串口的结构体
```

　　RT-Tread 中 UART 初始化函数 rt_hw_uart_init 是用于初始化 USART 硬件的函数，显然它一定在 USART 使用之前被调用。代码清单 6-10 中是 UART 初始化函数 rt_hw_uart_init 的代码内容。

代码清单 6-10　RTT 下的 UART 初始化函数

```
int rt_hw_uart_init(void)
{
    rt_hw_serial_register(
        &serial,                             //指向描述串口的结构体
        "dusart",                            //控制台设备名
        RT_DEVICE_FLAG_STREAM                //流模式
        | RT_DEVICE_FLAG_RDWR
        | RT_DEVICE_FLAG_INT_RX,             //中断接收模式
RT_NULL);

    rt_hw_interrupt_install(
```

```
            INT_UART0_BASE,
            usart_handler,
            (void *) & (serial.parent),
            "uart interrupt");

    rt_hw_interrupt_unmask(INT_UART0_BASE);

    return 0;
}
```

rt_hw_uart_init 函数的形参是 void。首先进行串行设备注册,然后进行中断开关的设置。将 rt_device 数据结构加入 RT-Thread 的设备层中, 这个过程称为注册。rt_device 这个数据结构将在下面简要介绍。

分析了硬件驱动层, 接下来分析设备无关层。设备无关层的实现文件为 serial.c 和 serial.h。图 6-32 展示了设备无关层的结构和内容。可见设备无关层的设计使用了面向对象的思想。将串口的相关信息和操作函数封装为一个结构体 struct rt_serial_device, 这个结构体继承于 struct rt_device, struct rt_device 包含了应该提供给上层的设备控制接口。此外,struct rt_serial_device 还额外定义了一些用于操作和配置串口的成员, 如 struct rt_uart_ops、struct serial_configure 等。要想将某个设备纳入 RT-Thread 的 I/O 设备层中, 需要为这个设备创建一个名为 rt_device 的数据结构。

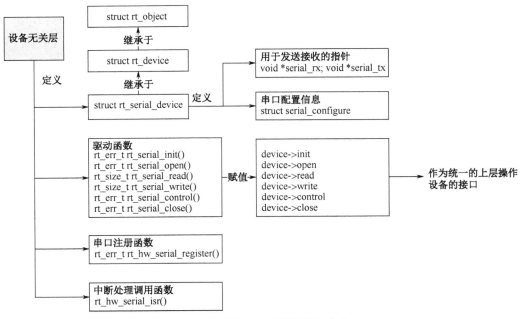

图 6-32　设备无关层结构和内容

将 rt_device 数据结构加入 RT-Thread 的设备层中的过程称为注册，这样注册以后，用户调用通用接口 rt_device_open、rt_device_read、rt_device_write 时，实际上调用的就是 serial.c 中的 rt_serial_open、rt_serial_read、rt_serial_write。这里实现了软件上的分层，将内核程序与用户程序分离。

6.3.2.3　RT-Tread 下的 USART 发送与接收

由于 USART 是异步工作的，因此在数据收发时，开发者要维护很多状态，判断是否有数据在发送、数据是否完成发送等情况。但是有了 RT-Thread 提供的 I/O 设备管理层等操作系统的各项服务，我们能很好地维护串口数据收发的过程。

根据上面的分析可知，串口数据的发送由 rt_serial_read 函数执行。在 rt_serial_read() 中，根据串口设备的打开方式确定数据发送方式，见代码清单 6-11。

代码清单 6-11　rt_serial_read 中串口数据发送的方式

```
//根据设备打开方式确定发送方式
    if (dev->open_flag & RT_DEVICE_FLAG_INT_TX)        //中断方式打开
    {
        return _serial_int_tx(serial, buffer, size);//中断方式发送
    }
#ifdef RT_SERIAL_USING_DMA
    else if (dev->open_flag & RT_DEVICE_FLAG_DMA_TX)
    {
        return _serial_dma_tx(serial, buffer, size);//DMA方式发送
    }
#endif /* RT_SERIAL_USING_DMA */
    else
    {
        return _serial_poll_tx(serial, buffer, size);//轮询方式发送
    }
```

数据接收方式也有中断方式、DMA 方式和轮询方式三种。下面介绍轮询方式的发送和接收函数及中断方式的发送和接收函数。

轮询方式比较简单，发送函数调用 rt_uart_ops 中的 putc 方法进行数据发送，接收函数则是调用 rt_uart_ops 中的 getc 方法读取串口数据，它们都最终调用到底层硬件。代码清单 6-12 与代码清单 6-13 给出轮询发送方式核心代码及轮询接收方式。

代码清单 6-12　轮询发送方式核心代码

```
//若以流模式打开则自动添加回车
    if (*data == '\n' && (serial->parent.open_flag & RT_DEVICE_FLAG_STREAM))
        {
            serial->ops->putc(serial, '\r');
```

```
            }

            serial->ops->putc(serial, *data);

            ++ data;
            -- length;
```

代码清单 6-13　轮询接收方式

```
    rt_inline int _serial_poll_rx(struct rt_serial_device *serial,
rt_uint8_t *data, int length)
    {
        int ch;
        int size;

        RT_ASSERT(serial != RT_NULL);
        size = length;

        while (length)
        {
            ch = serial->ops->getc(serial);    //从串口读取一个字符
            if (ch == -1) break;               //如果是-1则跳出

            *data = ch;                        //将读到的数据返回给上层
            data ++; length --;

            if (ch == '\n') break;             //如果换行则跳出
        }

        return size - length;                  //返回实际发送了的数据长度
    }
```

　　一个系统中一般会多线程地进行多个任务，这样多任务运行的情况很可能会导致读取接收到的字节时，已经被下一个字节所覆盖。因此要建立缓冲区，存放中断接收到的数据。这样，用户实际上是从缓冲区读取中断接收的字节。在 RT-Thread 中定义了 rt_serial_rx_fifo，它就是存放中断接收到的数据的缓冲区。中断发送方式也同理，采用建立缓冲区 rt_serial_tx_fifo 的方式存放待发送的数据。代码清单 6-14 与代码清单 6-15 给出中断接收方式与中断发送方式的核心代码。

代码清单 6-14　中断接收方式核心代码

```
//获得rt_serial_rx_fifo指针
    rx_fifo = (struct rt_serial_rx_fifo*) serial->serial_rx;
```

```
        RT_ASSERT(rx_fifo != RT_NULL);

        /* read from software FIFO */
        while (length)
        {
            int ch;
            rt_base_t level;

            /* disable interrupt */
            level = rt_hw_interrupt_disable();

            /* there's no data: */
            if ((rx_fifo->get_index == rx_fifo->put_index) &&
(rx_fifo->is_full == RT_FALSE))
            {
                /* no data, enable interrupt and break out */
                rt_hw_interrupt_enable(level);
                break;
            }

            /* otherwise there's the data: */
            ch = rx_fifo->buffer[rx_fifo->get_index];//从fifo中读取一字节数据
            rx_fifo->get_index += 1;
            //指针位置大于等于设置的缓冲区长度则重置指针位置
            if (rx_fifo->get_index >= serial->config.bufsz) rx_fifo->get_
index = 0;

            if (rx_fifo->is_full == RT_TRUE)
            {
                rx_fifo->is_full = RT_FALSE;
            }

            /* enable interrupt */
            rt_hw_interrupt_enable(level);

            *data = ch & 0xff;
            data ++; length --;
```

代码清单 6-15　中断发送方式核心代码

```
    //获得rt_serial_tx_fifo指针
    tx = (struct rt_serial_tx_fifo*) serial->serial_tx;
```

```
        RT_ASSERT(tx != RT_NULL);

        while (length)
        {
            if (serial->ops->putc(serial, *(char*)data) == -1)
            {
                rt_completion_wait(&(tx->completion), RT_WAITING_FOREVER);//
等待完成发送事件
                continue;
            }
            data ++; length --;
        }
```

该小节代码清单中的串口收发函数均在 serial.c 中，相关数据结构和定义在 serial.h 中。

⊙ 6.3.3 UART 的移植与应用

如使用 RT-Tread 提供的 UART 模块，需要将 drv_uart.c 文件添加到工程项目中，并在 board.c 文件中修改。RT-Thread 启动的时候会调用一个名为 rt_hw_board_init() 的函数，它是用来初始化开发板硬件的，如时钟、串口等，具体初始化哪个模块由用户选择。

如果要使用 UART 模块，用户需要在 rt_hw_board_init() 函数中添加代码，使之调用 UART 初始化函数 rt_hw_uart_init()。补充说明在硬件 BSP 初始化时，比如 LED、LCD 等都是在此处添加调用的。

下面介绍 RT-Tread 中 UART 调用流程。

用户编写 drv_uart.c 在 rt_hw_uart_init 注册串口设备；并将 rt_hw_uart_init 作为 board 初始化时调用 INIT_BOARD_EXPORT，INIT_BOARD_EXPORT() 宏将其添加到开机初始化列表中，这样在 RT-Thread 启动时就会自动调用。

在 drv_uart.c 中定义 serial 设备；补充 serial 串口设备驱动框架，对 rt_serial_device.ops 和 rt_serial_device.config 成员赋值。

在 serial.c 中对抽象出来的公共成员及方法做对应的处理；回调 drv_uart.c 文件中的方法，传递结构体 rt_serial_device；在 rt_hw_serial_register 函数中找到 rt_device_t 成员，并对 rt_device_t 成员进行初始化，主要是初始化回调函数；执行到 serial.c 中的函数时，再回调 drv_uart.c 的函数。注册就是这样从上层一层层到下层，回调就是这样从下层一层层到上层。

┌─ 6.4 完成 RT-Thread 实时操作系统的编译与运行 ●

实验内容是在 Ubuntu 16.04 的操作系统中，利用 Freedom Studio IDE 完成 RT-Thread

实时操作系统的编译，再将编译文件烧录到内置 SiFive Freedom E300 SoC 的 FPGA 开发板上。实验过程如下。

6.4.1 工具准备

打开 Ubuntu 操作系统，在 https://github.com/RT-Thread/rt-thread.git 下载 RT-Thread，接着在 https://www.sifive.com/boards 网页里下载 Prebuilt Toolchain RISC-Ⅴ GCC（Ubuntu）。

6.4.2 修改路径与代码

找到并打开 rtconfig.py 文件，修改 toolchain path，如图 6-33 所示。

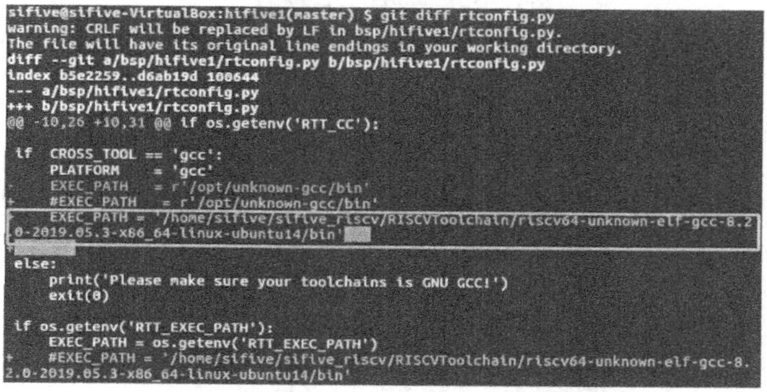

```
sifive@sifive-VirtualBox:hifive1(master) $ git diff rtconfig.py
warning: CRLF will be replaced by LF in bsp/hifive1/rtconfig.py.
The file will have its original line endings in your working directory.
diff --git a/bsp/hifive1/rtconfig.py b/bsp/hifive1/rtconfig.py
index b5e2259..d6ab19d 100644
--- a/bsp/hifive1/rtconfig.py
+++ b/bsp/hifive1/rtconfig.py
@@ -10,26 +10,31 @@ if os.getenv('RTT_CC'):

 if  CROSS_TOOL == 'gcc':
     PLATFORM    = 'gcc'
-    EXEC_PATH   = r'/opt/unknown-gcc/bin'
+    #EXEC_PATH   = r'/opt/unknown-gcc/bin'
+    EXEC_PATH = '/home/sifive/sifive_riscv/RISCVToolchain/riscv64-unknown-elf-gcc-8.2.0-2019.05.3-x86_64-linux-ubuntu14/bin'
+
 else:
     print('Please make sure your toolchains is GNU GCC!')
     exit(0)

 if os.getenv('RTT_EXEC_PATH'):
     EXEC_PATH = os.getenv('RTT_EXEC_PATH')
+    #EXEC_PATH = '/home/sifive/sifive_riscv/RISCVToolchain/riscv64-unknown-elf-gcc-8.2.0-2019.05.3-x86_64-linux-ubuntu14/bin'
```

图 6–33　toolchain path 修改示图

因为现有 RT-Thread 实时操作系统只支持 HiFive1 开发板，Nexys EVB 里的 SiFive Freedom E300 SoC 网表是 HiFive1 开发板上 FE310 芯片的开源版本，两者的处理器都是 SiFive E31 内核，只是外设有些许差异。实验里的 RT-Thread 实时操作系统会用到的设备包括内存和 UART 接口，UART 接口用来打印。

在 rt-thread/bsp/hifive1/freedom-e-sdk/bsp/env 中，已经有 freedom-e300-arty 的 BSP 包，只需要简单修改代码，如图 6-34 所示。

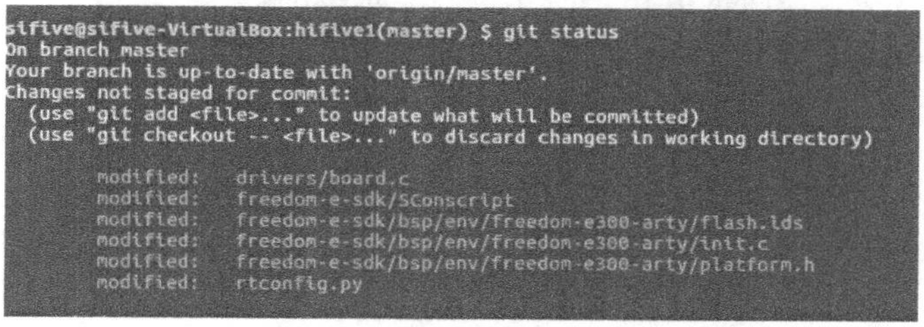

```
sifive@sifive-VirtualBox:hifive1(master) $ git status
On branch master
Your branch is up-to-date with 'origin/master'.
Changes not staged for commit:
  (use "git add <file>..." to update what will be committed)
  (use "git checkout -- <file>..." to discard changes in working directory)

        modified:   drivers/board.c
        modified:   freedom-e-sdk/SConscript
        modified:   freedom-e-sdk/bsp/env/freedom-e300-arty/flash.lds
        modified:   freedom-e-sdk/bsp/env/freedom-e300-arty/init.c
        modified:   freedom-e-sdk/bsp/env/freedom-e300-arty/platform.h
        modified:   rtconfig.py
```

图 6–34　简单修改代码

首先，先让 cons make 的配置文件选择编译 freedom-e300-arty，而不是 freedom-e300-hifive1，修改的文件和内容，如图 6-35 所示。

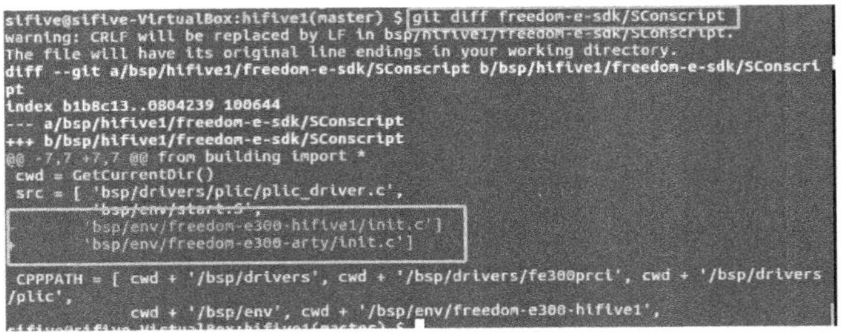

图 6-35　修改的文件和内容

指定 freedom-e300-arty 的链接脚本：

- 将 hifive1 文件下的 flash.lds（freedom–e–sdk/bsp/env/freedom–e300–hifive1/flash.lds）复制到 freedom–e–sdk/bsp/env/freedom–e300–arty/flash.lds。
- 将 rtconfig.py 的链接脚本替换为 freedom–e–sdk/bsp/env/freedom–e300–arty/flash.lds。

因为 FPGA 上处理器的频率是常数，不需要通过锁相环（PLL）判断，所以可以在 drivers/board.c 代码里去掉 PLL 的相关描述，如图 6-36 所示。

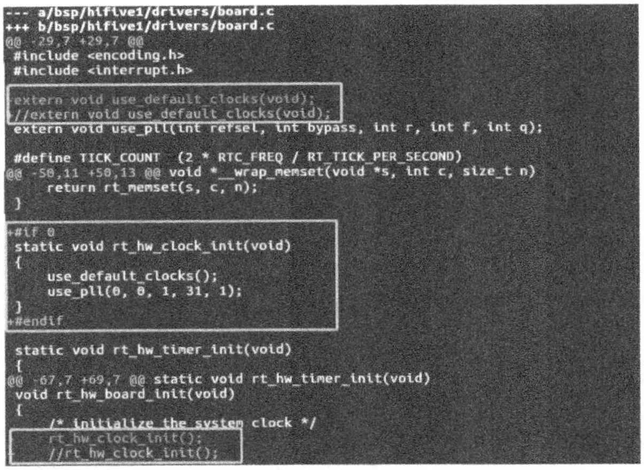

图 6-36　去掉 PLL 的相关代码

在 e300-arty 的 platform.h 和 init.c 文件里，提供 CPU freq 的接口函数，如图 6-37 所示。

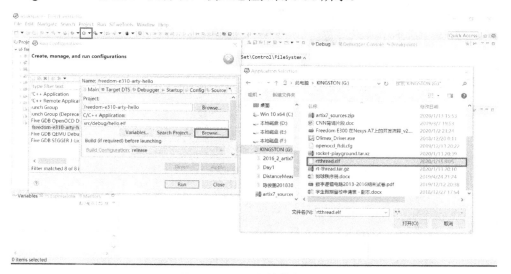

图 6-37　CPU freq 接口函数

⊛ 6.4.3　文件编译

用 Python 下载 Scons 编译工具，并在 rtconfig.py 文件所在路径，执行代码如下。其中，sudo 字符不可缺少。编译成功时会生成.elf 文件。

```
sudo apt-get install scons python2.7
sudo scons -c & scons
```

⊛ 6.4.4　文件烧录

使用 U 盘转将.elf 文件放到 Windows 环境下，利用 SiFive Freedom Studio 软件，单击 run configurations，修改.elf 文件名，载入过程如图 6-38 所示。

图 6-38　.elf 文件载入过程

完成 FPGA 的连接与驱动程序的安装后，配置串口具体过程如图 6-39 所示。

图 6-39　串口配置过程

最后单击 Run 完成烧录，重启 FPGA 后 Terminal，最终效果如图 6-40 所示，完成了我们 RT-Thread 实时操作系统的基础移植工作。SoC 平台上其他外设的驱动移植，按照本章所描述的方法实施即可。

图 6-40　Terminal 最终效果图

附录 A

虚拟机与 Ubuntu Linux 操作
系统的安装

附录 A 的内容在于让读者了解虚拟机的基本概念，安装虚拟机和所需操作系统以及熟悉基本使用流程。

A.1 虚拟机的安装

A.1.1 虚拟机简介

近年来，随着信息技术的不断进步，企业机房不再采用专机专用的方式，为提高硬件利用率，升级到虚拟化平台成为一个极佳的选择。虚拟化已经成为计算机系统设计中的一个重要工具，从操作系统到编程语言再到处理器架构，许多子学科都会用到虚拟机。虚拟机将开发人员和用户从传统的接口和资源约束中解放出来，增强了软件的互操作性，系统的可固定性和平台的通用性。

在计算机科学中的体系结构里，虚拟机（Virtual Machine）是指一种特殊的软件，可以在计算机平台和终端用户之间创建一种环境，而终端用户则是基于虚拟机这个软件所创建的环境来操作其他软件。虚拟机中可以安装各种操作系统、组建局域网等，通过软件模拟，还原真实系统环境，而与外界隔离，不会对主机造成危害。常用的流行虚拟机软件有 VMware、Virtual PC 和 Virtual Box 等，其中 VMware 是全球领先的虚拟云计算产品服务商。

由于虚拟机的操作系统性能上比真实的系统性能低不少，因此，更推荐用于学习和测试。

⊛ A.1.2　VMware 安装（以 VMware15 版本为例）

双击安装包，进入安装页面，见图 A-1 所示。

单击下一步，进入接受许可协议条款界面如图 A-2 所示。

图 A-1　VMware 安装页面　　　　　　　图 A-2　接受许可协议条款

勾选接受协议后，单击下一步，进入更改安装位置界面，如图 A-3 所示。

更改安装位置，选择非 C 盘的文件夹，单击下一步，进入用户体验设置界面，如图 A-4 所示。

图 A-3　更改安装位置　　　　　　　　　图 A-4　用户体验设置

是否勾选都没有影响，单击下一步，进入创建快捷方式界面，如图 A-5 所示。

单击下一步，等待安装完成，如图 A-6 所示。

图 A-5　创建快捷方式

图 A-6　等待安装页面

A.2　Ubuntu Linux 操作系统安装

⊗ A.2.1　Ubuntu 简介

虚拟机中支持各种操作系统，使用 Vmware 可以同时运行 Linux 各种发行版、DOS、Windows 各种版本与 Unix 等，其中比较常见的 Linux 发行版本有 openSUSE、Ubuntu、Debian GNU Linux、MandriVa、Gentoo、Slackware、Knoppix、MEPIS 和 Xandros，以及国产的红旗 Redflag 和中标 Linux 等。本书选用的版本为实验过程会用到的 Ubuntu。

Ubuntu（国际音标：/ʊˈbʊntuː/）是以桌面应用为主的 Linux 发行版，由 Canonical 公司发布。其特点是简单易用，继承了 Debian 众多套件的资源，是有和 Debian 一样优秀的套件管理系统，并且免去了 Debian 设置的繁琐，安装也比其他一般 Linux 发行版本更加简便。

⊗ A.2.2　Ubuntu 虚拟机的下载和安装

启动 Vmware，在文件中找到打开选项，如图 A-7 所示。

图 A-7　VMware 界面

找到虚拟机文件位置，打开.vmk 文件，如图 A-8 所示。

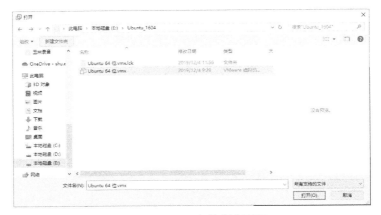

图 A-8　.vmk 文件所在页面

打开后的虚拟机界面如图 A-9 所示，左边显示了相关配置，可以单击编辑来根据资源自主设置。

图 A-9　虚拟机界面

设置界面主要修改处理器和内存两项，如图 A-10 所示，从实际使用效果来看，内存需要设置为 6GB 或者 8GB，否则运行 Vivado 下生成及烧写 MCS 文件的时候会失败。

单击开启虚拟机或者上方任务栏的启动按钮 ▶ 即可开机。图 A-11 中挂起客户机和关闭客户机的区别在于前者会将当前的虚拟机状态保存下来，方便下次可以快速继续运行；后者就是普通的关机。

图 A-10　虚拟机设置界面

图 A-11　启动关闭虚拟机的窗口

⊛ A.2.3　虚拟机信息

用户密码：user

root 密码：user

环境配置在 ～/.bashrc 中已设置，/home/lb/Freedom_on_Nexys_A7 为 freedom e300 的主目录，如图 A-12 所示。

图 A-12　用户信息设置

基于 Nexys A7 贪吃蛇游戏的
设计与实现

附录 B 的内容在于帮助读者使用 Vivado 工具, 学习掌握较为复杂的工程任务设计流程。使用开发板上的 4 个按键控制小蛇运动, VGA 输出显示屏可显示游戏状况和游戏分数, 帮助进一步理解 Xilinx Nexys A7 小型化、轻量化的优势。

B.1 硬件设备概述

Nexys A7 是一种基于 Xilinx Artix7 的 FPGA 实验板, 提供有 12 位 VGA 输出、4 位 7 段 LED、128 MB DDR2 SDRAM 与 5 个按键, 因而其可以用于小体量的游戏设计。贪吃蛇游戏的设计过程中需要运用到 VGA 输出模块、状态机模块、计分模块和苹果模块等功能模块, 因而其需要调用时钟、寄存器、ROM 等器件。其性能与 Cyclone V FPGA 的对比见表 B-1。

表 B-1　Xilinx Artix7 性能与 Cyclone V FPGA 对比

特性	Xilinx Artix7	Cyclone V	备注
用户 I/O	共 230-530 个引脚 每块板子约 50 个 I/O	共 208-560 个引脚 每块板子约 14-80 个 I/O	不同设备有不同 I/O 数目; 引脚可以帮助通信
LVDS 对	完整的 LVDS 支持	只支持 TX 或 DX 的 LVDS	Xilinx 提供了更为灵活的 LVDS 选择
LVDS 终端电阻	100 欧姆差动电阻	100 欧姆差动电阻	LVDS 终端相兼容
电压	1.2V-3.3V	1.2V-3.3V	电压基本相同

B.2 设计要求

贪吃蛇游戏的 FPGA 系统框图如图 B-1 所示，系统功能如下。

（1）具有计数功能，能够记录当前的分数信息，也就是吃掉苹果的数目。在游戏失败结束时采用 7 位数码管显示清零。

（2）苹果随机出现，游戏结束的判断方式为蛇碰壁或碰到自己，蛇死亡后闪烁两下。

（3）苹果与蛇利用不同的颜色进行显示，蛇吃苹果后能够增长一截，速度每前进一次则增加为原来的 1.5 倍。

（4）利用按键进行操控，利用 VGA 进行扫描输出。

（5）游戏开始前利用图片输出玩法信息。

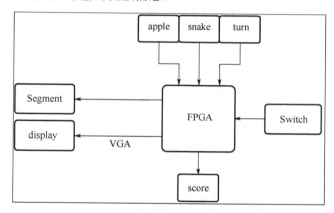

图 B-1 贪吃蛇游戏的 FPGA 系统框图

B.3 硬件设计

FPGA 的 VGA 接口框图与 7 位数码管框图如图 B-2 和图 B-3 所示，其余硬件框图在此不再罗列，具体硬件电路请参考 Diligent Nexys A7 用户手册。

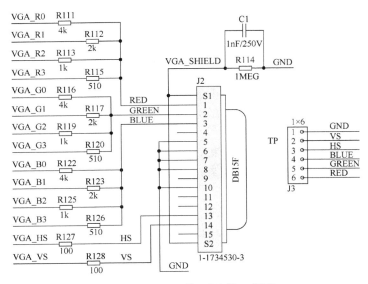

图 B-2　FPGA 的 VGA 接口框图

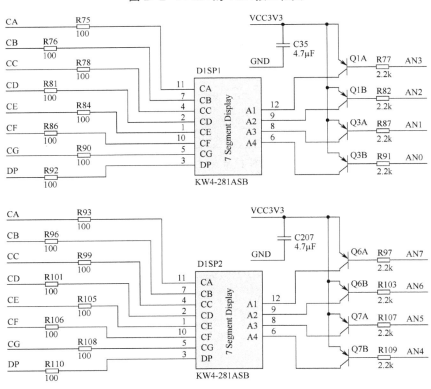

图 B-3　FPGA 的 7 位数码管框图

B.4 任务设计

◎ B.4.1 程序结构

程序共分为六大模块，如图 B-4 所示，其各自的作用如图 B-5 所示。

图 B-4 程序结构图

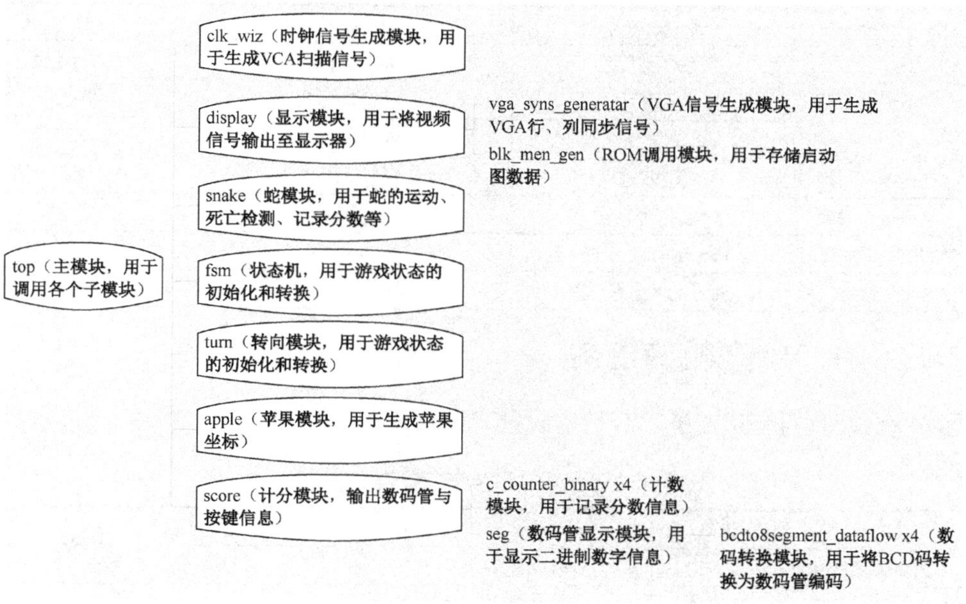

图 B-5 程序各模块作用

⊛ B.4.2 任务的数据结构设计

Verilog 语言不允许模块间直接传递二维数组，故使用一维数组来传递。根据 Verilog 语言的 IEEE 标准（2005 版），应当将数据展平后作为简单数据传递。在本次任务中，可以用如下方式进行：

```
genvar i;
generate for (i=0;i<32;i=i+1)
begin
  assign snake_x_temp[6*i+:6]=snake_x[i];
  assign snake_y_temp[6*i+:6]=snake_y[i];
```

⊛ B.4.3 全局变量的使用

全局变量的使用与其功能见表 B-2。

表 B-2 全局变量的使用与其功能

变量名	作用	变量名	作用
CLK100MHZ	100MHz 时钟	snake_x_temp	蛇身横坐标临时
reset	重新开始	snake_y_temp	蛇身纵坐标临时
up,right,down,left	方向键	snake_piece_is_display	蛇身长度
pause	暂停	game_status	游戏状态（共四种）
slow_down	减速	apple_x	苹果横坐标
an	使能数码管	apple_y	苹果纵坐标
seg	数码管输出	current_direction	当前方向
vga	VGA 输出信号	next_direction	下一步方向
h_sync	行扫描信号	get_apple	是否吃到苹果
v_sync	列扫描信号	hit_wall	是否碰壁
CLK128DOT5MHZ	148.5MHz 时钟信号	hit_itself	是否碰到自己
in_display_area	蛇是否在显示区域		

⊛ B.4.4 状态机的使用

程序共设计有四个状态机，其状态向量表见表 B-3。

表 B-3 状态向量表

状态	编码	功能	注释
LAUNCHING	2'b00	正在显示启动图	启动后进入此状态
PLAYING	2'b01	正在游戏	

续表

状态	编码	功能	注释
DIE_FLASHING	2'b10	死亡闪烁	
INITIALZING	2'b11	等待开始	任意状态下按 reset 键进入此状态

状态转换图如图 B-6 所示。

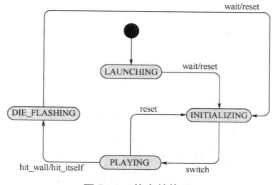

图 B-6　状态转换图

B.5　程序设计详解

⊙ B.5.1　top 模块的使用

top 模块中定义了时钟、VGA 输出信号和方向键等全局变量，利用 wire 等函数连接蛇身坐标临时变量、苹果坐标等数组，同时声明了 display、snake 等函数。

⊙ B.5.2　display 模块的使用

display 模块的调用流程、输入输出如图 B-7 所示。

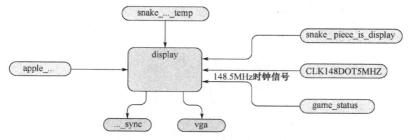

图 B-7　display 模块的输入输出

display 模块输入输出变量声明如下。

```
module display(
    input clock, // 148.5MHZ，用于输出1920x1080@60Hz的VGA信号
    input [5:0] apple_x,
    input [5:0] apple_y,
    input [32*6-1:0] snake_x_temp,
    input [32*6-1:0] snake_y_temp,
    input [31:0] snake_piece_is_display,
    input [1:0] game_status,

    output h_sync,v_sync,
    output reg [11:0] vga
);
```

视频图形阵列（Video Graphics Array，VGA）是 IBM 在 1987 年随 PS/2 机一起推出的一种视频传输标准，是视频传输中使用最广泛的标准之一。其定义源于旧的阴极射线管的工作方式：图像从上至下、从左至右进行显示。

VGA 显示可利用 vga_sync_generator 模块进行，其生成行、列扫描信号。

```
module vga_sync_generator(
    input clock,
    output reg h_sync,v_sync,
    output reg [11:0] x_counter, //列计数
    output reg [10:0] y_counter, //行计数
    output reg in_display_area , //是否在显示区域（x_counter<1920 &&
y_counter<1080)
    );

    localparam h_active_pixels=1920;
    localparam h_front_porch=88;
    localparam h_sync_width=44;
    localparam h_back_porch=148;
    localparam h_total_piexls=(h_active_pixels+h_front_porch+h_back_
porch+h_sync_width);

    localparam v_active_pixels=1080;
    localparam v_front_porch=4;
    localparam v_sync_width=5;
    localparam v_back_porch=36;
    localparam v_total_piexls=(v_active_pixels+v_front_porch+v_back_
porch+v_sync_width);
```

```
// counter是否计满
wire x_counter_max = (x_counter == h_total_piexls);
wire y_counter_max = (y_counter == v_total_piexls);

always @(posedge clock)
  if (x_counter_max)
    x_counter<=0;
  else
    x_counter<=x_counter+1;

always @(posedge clock)
  if (x_counter_max)
    begin
      if (y_counter_max)
        y_counter<=0;
      else
        y_counter<=y_counter+1; // y_counter只在x_counter满而
                                   y_counter未满时才加1
    end

always @(posedge clock)
  begin
    h_sync<=!(x_counter>h_active_pixels+h_front_porch && x_counter<
h_active_pixels+h_front_porch+h_sync_width);
    v_sync<=!(y_counter>v_active_pixels+v_front_porch && y_counter<
v_active_pixels+v_front_porch+v_sync_width);
  end

always @(posedge clock)
  begin
    in_display_area<=(x_counter<h_active_pixels) &&
(y_counter<v_active_pixels);
  end

endmodule
```

初始图像的像素为 1 920*1 080，由于存储空间限制，只能够展示 1 320*770 个像素，因此只保留初始图像中的有效部分。将 BMP 图片转换为二值的 COE 文件，其深度为 1 320*770=1 016 400 个像素点。同时，函数利用 Nexys A7 板载的 SPI 闪存对图片进行存储。

⊙ B.5.3　snake 模块的使用

snake_piece_is_display 数组用来存储蛇身的长度,利用 snake_piece_is_display <= 2 * snake_piece_is_display + 1 可以用来将蛇身长度进行加一处理。snake 模块的输入输出如图 B-8 所示。

snake_x 与 snake_y 数组用来存储蛇身的坐标信息,蛇撞到自己应当同时满足三个条件:

(1) 蛇身某点横坐标与蛇头横坐标位置相同。

(2) 蛇身某点纵坐标与蛇头纵坐标位置相同。

(3) 存储蛇身长度的数组各项均为 1。

由以上分析可以得到:

```
    if (
        (snake_x[0]==snake_x[1] && snake_y[0]==snake_y[1] &&
snake_piece_is_display[1]==1) ||
        (snake_x[0]==snake_x[2] && snake_y[0]==snake_y[2] &&
snake_piece_is_display[2]==1) ||
        (snake_x[0]==snake_x[3] && snake_y[0]==snake_y[3] &&
snake_piece_is_display[3]==1) ||
        (snake_x[0]==snake_x[4] && snake_y[0]==snake_y[4] &&
snake_piece_is_display[4]==1) ||
        (snake_x[0]==snake_x[5] && snake_y[0]==snake_y[5] &&
snake_piece_is_display[5]==1) ||
        (snake_x[0]==snake_x[6] && snake_y[0]==snake_y[6] &&
snake_piece_is_display[6]==1) ||
        (snake_x[0]==snake_x[7] && snake_y[0]==snake_y[7] &&
snake_piece_is_display[7]==1) ||
        (snake_x[0]==snake_x[8] && snake_y[0]==snake_y[8] &&
snake_piece_is_display[8]==1) ||
        (snake_x[0]==snake_x[9] && snake_y[0]==snake_y[9] &&
snake_piece_is_display[9]==1) ||
        (snake_x[0]==snake_x[10] && snake_y[0]==snake_y[10] &&
snake_piece_is_display[10]==1) ||
        (snake_x[0]==snake_x[11] && snake_y[0]==snake_y[11] &&
snake_piece_is_display[11]==1) ||
        (snake_x[0]==snake_x[12] && snake_y[0]==snake_y[12] &&
snake_piece_is_display[12]==1) ||
        (snake_x[0]==snake_x[13] && snake_y[0]==snake_y[13] &&
snake_piece_is_display[13]==1) ||
        (snake_x[0]==snake_x[14] && snake_y[0]==snake_y[14] &&
snake_piece_is_display[14]==1) ||
```

```
        (snake_x[0]==snake_x[15] && snake_y[0]==snake_y[15] &&
snake_piece_is_display[15]==1) ||
        (snake_x[0]==snake_x[16] && snake_y[0]==snake_y[16] &&
snake_piece_is_display[16]==1) ||
        (snake_x[0]==snake_x[17] && snake_y[0]==snake_y[17] &&
snake_piece_is_display[17]==1) ||
        (snake_x[0]==snake_x[18] && snake_y[0]==snake_y[18] &&
snake_piece_is_display[18]==1) ||
        (snake_x[0]==snake_x[19] && snake_y[0]==snake_y[19] &&
snake_piece_is_display[19]==1) ||
        (snake_x[0]==snake_x[20] && snake_y[0]==snake_y[20] &&
snake_piece_is_display[20]==1) ||
        (snake_x[0]==snake_x[21] && snake_y[0]==snake_y[21] &&
snake_piece_is_display[21]==1) ||
        (snake_x[0]==snake_x[22] && snake_y[0]==snake_y[22] &&
snake_piece_is_display[22]==1) ||
        (snake_x[0]==snake_x[23] && snake_y[0]==snake_y[23] &&
snake_piece_is_display[23]==1) ||
        (snake_x[0]==snake_x[24] && snake_y[0]==snake_y[24] &&
snake_piece_is_display[24]==1) ||
        (snake_x[0]==snake_x[25] && snake_y[0]==snake_y[25] &&
snake_piece_is_display[25]==1) ||
        (snake_x[0]==snake_x[26] && snake_y[0]==snake_y[26] &&
snake_piece_is_display[26]==1) ||
        (snake_x[0]==snake_x[27] && snake_y[0]==snake_y[27] &&
snake_piece_is_display[27]==1) ||
        (snake_x[0]==snake_x[28] && snake_y[0]==snake_y[28] &&
snake_piece_is_display[28]==1) ||
        (snake_x[0]==snake_x[29] && snake_y[0]==snake_y[29] &&
snake_piece_is_display[29]==1) ||
        (snake_x[0]==snake_x[30] && snake_y[0]==snake_y[30] &&
snake_piece_is_display[30]==1) ||
        (snake_x[0]==snake_x[31] && snake_y[0]==snake_y[31] &&
snake_piece_is_display[31]==1)
        )
    hit_itself<=1;
    else hit_itself<=0; // 是否撞自己
```

由于使用了 snake_piece_is_display 存储蛇身的长度，用 snake_piece_is_display_origin 存储旧值，让 snake_piece_is_display 在 0 和 snake_piece_is_display_origin 间转换即可。即有

```
begin
      // 闪烁
      if (count_two==20000000) snake_piece_is_display<=0;
      else if (count_two==0) snake_piece_is_display<=snake_piece_is_
display_origin;
   end
```

将 8 000 000*(2+slow_down)作为 count 的最大值，若 slow_down 为 1 则一次前进用时增加 1/2，因而可以用来控制蛇前进的速度，即有：

```
if (count<8000000*(2+slow_down)) // 控制速度
 count<=count+1;
else
begin
 count<=0;
```

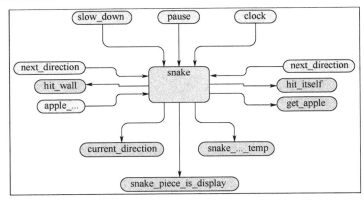

图 B–8　snake 模块的输入输出

⊘ B.5.4　fsm 模块的使用

fsm 模块是用来存储状态变量的，四种状态机的互相转换已在附录 B.3.4 节中详述，可以通过如下方式进行实现。

```
always @(posedge clock)
begin
  //任何状态下，按下reset恢复到INITIALIZING
  if (reset==1) game_status<=INITIALIZING;

  if (game_status==LAUNCHING)
  begin
      if (count==600000000) begin game_status<=INITIALIZING;
count<=0; end // count用来做启动图的延时
```

```
            else count<=count+1;
        end

        else if (game_status==PLAYING && (hit_wall==1 || hit_itself==1))
        begin
        game_status<=DIE_FLASHING;
        count_two<=0;
        end

        else if (game_status==DIE_FLASHING)
        begin
            if (count_two==200000000) begin game_status<=INITIALIZING;
count_two<=0; end
            else count_two<=count_two+1; // count_two用来做死亡闪烁的延时
        end

        else if (game_status==INITIALIZING && ( up==1 || right==1 || down==1
|| left==1))
        begin
        game_status<=PLAYING; // 按下任意按键时游戏开始
        end
```

⊙ B.5.5 turn 模块的使用

将四个 switch 按键分别记为 UP、RIGHT、DOWN、LEFT，并将之分别设为四个状态机，状态机间的转换通过检测按键的键值来进行。利用数组 current_direction 来记录当前的方向，数组 next_direction 来记录下一步的方向，从而实现上下左右的方向转换。

```
        always @(posedge clock)
        begin

        case (current_direction)
        UP:
            begin
            if (left==1) next_direction<=LEFT;
            else if (right==1) next_direction<=RIGHT;
            else next_direction<=current_direction;
            end
        RIGHT:
            begin
            if (up==1) next_direction<=UP;
            else if (down==1) next_direction<=DOWN;
```

```
        else next_direction<=current_direction;
        end
    DOWN:
        begin
        if (left==1) next_direction<=LEFT;
        else if (right==1) next_direction<=RIGHT;
        else next_direction<=current_direction;
        end
    LEFT:
        begin
        if (up==1) next_direction<=UP;
        else if (down==1) next_direction<=DOWN;
        else next_direction<=current_direction;
        end
    default: next_direction<=current_direction;
    endcase
end
```

⊙ B.5.6 apple 模块的使用

苹果的坐标是随机生成的，在时钟上升沿时可进行以下的操作，并从中随机选取某几位作为坐标数值，实现苹果坐标的伪随机出现。

random_for_x<=random_for_x+997;

random_for_y<=random_for_x+793;

在初始时刻，应当避免苹果出现在较为偏僻的位置，故需要对其进行限制。

```
if (game_status==INITIALIZING)
        begin
        apple_x<=20;
        apple_y<=13;
        random_for_x<=521;
        random_for_y<=133;
        end
```

为了避免游戏过程中苹果的横坐标与纵坐标超出屏幕的显示范围，需要对其进行限制。

```
if (game_status==PLAYING && get_apple==1)
        begin
        // 防止苹果x和y坐标超范围
        apple_x<=(random_for_x[5:0]+1>46?(random_for_x[5:0]+1-
20):(random_for_x[5:0]+1));
        apple_y<=(random_for_y[4:0]+1>25?(random_for_y[4:0]+1-
10):(random_for_y[4:0]+1));
```

```
        end
```

⊙ B.5.7　score 模块的使用

score 模块的使用、输入输出如图 B-9 所示。

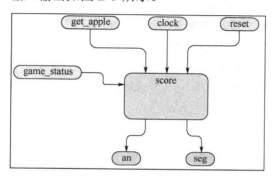

图 B-9　score 模块的输入输出

计分模块调用了四个 counter 计数器分别记录个、十、百、千位的得分数据。

```
        c_counter_binary_0 (clock,real_enable,real_reset,threshold[0],
score_d);
        c_counter_binary_1 (clock,real_enable&threshold[0],real_reset,
threshold[1],score_c);
        c_counter_binary_2 (clock,real_enable&threshold[0]&threshold[1],
real_reset,threshold[2],score_b);
    c_counter_binary_3 (clock,real_enable&threshold[0]&threshold[1]&
threshold[2],real_reset,threshold[3],score_a)
```

计数器的使能条件设置为吃到苹果并且处在游戏过程中。

```
    assign real_enable = (get_apple==1) && (game_status==PLAYING);
    计数器的复位条件设置为按下reset键或游戏处于初始化状态：
    assign real_reset = (reset==1) | (game_status==INITIALIZING);
    最后将4位得分数据的BCD码用数码管显示：
    seg (
        .reset(reset),
        .clock(clock),
        .an(an),
        .seg(seg),
       .score_a(score_a),
        .score_b(score_b),
        .score_c(score_c),
        .score_d(score_d)
        )
```

B.6　测试数据

测试运行于 Nexys A7-100T 实验板上，其 Artix-7 芯片代号为 XC7A100T-1CSG324C，具有 15850 个逻辑片，4 个 6 位输入的 LUTS，8 个触发器，4860 KB 的 RAM，6 个具有 PLL 功能的时钟模块，240 个 DSP 模块，450MHz 的时钟振荡频率，128MB 的 DDR2 SDRAM。其在 Vivado 上的硬件设备与参数如图 B-10 与图 B-11 所示。演示实例可参见网页 https://www.iczhiku.com/videoDetail/2GJiWuPHc8Xt1GlnEJrJZXA==。

图 B-10　Artix 核属性

图 B-11　实验板属性

项目共计使用六个 IP 核，如图 B-12 所示。

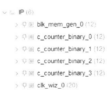
图 B-12　IP 核

仿真过程中，硬件设计的资源占用情况如图 B-13 所示。

图 B-13　IP 核资源占用情况

在硬件综合的过程中，系统可能会出现 The design failed to meet the timing requirements 的提示，报错信息如图 B-14 所示。这是因为在 Vivado 更新的过程中可能会有 IP 核的功能改进，所以硬件逻辑本身就有所不同。因此，由硬件逻辑产生的综合，其位置和路线是全新的，并且与之前有很大的不同。如果将旧的位流与新的位流进行比较，我们会发现它们可能完全不同。但是，硬件逻辑上的不同对本次设计的影响较小，因为 Vivado 在综合的过程中可以自动优化硬件逻辑电路的布局。

图 B-14　报错信息

在忽略综合过程的报错信息，继续进行仿真后，可以观察到片上资源的占用情况。一般而言，设计使用资源的上限应在系统提供资源的 80%左右为宜。片上资源使用情况与功耗信息如图 B-15 所示，观察到各项资源的使用均未超过允许使用资源的上限，且功耗及升温情况在正常范围内，设计达到既定目标。

Utilization	Post-Synthesis	**Post-Implementation**		Power	Summary | On-Chip
		Graph | **Table**		Total On-Chip Power:	**0.244 W**
Resource	**Utilization**	**Available**	**Utilization %**	Junction Temperature:	**26.1 °C**
LUT	850	63400	1.34	Thermal Margin:	58.9 °C (12.8 W)
FF	704	126800	0.56	Effective ϑJA:	4.6 °C/W
BRAM	31.50	135	23.33	Power supplied to off-chip devices:	0 W
DSP	2	240	0.83	Confidence level:	Low
IO	38	210	18.10	Implemented Power Report	
BUFG	3	32	9.38		
MMCM	1	6	16.67		

图 B-15　片上资源使用情况与功耗信息

图 B-16 所示为综合报告的概述。其中，最差负时序裕量（WNS）与总的负时序裕量，负时序裕量路径之和（TNS）两值为负，即不满足时序条件。虽然如此，仍然可以生成比特流文件，且经过测试该比特流文件是可用的。出现该问题的原因可能是因为 Vivado 没有考虑布线等因素，如果这些信号中的一些和外部有联系存在输入/输出延迟单元，可能会在时序中产生附加影响，但不会计入编译过程。这些影响不一定是负面的，也可能恰好使读者的开发板处于可用状态，可通过检查网表进一步优化时序约束来解决该问题。

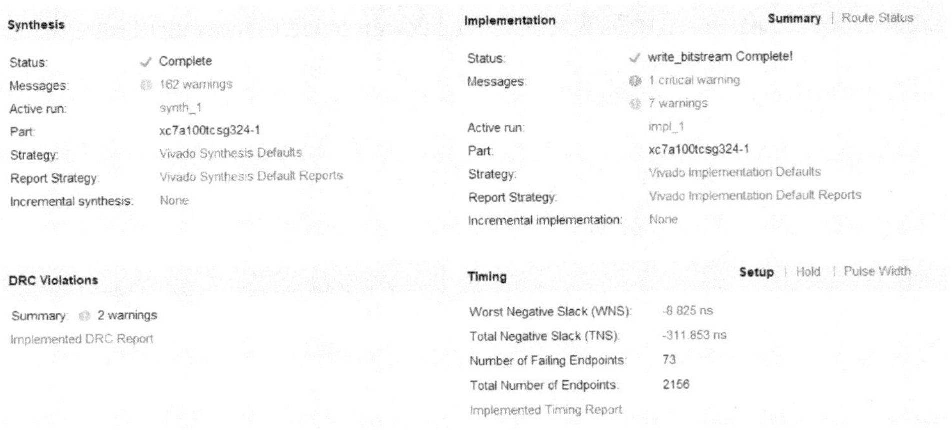

Synthesis

Status:	✓ Complete
Messages:	162 warnings
Active run:	synth_1
Part:	xc7a100tcsg324-1
Strategy:	Vivado Synthesis Defaults
Report Strategy:	Vivado Synthesis Default Reports
Incremental synthesis:	None

Implementation   **Summary** | Route Status

Status:	✓ write_bitstream Complete!
Messages:	1 critical warning
	7 warnings
Active run:	impl_1
Part:	xc7a100tcsg324-1
Strategy:	Vivado Implementation Defaults
Report Strategy:	Vivado Implementation Default Reports
Incremental implementation:	None

DRC Violations

Summary:	2 warnings
Implemented DRC Report	

Timing   **Setup** | Hold | Pulse Width

Worst Negative Slack (WNS):	-8.825 ns
Total Negative Slack (TNS):	-311.853 ns
Number of Failing Endpoints:	73
Total Number of Endpoints:	2156
Implemented Timing Report	

图 B-16　综合报告

参 考 文 献

[1] A. Waterman and K. Asanovic, Eds., The RISC-Ⅴ Instruction Set Manual, Volume I: User-Level ISA, Version 2.2. 2017. [EB/OL]. https://riscv.org/specifications/.

[2] The RISC-Ⅴ Instruction Set Manual Volume II: Privileged Architecture Version 1.10,May 2017. [EB/OL]. https://riscv.org/specifications/.

[3] K. Asanovic, Eds. SiFive Proposal for a RISC-Ⅴ Core-Local Interrupt Controller (CLIC). [EB/OL]. https://github.com/sifive/clic-spec.

[4] 魏继增，郭炜. 计算机系统设计（上册）——基于 FPGA 的 RISC 处理器设计与实现[M]. 北京：电子工业出版社，2019.

[5] 柴志雷，李佩琦，吴子刚，等. 计算机组成原理在线实验教程——FPGA 远程实验平台教学与实践[M]. 北京：清华大学出版社，2019.

[6] 廉玉欣，侯博雅. Vivado 入门与 FPGA 设计实例[M]. 北京：电子工业出版社，2018.

[7] 何宾. Xilinx FPGA 设计权威指南[M]. 北京：清华大学出版社，2018.

[8] 胡振波. 手把手教你设计 CPU——RISC-Ⅴ 处理器篇[M]. 北京：人民邮电出版社，2018.

[9] 顾长怡. 基于 FPGA 与 RISC-Ⅴ 的嵌入式系统设计[M]. 北京：清华大学出版社，2020.

[10] 夏宇闻. 从算法设计到硬线逻辑的实现——复杂数字逻辑系统的 Verilog HDL 设计技术和方法[M]. 北京：高等教育出版社，2001.

[11] 徐文波，田耘. Xilinx FPGA 开发实用教程[M]. 北京：清华大学出版社，2008.

[12] 李兵，吴周桥. Verilog HDL 语言在 FPGA/CPLD 系统设计中的几个原则[J]. 中南民族大学学报（自然科学版），2002(02):47-50.

[13] 王宇，周信坚. 基于 Verilog HDL 语言的可综合性设计[J]. 计算机与信息技术，2008(11):30-32, 36.

[14] 刘德贵，李便莉. 可综合的基于 Verilog 语言的有限状态机的设计[J]. 现代电子技术，2005(10):116-118.

[15] Martin Schoeberl, Digital Design with Chisel [EB/OL]. https://github.com/schoeberl/Chisel-book.

[16] SiFive Inc. SiFive TileLink Specification[EB/OL]. https://www.sifive.com/documentation/ tilelink/tilelink-spec/, 2018.

[17] SiFive Inc. SiFive E21 Core Complex Manual v19.02[EB/OL]. https://www.sifive.com/ cores/e21, 2018.

[18] SiFive Inc. SiFive E21 Core Complex Evaluation User Guide v19.02[EB/OL]. https://www. sifive.com/cores/e21, 2018.

[19] James E. Smith, Ravi Nair. The Architecture of Virtual Machines[J]. Computer 38, 5, 32 – 38, 2005.

[20] 刘火良，杨森. RT-Thread 内核实现与应用开发实战指南——基于 STM32[M]. 北京：机械工业出版社，2018.

[21] 韩立刚. 玩转虚拟机——基于 VMware + Windows[M]. 北京：中国水利水电出版社，2016.

[22] R.P. Goldberg. Survey of Virtual Machine Research[J]. Computer, June 1974: 34-35.

[23] E. Traut. Building the Virtual PC[J]. Byte, Nov. 1997: 51-52.

[24] 李圣玮，蔡东邦. 次时代 Linux - Ubuntu 玩全手册[M]. 台湾：士达印刷股份有限公司，2007.

[25] 刘云，罗永能. 基于 51 单片机的贪食蛇游戏机开发[J]. 福建电脑，2009 (7): 147-148.

[26] 何志敏，谢杰. 基于 FPGA 的贪食蛇游戏设计[J]. 现代电子技术，2014，37(18): 105-106.

[27] 徐艳. 贪食蛇游戏的结构程序设计流程[J]. 科技广场，2010，1(11): M11.

[28] Gianluca Pacchiella. Implementing VGA interface with verilog[EB/OL]. https://ktln2.org/ 2018/01/23/implementing-vga-in-verilog/, 2018-01-23.

[29] Li Kai. Greedy Snake[EB/OL]. https://github.com/likaihz/Greedy_Snake, 2016-01-27.

读者调查表

尊敬的读者：

  自电子工业出版社工业技术分社开展读者调查活动以来，收到来自全国各地众多读者的积极反馈，除了褒奖我们所出版图书的优点外，也很客观地指出需要改进的地方。读者对我们工作的支持与关爱，将促进我们为您提供更优秀的图书。您可以填写下表寄给我们（北京市丰台区金家村 288#华信大厦电子工业出版社工业技术分社　邮编：100036），也可以给我们电话，反馈您的建议。我们将从中评出热心读者若干名，赠送我们出版的图书。谢谢您对我们工作的支持！

姓名：_____　　　　　性别：□男　□女

年龄：_____　　　　　职业：_____

电话（手机）：_____　　E-mail：_____

传真：_____　　通信地址：_____

邮编：_____

1．影响您购买同类图书因素（可多选）：

□封面封底　□价格　　□内容提要、前言和目录

□书评广告　□出版社名声

□作者名声　□正文内容　□其他_____

2．您对本图书的满意度：

从技术角度	□很满意	□比较满意	
	□一般	□较不满意	□不满意
从文字角度	□很满意	□比较满意	□一般
	□较不满意	□不满意	
从排版、封面设计角度	□很满意	□比较满意	
	□一般	□较不满意	□不满意

3．您选购了我们哪些图书？主要用途？

_____

4．您最喜欢我们出版的哪本图书？请说明理由。

_____

5．目前教学您使用的是哪本教材？（请说明书名、作者、出版年、定价、出版社），有何优缺点？

_____

6．您的相关专业领域中所涉及的新专业、新技术包括：

_____

7．您感兴趣或希望增加的图书选题有：

_____

8．您所教课程主要参考书？请说明书名、作者、出版年、定价、出版社。

_____

邮寄地址：北京市丰台区金家村 288#华信大厦电子工业出版社工业技术分社

邮　　编：100036

电　　话：18614084788　E-mail：lzhmails@phei.com.cn

微 信 ID：lzhairs

联 系 人：刘志红

电子工业出版社编著书籍推荐表

姓名		性别		出生 年月		职称/ 职务	
单位							
专业			E-mail				
通信地址							
联系电话			研究方向及 教学科目				
个人简历（毕业院校、专业、从事过的以及正在从事的项目、发表过的论文）							
您近期的写作计划：							
您推荐的国外原版图书：							
您认为目前市场上最缺乏的图书及类型：							

邮寄地址：北京市丰台区金家村 288#华信大厦电子工业出版社工业技术分社

邮　　编：100036

电　　话：18614084788　E-mail：lzhmails@phei.com.cn

微 信 ID：lzhairs

联 系 人：刘志红

反侵权盗版声明

电子工业出版社依法对本作品享有专有出版权。任何未经权利人书面许可，复制、销售或通过信息网络传播本作品的行为，歪曲、篡改、剽窃本作品的行为，均违反《中华人民共和国著作权法》，其行为人应承担相应的民事责任和行政责任，构成犯罪的，将被依法追究刑事责任。

为了维护市场秩序，保护权利人的合法权益，我社将依法查处和打击侵权盗版的单位和个人。欢迎社会各界人士积极举报侵权盗版行为，本社将奖励举报有功人员，并保证举报人的信息不被泄露。

举报电话：（010）88254396；（010）88258888

传　　真：（010）88254397

E-mail：　dbqq@phei.com.cn

通信地址：北京市万寿路 173 信箱

　　　　　电子工业出版社总编办公室

邮　　编：100036